粤港澳大湾区生态文明体制创新研究丛书

唐孝炎　主　编

大鹏半岛生态文明建设量化评估机制理论与实践

张　原　葛　萍　翟生强　韩振超　著

科学出版社

北　京

内 容 简 介

本书为粤港澳大湾区生态文明体制创新研究丛书首册，作者着眼于生态文明顶层设计和制度体系构建，以实现自然资源资产价值核算与现行国民经济价值核算体系有机融合为目标，通过借鉴国内外自然资源核算与国民经济核算体系研究成果，总结以大鹏半岛为代表的粤港澳大湾区自然资源资产核算与负债表编制及应用工作成果，经过反复探索研究，构建了涵盖结果与过程的大鹏半岛生态文明建设量化评估体制。结果评估领域包括高度融合现行国民经济核算体系的大鹏半岛自然资源负债表和基于评估应用导向的大鹏半岛自然资源资产核算两项内容；过程评估领域则包括自然资源资产开发使用成本和资源环境承载力核算两项措施，通过对生态文明建设过程与结果的全面评估，构建了以大鹏半岛为代表的粤港澳大湾区生态文明建设量化评估机制的总体构架。

本书可供从事生态文明建设、自然资源管理和大湾区总体规划的相关政府部门、企事业单位、科研院所和高等院校的相关研究管理人员研阅与参考使用。

图书在版编目(CIP)数据

大鹏半岛生态文明建设量化评估机制理论与实践／张原等著．—北京：科学出版社，2020.1

（粤港澳大湾区生态文明体制创新研究丛书／唐孝炎主编）

ISBN 978-7-03-062310-2

Ⅰ.①大…　Ⅱ.①张…　Ⅲ.①城市群-生态环境建设-评估-研究-深圳
Ⅳ.①X321.265.3

中国版本图书馆 CIP 数据核字（2019）第 205924 号

责任编辑：林　剑／责任校对：樊雅琼
责任印制：吴兆东／封面设计：无极书装

科学出版社 出版
北京东黄城根北街 16 号
邮政编码：100717
http://www.sciencep.com

北京虎彩文化传播有限公司 印刷
科学出版社发行　各地新华书店经销

*

2020 年 1 月第　一　版　开本：787×1092　1/16
2020 年 1 月第一次印刷　印张：17 1/2
字数：410 000

定价：168.00 元

（如有印装质量问题，我社负责调换）

《粤港澳大湾区生态文明体制创新研究丛书》编写委员会

总　序

湾区是指由一个海湾或者相连的若干个海湾及邻近岛屿共同组成的海岸带特定地域单元。由于湾区通常具有较好的海陆枢纽地位，便于全球资源产品的贸易往来和海陆资源的综合开发利用，形成了要素聚集、辐射带动、宜居宜业的滨海经济形态--湾区经济。随着经济全球一体化的迅猛发展，以纽约湾、旧金山湾和东京湾为代表的湾区经济，以其开放创新的经济结构、高效的资源配置能力、强大的集聚外溢功能，成为全球经济的核心区域，湾区的社会经济发展模式为全球区域经济发展起到积极的示范作用。

粤港澳大湾区由香港、澳门两个特别行政区和广东省广州、深圳、珠海、佛山、惠州、东莞、中山、江门、肇庆九个地市组成，总面积5.6万平方公里，2018年年末总人口达7000万人。经过改革开放40年的发展，这一区域已在国家发展大局中占有重要战略地位，成为中国开放程度最高、经济活力最强的区域之一，但发展带来的生态环境形势较为严峻。2019年年初，国家印发了《粤港澳大湾区发展规划纲要》，明确了粤港澳大湾区在国家经济发展和对外开放中的支撑引领作用，确立了建设与纽约湾、旧金山湾和东京湾比肩的世界级湾区的目标。

未来，粤港澳大湾区的进一步发展将面临更为复杂而艰巨的资源和生态环境挑战。区域发展空间面临瓶颈制约，资源能源约束趋紧，生态环境脆弱将成为粤港澳大湾区可持续发展的主要矛盾。因此，生态文明建设之于粤港澳大湾区未来发展而言至关重要。在粤港澳大湾区经济建设、政治建设、文化建设、社会建设的各方面和全过程中，都必须切实与生态文明建设相融合，牢固树立绿色发展理念。必须坚持最严格的节约资源和保护环境的基本国策，坚持最严格的生态环境保护制度，坚持最严格的生态红线管理、耕地保护和节约用地制度；推动形成绿色低碳的生产生活方式和城市建设运营模式，推进自然资源资产量化评估与生态产业化体系构建，全面恢复生态系统服务，为居民提供良好生态环境，全面实现粤港澳大湾区社会经济的可持续发展。

《粤港澳大湾区生态文明体制创新研究丛书》是围绕粤港澳大湾区生态文明体制建设系列研究成果的集成。丛书试图从不同角度剖析粤港澳大湾区在可持续发展过程中创新构建的制度机制、理念方法和实际解决的关键问题，并从理论高度予以总结提升。该系列丛书的价值和意义在于，通过总结粤港澳大湾区生态文明建设的创新体制，提供有效防范因社会经济发展和资源环境的矛盾而引发的区域生态环境风险的制度体系，研究粤港澳大湾区生态文明建设实例，探寻区域协调和海陆统筹策略，提出系统解决相邻陆域和海域资源环境问题、实现湾区经济社会全面协调发展的新模式，为我国社会主义建设提供先行示范。

该丛书致力于客观总结在粤港澳大湾区生态文明建设中所取得成绩与经验，力图为实现绿色发展，构建人与自然和谐共生的美丽中国提供理论依据与实践案例。该丛书可为区域生态、环境管理、城市规划领域学者和政府管理者提供湾区生态文明建设的有益帮助。同时，我们寄希望粤港澳大湾区生态文明建设的探索与实践，能为世界湾区发展贡献具有中国特色的可持续发展经验。

2019 年 9 月 19 日于北京大学

前　言

生态文明建设是涉及国家和民族可持续发展的根本性问题，也是关系民生福祉的重大社会问题。生态兴则文明兴，生态衰则文明衰，做好生态文明建设工作，不仅是实现生态环境建设目标的需要，更是中华民族永续发展的根本大计。生态文明顶层设计和制度体系构建是推进生态文明建设的重要基础和关键环节，探索建立生态文明建设量化评估机制，完整展示生态资源价值，客观评估生态文明建设成效，是建设生态文明的科学方法和重要手段。

粤港澳大湾区是我国改革开放程度最高、经济活力最强的区域之一，经济社会发展对区域空间、生态资源的要求与生态环境保护、优质生活需求的矛盾更加突出，更加需要通过完善生态文明建设顶层设计和制度体系构建，加快推进绿色发展，妥善加以解决。建立该地区生态文明建设量化评估机制，全面展示生态资源价值，客观评估生态文明建设成效，是完善生态文明建设顶层设计和制度体系的重要环节，是推进粤港澳大湾区绿色发展，确保经济社会发展和生态文明建设高度协调一致的重要保障。

大鹏半岛作为深圳市的生态基石和国家生态文明建设示范区，担负着深圳市建设中国特色社会主义先行示范区试点的重任，同时也承载着引领粤港澳大湾区生态文明建设的“极点”功能。在大鹏半岛开展生态文明建设量化评估机制理论与实践研究，是探索粤港澳大湾区生态文明顶层设计的创新之举，是构建粤港澳大湾区生态文明建设制度体系基础工作，是构建以绿色发展为导向的生态文明评价考核体系、实施生态系统服务价值核算制度的重要探索。

《大鹏半岛生态文明建设量化评估机制理论与实践》通过理论探索和实践验证，力求科学构建以生态系统服务价值核算制度为核心的湾区生态文明建设量化评估机制，建立将以自然资源资产核算与负债表为核心的生态文明建设量化评估体系有机融入国民经济核算体系的契入机制，构建以绿色发展为导向的生态文明评价考核体系。既从存量的角度，通过构建自然资源资产核算和负债表体系，开展大鹏半岛自然资源资产年度核算和负债表编制工作，对大鹏半岛生态文明建设成果进行量化评估；也从变量的角度，通过构建自然资源资产开发使用成本评估体系，实施建设项目自然资源资产开发使用成本评估；构建资源环境承载力核算与预警机制，开展资源环境承载力年度核算与预警，对生态文明建设过程进行量化管控。最终实现对大鹏半岛生态文明建设成果与过程的全系统立体评估。

《大鹏半岛生态文明建设量化评估机制理论与实践》对生态文明建设量化评估理论研究中普遍存在的疑难问题进行了深入探索，在自然资源负债表体系构建和自然资源资产开发使用成本核算方面，进行了大胆的创新，提出了一些新的理念、思路和方法，针对自然资源资产研究中存在的负债概念与现行国民经济核算体系中负债概念不兼容的问题，重点明确了自然资源资产负债表中负债概念，尝试为科学解决自然资源资产生态服务价值转换问题、自然资源资产评估指标体系构建问题、合理设定自然资源资产负债表的平衡关系问题提供可供借鉴的方法。

《大鹏半岛生态文明建设量化评估机制理论与实践》一书由张原负责大鹏半岛生态文明建设量化评估总体架构和自然资源资产核算与负债表体系部分以及全书的统稿工作，葛萍负责大鹏半岛自然资源资产核算与负债表编制实例部分的编著工作，翟生强负责自然资源资产开发使用成本评估和资源环境承载力核算与预警机制部分的编著工作，韩振超负责大鹏半岛自然资源现状部分的编著和相关背景材料的收集梳理工作。此外深圳市深港产学研环保工程技术股份有限公司赖旭、徐婷婷、段雪琴，深圳市环境科学研究院杨梦婵、付岚为本书提供了大鹏半岛自然资源资产核算的相关技术资料。

鉴于作者理论水平所限，其中难免存在疏漏，欢迎广大读者予以批评指正。

作　者

2019 年 7 月

目　录

第1章

绪　论

1.1　大鹏半岛生态文明建设量化评估机制构建背景

生态文明建设量化评估机制是指用量化方法,对生态文明建设的过程与成果进行分析评估,以实现对生态文明建设过程与成果的精细化监管,是高效推进生态文明建设工作的重要手段。构建生态文明建设量化评估机制既是经济社会可持续发展的现实需求,也是落实生态文明建设各项政策的客观驱动。

粤港澳大湾区是我国开放程度最高、经济活力最强的区域之一。大鹏半岛地处深圳,毗邻香港,生态资源丰富,生态环境优良,是大湾区深港极点生态文明建设的重要载体,是大湾区可持续发展,建设生态安全、环境优美、社会安定、文化繁荣的美丽湾区先行试点。大鹏半岛生态文明建设量化评估机制从结果存量核查和过程变量管控两方面,定量化、立体化地对大鹏半岛生态文明建设实施全方位评估,是粤港澳大湾区生态文明建设的基础平台和重要抓手,为实现大湾区生态文明建设目标管理提供了坚实的技术支撑。

1.1.1　粤港澳大湾区经济社会可持续发展的现实需求

由于传统的国民经济核算体系对自然资源资产等有关生态文明的数据只进行实物量统计与归总,没有核算其价值,导致人类生存所必需的、有着巨大生态服务价值的自然资源资产被排除在国民经济核算体系之外,出现了以 GDP 数据为中心,片面追求经济增长的思维模式。开启了一种以忽视人与自然环境的和谐共处、环境破坏、资源浪费为特点的野蛮发展模式,自然资源在经济决策中得不到重视,在生产过程中被过量开采,在消费阶段被大量浪费,对经济社会的可持续发展造成了很大的冲击。

从世界范围看,全球森林面积减少但净砍伐速度下降。1990 年,全球森林面积约为41.28 亿 hm^2,占全球土地面积的 31.6%,而到 2015 年则变为 30.6%,约为 39.99 亿 hm^2。森林损失的年增长率净值已经从 1990 年代初的 0.18% 放缓到 2010 ~2015 年的 0.08%。FAO 警告说,尽管保护工作取得了一定进展,但生物多样性丧失的危险依然存在,而且毁林、森林退化仍可能继续①。

从国内看,截至 2017 年年底我国的森林面积为 2.08 亿 hm^2,森林覆盖率为 21.66%,人均森林资源占有量为世界人均水平的 1/4。我国的能源消耗从 2003 年的 17.5 万 tce (ton of standard coal equivalent,吨标准煤当量)上升到 2017 年底的 44.9 亿 tce,消耗量涨幅超过一倍,能源消耗强度是美国的 3 倍,日本的 5 倍,已成为世界第一大能源消费国。大

① http://www.forestry.gov.cn/2016-03-23

量的能源消耗,特别是化石能源的消耗导致了严重的大气污染,2013 年 1 月大范围的雾霾天气给全国交通和居民健康带来极大损害,造成的直接经济损失约为 230 亿元(穆泉和张世秋,2013)。

我国水资源占全球水资源的 6%,居世界第四位,但人均只有 2200m^3,仅为世界平均水平的 1/4,在世界上名列第 121 位,是全球 13 个人均水资源最贫乏的国家之一。2018 年,全国用水总量 6015.5 亿 m^3。其中,生活用水占用水总量的 14.3%;工业用水占用水总量的 21.0%;农业用水占用水总量的 61.4%,耕地实际灌溉亩均用水量 365m^3。全国人均综合用水量 432m^3,万元国内生产总值(当年价)用水量 66.8m^3。

我国人均矿产资源占有率低于世界平均水平,但消耗的矿产资源却远远大于世界平均水平,各类矿产资源浪费惊人。中国科学院 2013 年 6 月发布的一项调查显示,我国是世界上自然资源浪费最严重的国家之一,在 60 个接受调查的国家中排名第 56 位。

粤港澳大湾区在资源环境方面也存在不少短板和问题,其中水环境问题相对严重,根据广东省生态环境厅公布的全省 71 个地表水国考断面考核结果(2018 年 1 ~ 9 月),劣Ⅴ类断面比例为 11.3%。按照地表水省考断面综合指数排名,大湾区城市中深圳、东莞分列最末两位。

忽视与自然环境和谐共处的发展模式严重压缩了未来经济的发展空间,严重阻碍了生态和谐与经济的可持续发展,甚至威胁到人类生存的基本条件。因此,必须通过生态文明建设,突破原有的经济核算体系与模式。而量化评估生态文明建设的成效和成果,客观体现生态文明建设的成就,其将以自然资源资产为核心的生态价值纳入经济综合管理体系,构建生态文明建设量化评估体系,是从根本上解决自然资源资产无序开发和过度使用,实现自然资产价值管理的重要途径,是实现经济社会可持续发展的现实需求。

1.1.2 落实生态文明建设各项政策的客观驱动

中共十八届三中全会通过的《中共中央关于全面深化改革若干重大问题的决定》(以下简称《决定》)围绕构建可持续发展生态型社会,提出紧紧围绕建设美丽中国,深化生态文明体制改革,健全国土资源资产等自然资源资产产权制度和用途管制制度。对水流、森林、山岭、草原、荒地、滩涂等自然生态空间进行统一确权登记,形成归属清晰、权责明确、监管有效的自然资源资产产权制度。探索编制自然资源资产负债表,对领导干部实行自然资源资产离任审计。《决定》明确了以自然资源资产负债表体系为核心的生态文明建设量化评估机制的重要地位,提出了对自然资源实施资产化管理的科学理念,是改革原有经济核算体系弊端,实现经济社会和谐发展的重大突破。同时,开展生态文明建设量化评估机制研究也是构建可持续发展生态型社会的重要技术支撑,有着重要的政策驱动背景。

2015 年以来国家决策层面密集出台了一批以自然资源资产负债表体系建设为核心的生态文明建设量化评估机制的引导性文件,对生态文明建设量化评估机制在进一步健全生态文明建设管理制度、健全生态政绩考核制度、实施领导干部自然资源资产和环境责任离任审计等方面的应用提出了相应的政策要求,并明确提出要在市县层面开展自然资源资产负债表编制试点,核算主要自然资源实物量账户并公布核算结果。2015 年年底出台的《编制自然资源资产负债表试点方案》,对自然资源资产负债表的编制技术层面进行了规范、提出了详细编制要求。2017 年,国家统计局在广泛试点的基础上,印发《自然资源资产负债表编制制度(征求意见稿)》,标志着生态文明建设量化评估机制的核心——自然资源资产负债表的编制工作进入规范化管理阶段。

此外,作为全面深化改革和生态文明建设的一项创新性工作,承载力监测预警机制的建立,对优化国土空间开发,保障生态安全格局具有重大意义。资源环境承载力预警机制,是确保环境资源可持续发展为底线,建立合理的国土空间开发保护制度的基础;资源环境承载力预警机制还是区域发展政策调整的依据,表现为对评价区域的约束性、限制性政策体系设计。资源环境承载力预警也是粤港澳大湾区生态文明建设量化评估机制的重要战略设计,对构建可持续发展生态型社会,具有强大的推进作用。

1.2 生态文明建设量化评估机制的应用领域

作为生态文明建设量化评估机制的核心,自然资源资产负债表体系是开展领导干部自然资源资产离任审计的基础,为开展生态环境的损害赔偿工作提供评估基础与技术方法,是开展生态补偿的价值来源与依据。

1.2.1 生态文明建设成效的评判标准

通过自然资源资产负债表体系,可以有效衡量政府相关部门和自然资源管理单位对自然资源资产管理的业绩,检验生态文明建设的成果,评判生态文明建设的管理效率。

1.2.2 生态文明建设量化管理的手段

构建自然资源资产核算与负债表编制体系,开展自然资源资产核算,编制自然资源资产负债表,是对自然资源实施量化评估和货币化管理的基础。实施自然资源资产开发使用成本评估,将自然资源资产价值纳入项目可行性评价,有利于决策者掌握自然资源资产的市场价值,对生态保护、修复投资效益和生态环境损害损失进行价值化评估,为自然资源量化管理提供基础平台。

1.2.3 重大政策决策的制定与评价依据

通过自然资源资产核算与负债表体系编制和构建自然资源资产开发使用成本评估机制,可以完整地展示自然资源资产的经济社会价值,有利于决策部门在制定经济社会重大决策时,充分考虑自然资源资产的价值,综合评估生态保护效益和生态损害成本,将自然资源价值作为经济社会发展决策的重要因素,有利于解决经济发展与资源环境的深层矛盾。

1.3 生态文明建设量化评估机制的基本定位

1.3.1 在生态文明建设方面的定位

自然资源资产核算与负债表体系、自然资源资产开发使用成本评估体系及资源环境承载力核算与预警机制构成的大鹏半岛生态文明建设量化评估机制从多个方面反映了一个地方生态文明建设的成就,是考察政府和自然资源管理单位生态文明建设成效的重要工作机制。

第一,自然资源资产负债表能够反映自然资源资产的存量及其变动情况,可以全面记录当期自然资源管理主体对自然资源资产的占有、使用、消耗、恢复和增殖活动,评估当期自然资源资产实物量和生态功能服务量的变化。

第二,自然资源资产负债表可以评价自然资源资产的质量情况。自然资源资产总值越多,表示现有的自然资源资产质量好、价值高,反之则表示现有的自然资源资产质量差、价值低。

第三,自然资源资产负债表可以评价自然资源资产的变化趋势。当自然资源期末总资产值高于期初总资产值时,说明自然资源资产变化趋势向好;反之则说明自然资源资产变化趋势变差。

第四,自然资源资产负债表能够揭示自然资源资产的生态服务功能效益高低。通过实物资产与生态服务资产的比值,可了解自然资源资产的质量好坏和效益高低,通过对各单项指标的比值分析,可以找出生态服务价值高的自然资源资产类别;通过对各相关单位同一指标的分析,可以确定各自然资源资产管理部门管理效益的高低,判别各自然资源资产管理部门的工作成效;通过对递延资产变化的分析,可以确定所实施的生态与环境保护投入的力度和产生效益的期限。

第五,自然资源资产负债表可以根据资产、负债、净资产之间的关系,揭示自然资源资产来源及其构成。如果负债比例高,相应的净资产低,说明原有的生态资源质量较差,需要依靠治理和维护的投入形成生态资源的改善。反之如果负债比例低,则说明原有的生态资源价值较高,相比之下治理和维护投入压力较低,对生态环境保护和恢复的力度还可进一步加强。

第六,自然资源资产负债表能够表明生态维护与治理的效益。当期负债净值与期初净资产之和小于当期期末自然资源总资产时,说明自然资源资产管理工作获得了超值的回报,当期的自然资源资产损益为正;反之如果两者加和小于当期期末自然资源资产总额,说明自然资源资产管理工作未取得正常成效,自然资源资产损益为负值。

第七,自然资源资产负债表能够反映生态环境是否处于“欠账”状态。当自然资源资产价值高于各项指标的标准状态资产时,自然资源质量优于标准,说明自然资源资产处于没有“欠账”的状态;反之如果自然资源资产价值低于各项指标的标准状态资产时,自然资源质量不达标准,说明自然资源资产处于“欠账”的状态。

综上所述,自然资源资产负债表是评价政府与自然资源资产管理单位对自然资源管理所取得的综合成效,从结果的角度量化体现了生态文明建设的主要业绩。

1.3.2 在国民经济核算体系中的定位

国家资产负债表是借鉴企业资产负债表编制技术,以国家为特定经济主体,将其在特定时点所拥有的资产和承担的负债进行分类列示的表格(耿建新等,2015)。国家资产负债表作为国民经济核算体系[①](SNA2008)中唯一的存量账户,将国家资产分为金融资产和非金融资产,并将自然资源单独作为一项非金融资产纳入体系占有重要地位。在环境与经济综合核算体系(SEEA-2012)中,进一步明确了自然资源资产包括实物型账户和价值型资产账户两种基本形式。

自然资源资产账户从期初资产存量开始,以期末资产存量结束,其间记录因各类主客观因素造成存量的增减变动。价值型资产账户还增加了"重估价"项目来记录核算期内因价格变动而发生的环境资产价值变化。因此自然资源资产是隶属国民资产体系非金融资产中的一类重要资产,自然资源资产负债表是国民资产负债表中关于自然资源存量的具体列示与反映,是国民资产负债表中必不可缺的明细项目,是编制国家资产负债表的基本前提和重要构成。

1.3.3 在自然生态保护方面的定位

自从工业革命以来,随着以化石能源为主导的经济产业的发展,自然生态环境遭受了巨大的破坏,许多国家被迫走上了一条先污染后治理的坎坷之路,自然环境的破坏与污染,给人民给来了巨大的灾难,也给自然环境造成了巨大的创伤和潜在的威胁。1930 年比利时马斯河谷工业区发生的马斯河谷烟雾事件是 20 世纪最早记录的自然环境破坏的事件。1930 年 12 月 1 ~5 日地处马斯河谷的炼油厂、金属厂、玻璃厂的 13 个大烟囱,由于遭遇强大的逆温层,致使排出的烟尘无法扩散,大量有害气体积累在近地大气层,对人体造成严重伤害,一周内有 60 多人丧生。此外洛杉矶光化学烟雾事件、伦敦烟雾事件、日本水俣病事件、苏联切尔诺贝利核污染事件等灾害性事件均对居民生命和自然生态安全造成了巨大损失。为此 20 世纪 70 年代开始,全球掀起了一股生态环境保护的浪潮,世界各国加强自然环境保护工作,破坏自然环境的现象得到了初步的遏制。

但是由于自然资源资产缺乏有效的估值,在追逐经济利益的驱动下,对自然生态环境的破坏仍然屡禁不止。2014 年德国三位气象专家发表的研究报告指出,全球气候变暖明显加快,过去 100 年,全球平均气温升高 0.7℃。未来 50 年,可能再升 2 ~5℃。报告还称,这个变化相当于从上一个冰川期至今,即过去近 18 000 年的温度变化速度。专家指出温室气体排放增加是全球气候变暖加快的重要原因。50 万年来,全球大气中二氧化碳的含量从来没有今天这么高。20 世纪末至 21 世纪初的 10 年是最近 1000 年来最温暖的 10 年,全球变暖导致自然灾害频生。仅在 1990 ~1999 年的 10 年中,全世界就有 400 万人死于各种自然灾害。20 世纪 60 年代以来的 50 年,全世界共发生 255 宗严重自然灾害,其中洪水和风暴造成大约

---

① 国民经济核算体系也称为国民账户体系。

140 万人死亡。在美国,平均每年有大约 1000 人死于高温。因此,展现自然资源资产保护成果的经济价值,成为开展自然资源保护工作的重要方法。编制自然资源资产负债表,可以将自然资源资产价值完整体现在整个国民经济核算序列之中,通过展示自然资源的资产价值,能够有效地体现自然生态保护的现实成果,为开展自然环境保护提供理论保障。

(本章编写人员:张原)

第2章

大鹏半岛生态文明建设量化评估机制的总体构架

大鹏半岛生态文明建设量化评估机制,以实现对大鹏半岛生态文明建设成果和过程全面量化评估为目标,通过构建自然资源资产核算和负债表体系,开展大鹏半岛自然资源资产年度核算和负债表编制工作。从存量的角度,对大鹏半岛生态文明建设成果进行量化评估,通过构建自然资源资产开发使用成本评估体系、资源环境承载力核算与预警机制,对涉及自然资源资产开发使用的项目实施自然资源资产开发使用成本评估,开展大鹏半岛资源环境承载力年度核算与预警;从变量的角度,对大鹏半岛实施生态文明建设过程进行量化管控,从而构建大鹏半岛生态文明建设量化评估机制的总体构架,实现对大鹏半岛生态文明建设成果与过程的全系统立体评估。

自然资源资产负债表体系是通过结果层面对生态文明建设成果进行总体量化评估的重要平台,自然资源资产开发使用成本评估体系是在过程层面对生态文明建设成果进行个体量化评估的重要手段,资源环境承载力核算和预警机制是在过程层面对生态安全格局进行量化评估重要方法,而自然资源资产核算体系则是开展生态文明建设成果量化评估的技术基础。自然资源资产开发使用成本评估从项目管理角度,将对自然资源资产价值的评估引入建设项目可行性评估体系,完善建设项目可行性研究报告的相关内容,实现对建设项目的生态效益量化评估;资源环境承载力核算与建立预警机制从生态安全格局管理的角度,将对资源环境承载力的核算和评估作为评估生态安全的主要方法,实现对建设空间开发的生态量化评估(图2-1)。

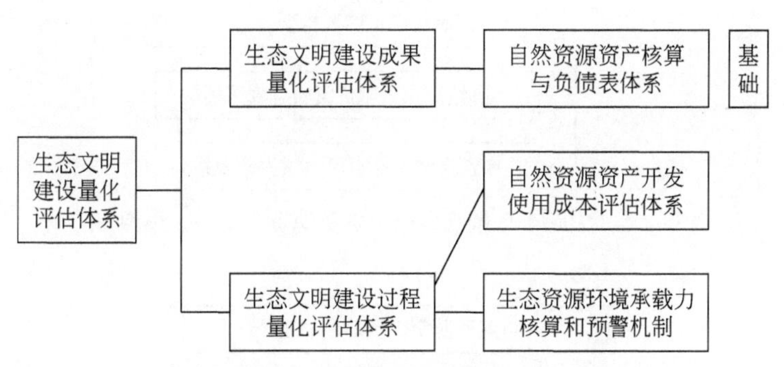

图2-1 大鹏半岛生态文明建设量化评估体系

2.1 生态文明建设成果的量化评估

自然资源资产核算与负债表体系是从宏观层面开展生态文明建设成果量化评估的平台,

自然资源资产核算是自然资源资产负债表编制的基础,通过编制自然资源资产负债表并完善现有的国民经济核算体系(SNA),将自然资源的价值纳入国民账户体系。关键点是将生态服务价值体现在负债表中,同时合理假设以实现自然资源资产负债表系统的有效平衡。

自然资源资产核算与负债表体系总体框架如图 2-2 ~ 图 2-8 所示。

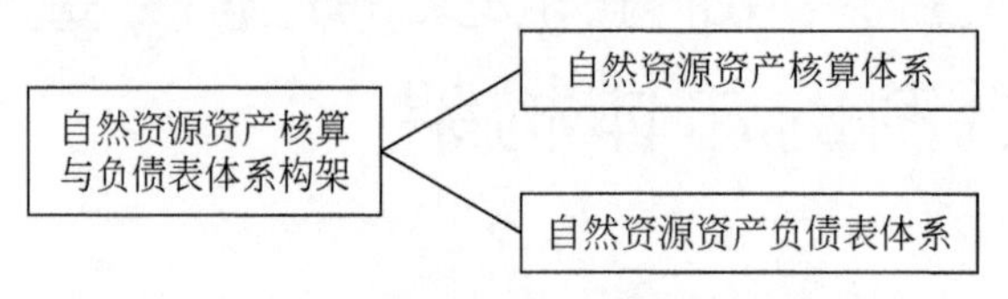

图 2-2　大鹏半岛自然资源资产核算与负债表体系

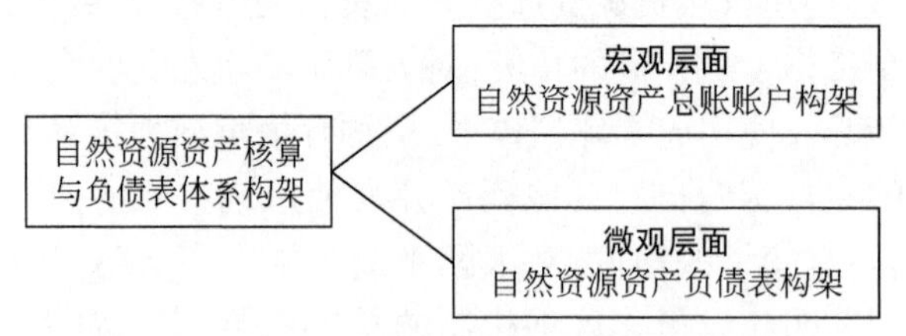

图 2-3　大鹏半岛自然资源资产核算与负债表体系

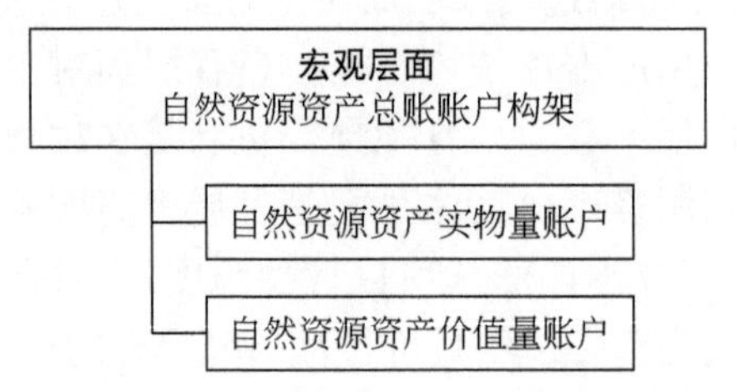

图 2-4　大鹏半岛宏观层面自然资源资产总账账户体系

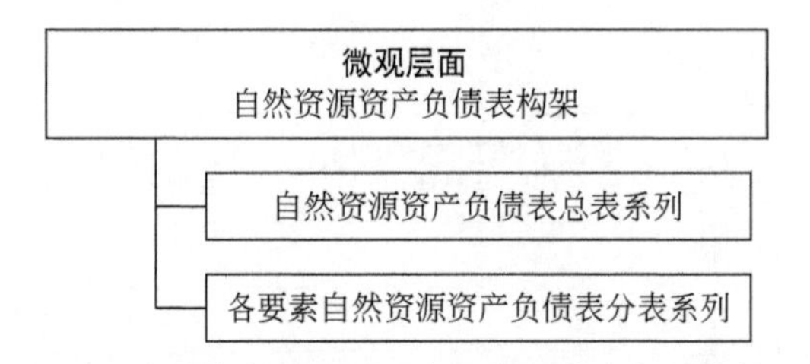

图 2-5　大鹏半岛微观层面自然资源资产负债表体系

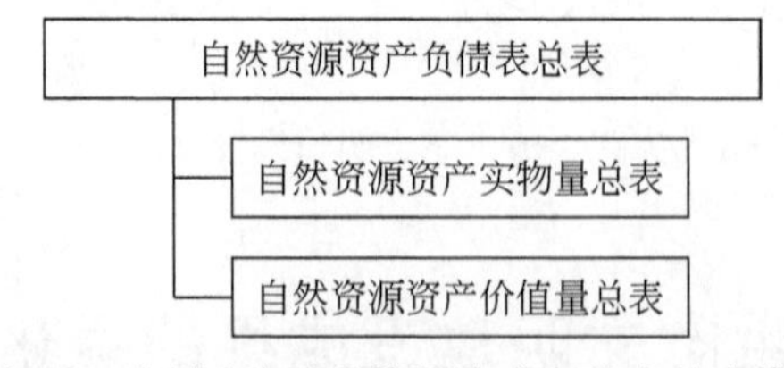

图 2-6　大鹏半岛自然资源资产负债表总表体系

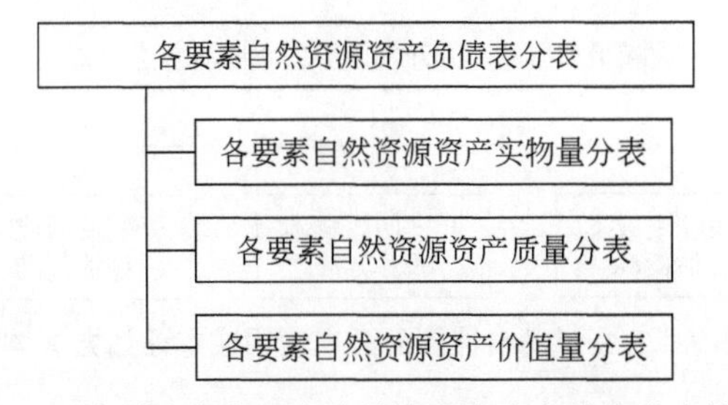

图 2-7　大鹏半岛各要素自然资源资产负债表分表体系

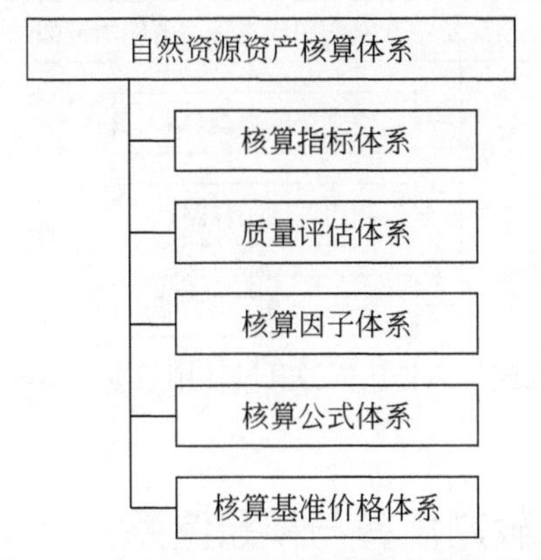

图 2-8　大鹏半岛自然资源资产核算体系

2.2　生态文明建设过程的量化评估

2.2.1　自然资源开发使用成本评估体系

大鹏半岛自然资源开发使用成本评估体系包括自然资源开发使用成本评估方法体系与技术指南两部分。

2.2.1.1　构建评估方法体系

构建评估方法体系的主要目的是以自然资源为对象，科学、规范展示其开发使用成本状况，通过制定评估指标、核算方法与评估基准，为大鹏半岛自然资源的保护与可持续利用提供决策参考。

评估方法体系的总体构架如图 2-9 所示。

2.2.1.2　开展自然资源开发使用成本评估与应用

开展自然资源开发使用成本评估与应用的主要目的是提高自然资源用途科学管制能力，有效降低发展的资源环境代价。主要工作为建立数据体系，制定评估路径并针对具体项目系统化开展成本评估及成果应用。

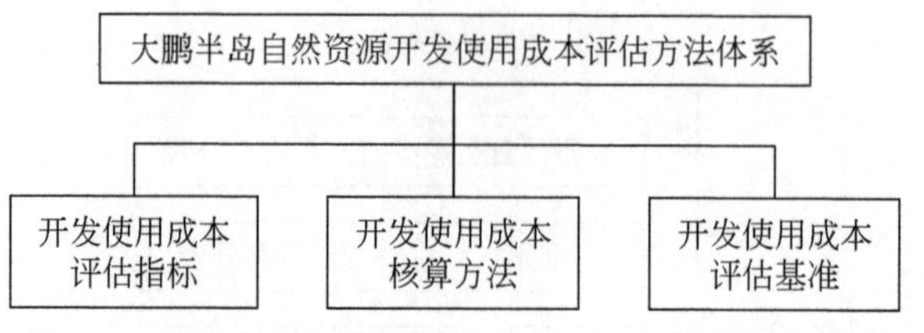

图 2-9　大鹏半岛自然资源开发使用成本评估方法体系

自然资源开发使用成本评估与应用体系的总体框架如图 2-10 所示。

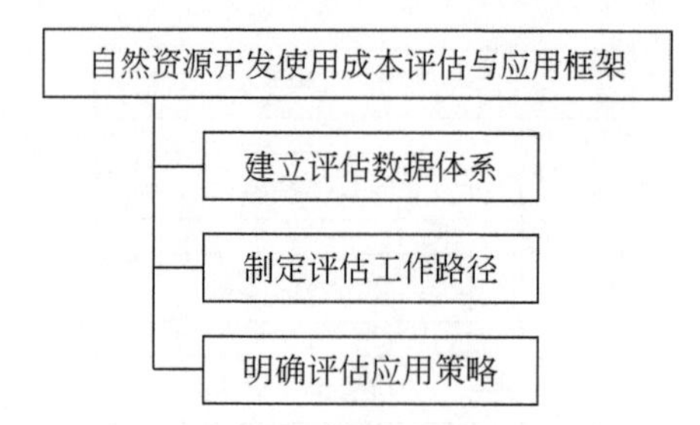

图 2-10　大鹏半岛自然资源开发使用成本评估与应用体系

2.2.2　资源环境承载力核算与预警体系

大鹏半岛资源环境承载力核算与预警体系包括两部分内容。

2.2.2.1　建立资源环境承载力评价预警技术体系

建立资源环境承载力核算与预警体系的主要目的是确保大鹏半岛资源环境承载力监测预警工作的科学性、规范性和可操作性。参考《资源环境承载能力监测预警技术方法(试行)》(发改规划〔2016〕2043 号),立足区域功能、兼顾区域特色,构建系统完整、科学合理的要素、指标、算法体系,实现大鹏半岛资源环境承载力全维度评价。

大鹏半岛资源环境承载力评价预警技术体系的总体架构如图 2-11 所示。

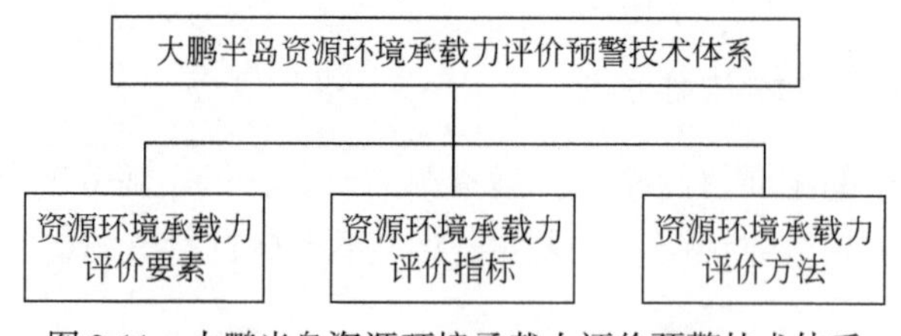

图 2-11　大鹏半岛资源环境承载力评价预警技术体系

2.2.2.2　开展逐年度资源环境承载力评价预警

开展逐年度资源环境承载力评价预警的主要目的是明确不同年度大鹏半岛资源环境承载状况,进行成因解析及政策预研,形成长效机制,约束大鹏半岛按照资源环境承载力谋划社会经济发展。其主要工作是评价不同资源环境要素超载状况并进行预警,提高资源环境承载力工作信息化、规范化、制度化水平。

大鹏半岛资源环境承载力评价预警体系如图 2-12 ~ 图 2-14 所示。

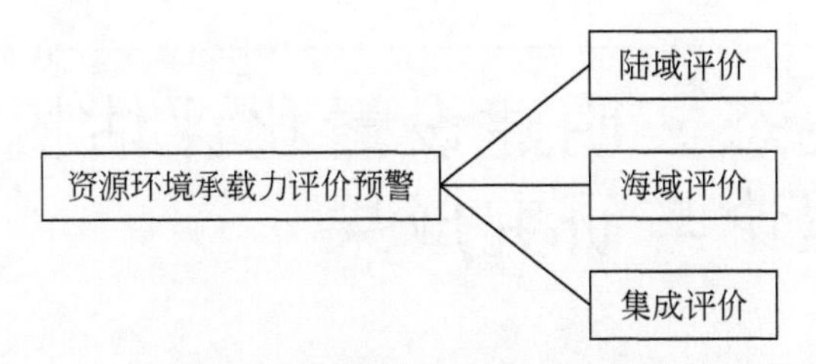

图 2-12　大鹏半岛资源环境承载力评价预警技术体系

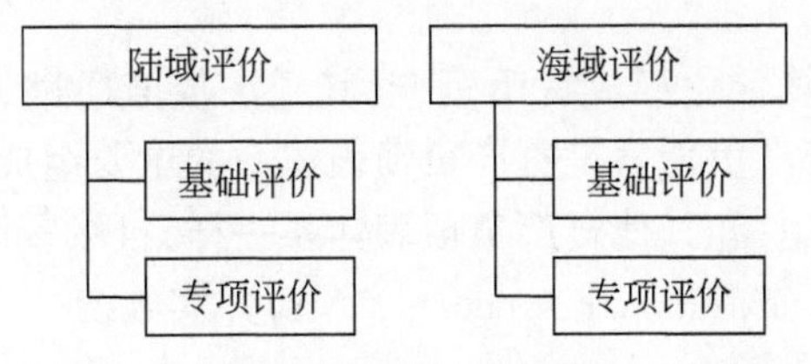

图 2-13　大鹏半岛资源环境承载力评价范围

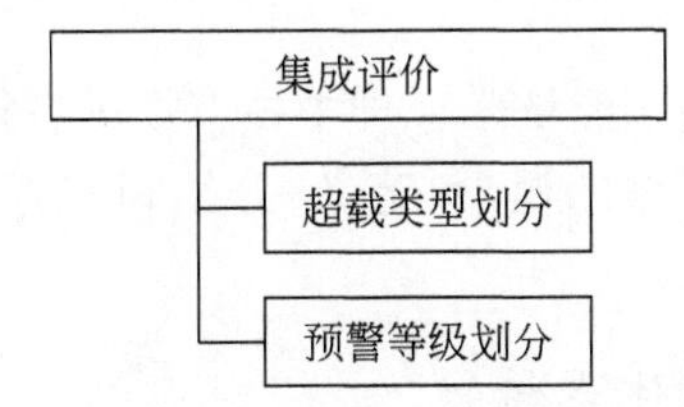

图 2-14　大鹏半岛资源环境承载力评价类型

（本章编写人员：张原、翟生强）

第3章 生态文明建设量化评估机制相关理论与研究成果

3.1 国民经济核算体系理论

自然资源资产通过核算量化形成货币资产，其经济价值通过编制自然资源资产负债表得以充分展示，自然资源资产负债表是资产负债表体系的重要组成，是资产负债表在自然资源资产管理方面的重要应用，和其他资产负债表体系一样，自然资源资产负债表最终应纳入国民经济核算体系(System of National Accounts，SNA)并实施统一管理。

3.1.1 国民经济核算体系的主要概念[①]

国民经济核算体系是一套基于经济学原理中核算规则进行经济活动测度的国际公认的标准体系。其表现形式是一套完整的概念、定义、分类和核算规则，其中包含了国内生产总值(GDP)等国际公认的标准。

3.1.1.1 国民经济核算体系特性

通过SNA的核算框架，经济数据得以按照经济分析、决策和政策制定的要求进行编制和表述。SNA中的账户以凝缩的方式提供了根据经济理论和理念的有关经济体运行的详尽信息，详细而全面地记录了经济体内、不同经济主体之间以及发生在不同经济主体组之间发生的复杂的经济活动。在SNA中，整个账户体系具有以下特性：一是全面性，因为SNA包含了整个经济体中所有设定的活动和所有经济主体运行的结果。二是一致性，因为SNA在度量特定活动对于所有参与主体产生的结果时，使用了相同的核算规则，因而能形成了一致的价值。三是完整性，因为经济主体特定活动所产生的所有结果都在对应的账户中得到反映(包括对资产负债表中财富度量的影响)。SNA不仅提供一段时期内发生的经济活动的有关信息，还提供一定时点上经济体资产和负债规模及其居民的财富规模信息。

3.1.1.2 国民经济核算体系基本概念

SNA基本概念及定义是以一套普适性的经济逻辑和原理为基础的，不会因具体经济环境不同而改变，它所遵循的分类和核算规则也是普遍适用的。

(1)活动和交易

SNA通过有利于分析的形式提供有关机构单位所从事生产、消费和资产积累类的活动

① 本节内容主要摘自“国民经济核算体系：2008”(英文版)，如所译与英文原文有差异，应以英文原文为准。

信息。因此,SNA 需要记录机构单位之间以交易形式发生的货物、服务和资产交换。同时也要记录体现交换支付形式的其他交易,这些支付可能是货物、服务或具有类似价值的资产,但更常见的是包括纸币和硬币在内的金融债权。交易数据为账户编制提供了基本的资料来源,通过数据梳理可获得或推算出账户中各个项目的价值。

(2)经济活动中的机构单位

SNA 把经济活动中的机构单位分成五个互不包容的单位:一是非金融公司,二是金融公司,三是政府单位(包括社会保障基金),四是为国民服务的非营利机构(NPISH),五是国民个体。这五个单位一起组成整个经济总体,其中每个单位还可进一步分为若干个子部门。

SNA 为每个单位和子部门以及经济总体准备了一套完备的可供编制的流量账户和资产负债表。

(3)账户及对应的经济活动

1)货物服务账户。SNA 最基本恒等式是:一个经济体中所生产的货物和服务必须用于消费、资本形成,或者用于出口;同时在该经济体中使用的所有货物和服务要么来自于国内,要么来自于进口。只要将产品税和产品补贴对价格影响价格影响进行适当处理,即可推导出货物服务账户进而可估计出 GDP。

2)账户序列。SNA 包括以下两个部分:一套与一定时期内各类经济活动有联系的、相互关联的流量账户序列,另一套记录机构单位和部门在该时期期初、期末持有资产和负债存量价值的资产负债表。每个流量账户都涉及一类特定的活动,如生产,收入的形成、分配、再分配或使用。每个账户都分别显示各机构单位可利用的来源以及这些来源的使用。账户通过一个平衡项实现平衡,该平衡项被界定为账户两侧所记录的总来源和总使用之间的差额。一个账户的平衡项结转为下一个账户的初始项,从而使账户序列形成一个环环相扣的整体。以上描述的一整套账户被称为“账户序列”。

3)经常账户。经常账户记录货物服务的生产、生产中的收入形成、收入在机构单位之间的分配和再分配,以及出于消费或储蓄目的对收入的使用。

生产账户记录了本体系确定的货物服务生产活动,它的平衡项(总增加值)被定义为产出价值减去中间消耗价值,是衡量各个生产者、产业部门或机构部门对 GDP 所做贡献的指标。总增加值是本体系中原始收入的来源,增加值也可以按总增加值减去固定资本消耗后的净额计算,固定资本消耗反映生产过程中所使用固定资本的消耗价值。收入分配账户由一套环环相扣的账户组成,它们反映与收入有关的以下问题:①怎样在生产中形成的;②怎样分配给对生产所创造增加值有贡献的单位的;③怎样在单位之间(主要由政府单位通过社会保障缴款、社会福利以及税收)进行再分配的;④怎样被国民、政府或为国民服务的非营利机构出于最终消费或储蓄目的而使用的;⑤怎样形成用于财富积累的储蓄的。

收入账户本身具有重要的内在经济意义。最终消费者的行为需要用收入账户来解释(最终消费者是指出于满足国民和社会的个人和集体需要而使用货物与服务者),整套收入账户的平衡项是储蓄。

收入账户中的平衡项储蓄必须转入资本账户,资本账户是本体系积累账户序列中的第一个账户。

4)积累账户。积累账户是用来记录那些会影响资产负债表核算期初和期末状态流量的账户。体系共有四个积累账户:资本账户、金融账户、资产物量其他变化账户以及重估价账户。①资本账户。主要用于记录因如下原因引起的非金融资产的获得和处置:与其他单位进行交易,与生产有关的内部记账交易(存货变动和固定资本消耗)以及通过资本转移进行财富再分配。②金融账户。主要用于记录通过交易而发生的金融资产和负债获得和处置。③资产物量其他变化账户。主要用于记录因交易之外因素引起的机构单位或部门持有资产和负债的变化额。④重估价账户。主要用于记录因价格变化引起的资产和负债价值的变化额。

积累账户和经常账户之间的联系是由以下事件决定:储蓄一定用于获取包括现金在内的各类金融或非金融资产。如果储蓄为负,消费超过可支配收入的部分一定是通过处置资产或发生负债进行弥补的。金融账户反映了资金从一组单位流向另一组单位(尤其是通过金融中介机构所实现)的运动方式。融资一般是从事各种经济活动的先决条件。

5)资产负债表。资产负债表反映单位或部门在核算期初和期末的资产和负债存量价值。在任何时刻,每当交易、价格变化或影响持有资产负债物量的其他变化发生时,所持有的资产和负债的价值即会自动变化。这些变化都会被记录在某类积累账户中,因此期初期末资产负债表的价值之差可以在 SNA 中全部得到解释。

6)SNA 中的其他账户。SNA 是一个丰富而详尽的经济核算体系,其内容并不限于上述主要账户序列的范围,而是还囊括了其他的账户和表式,这些账户和表式或是包含了主要账户未能包括的信息,或是以更适于某些分析的其他方式来提供信息。

7)供给使用表。SNA 中心框架还包括了一个以矩阵形式表现的细分类供给使用表。其一方面记录了各类货物和服务的来源,另一方面记录了这些货物服务的去向。供给使用表涉及一套完整的按产业部门编制的生产和收入形成账户,编制此类账户的数据来源于产业普查或调查中的细分类数据。通过供给使用表可以提供一个核算框架,在此框架下,用于编制国民经济账户的商品流量法才可以得到系统性地拓展使用,因为该方法要求表中各类货物服务的总供给和总使用必须相互平衡。利用供给使用表提供的基础信息,还可以导出详细的、可广泛用于经济分析和预测的投入产出表。

8)物量核算。SNA 还在方法论层面为编制货物服务流量、总增加值、净增加值和 GDP 价格、物量指数核算提供具体指导。可以用 SNA 各主要总量的价格指数和物量指数来衡量通货膨胀率和经济增长率,它们是评估过去经济表现和制定未来经济政策目标的关键变量,是 SNA 的基本组成部分。

3.1.1.3 国民经济核算体系具体应用

SNA 体系的主要目标是提供一套综合概念和核算框架,以便建立适于分析和评估经济表现的宏观经济数据库。以下是 SNA 的一些具体用途。

(1)经济活动的监测

SNA 中的某些关键总量指标,如 GDP 和人均 GDP 等可以作为衡量经济活动和福利的综合性、全局性指标,为各类有需要的分析研究人员广泛使用。这些总量指标的变动和与之相关的价格和物量测度,常被用于评估经济总体的表现,判断政府所采取经济政策的宏观成效。

国民经济核算数据所提供的信息涵盖了不同类别的经济活动和经济活动中的不同部

门,从而可以从价值和实物量角度动态监测主要经济流量指标(包括生产、居民消费、政府消费、资本形成、出口和进口等)的变化情况。此外还可提供某些只能在相关核算框架下定义和计算的关键平衡项和比率的信息,如预算盈余或赤字、针对部门或经济总体的储蓄或投资占收入的比例、贸易差额等。SNA 还能为解释和评估工业生产、消费品价格或生产者价格月度指数等短期指标变动提供背景。

(2)宏观经济分析

国民经济核算也可用于研究经济中的因果机制,通常采取将计量经济学方法运用依据国民经济核算框架编制的现价和不变价的时间序列数据,估算不同经济变量之间函数关系的参数。进行此类研究采用的宏观经济模型,会因研究人员的经济学派和分析目的不同而有所差别。但 SNA 的灵活性,可以确保其适应不同经济理论或模型的需要。

短期经济政策制定是在评估近期经济行为和经济状况、展望或准确预测未来发展趋势基础上形成的,短期预测通常采用经济计量模型进行,而中长期经济政策则必须结合各种经济战略来制定。

各级政府、国有企业和私营企业都会涉及经济政策的制定和决策,均需要国民经济核算数据。大型企业的长期投资计划必须依赖于对未来经济发展的长期预测,这也需要国民经济核算数据。此外为客户提供预测并收取费用的专业机构通常也需要非常详细的国民经济核算数据。

(3)国际比较

SNA 能够以一种标准的、国际通行的概念、定义和分类形式向世界报告其他国家的国民经济核算数据。由此产生的数据可广泛应用于经济总量的国际比较。分析人员在对比国家经济与其他国经济表现时,经常使用这种方法。这些比较能帮助公众和相关部门针对经济计划是否具有成效进行判断。多国国民账户可以组成一个国家集团数据库,这些数据可用于计量经济学分析,在分析中可以将时间序列数据和截面数据汇集起来,提供更宽泛的观测资料,估计数据间的相互关系。

国际组织还使用各国 GDP 或人均国民收入(GNI)数据来决定其是否有资格得到贷款、援助或其他资金,以及决定各国得到此类贷款、援助或其他资金的条件。如果目的是要比较货物服务的人均产量或人均消费量,则必须将以本国货币计量的数据按照购买力(而不是汇率)转换成以通用货币计量的数据。众所周知,通常市场汇率和固定汇率都不能反映不同货币之间的内在相对购买力。若按照汇率将 GDP 或其他统计数据转换为以通用货币计量的数据,则相对于低收入国家来说,高收入国家的货物服务价格会被高估,结果会夸大两者实际收入的差异。因此,不能将通过汇率换算的数据作为衡量货物服务相对量的尺度。不同国家 GDP 或人均 GDP 指标还会全部地或部分地用来决定一个国际组织各成员国所缴纳的用以维持该组织运转的会费。

尽管国际组织经常利用 SNA 收集国际可比的国民经济核算数据,但 SNA 的创立目的并不在此。SNA 已经成为一个标准的或通用的体系,对世界大多数国家而言,稍加修改或不加修改即可将其应用于各自的国民经济核算。通过本体系满足其自身分析需要和政策需要。

3.1.2 国民经济核算体系的主要构架[①]

3.1.2.1 核算原则

在资产负债账户中负债和净值(资产与负债的差额)放在右边,资产放在左边。通过比较两张连续的资产负债账户,可以得到负债和净值的变化及资产的变化。

积累账户与资产负债账户必须有机地联系在一起,积累账户的右边被称为负债和净值的变化,左边被称为资产的变化。在金融工具交易中,负债的变化是指负债的净发生,资产的变化则是指资产的净获得。

SNA 对法定所有权和经济所有权作了区分。在 SNA 中,记录产品从一个单位转移给另一个单位时所遵循的准则,是该产品之经济所有权从一单位转移给了另一单位,而法定所有者只是依法对产品价值中所蕴含收益享有权益的单位。

对于一个单位或部门而言,国民经济核算如同会计一样,是以复式记账为基础的。每笔交易必须记录两次,一次作为来源(或负债变化),另一次作为使用(或资产变化)。记录为来源或负债变化的交易总额与记录为使用或资产变化的交易总额必须相等。

国民经济核算对于记录时间的总原则是机构单位间的交易必须在债权和债务产生、转换或取消之时进行。这种记录原则被称为权责发生制。一个机构单位的内部交易也要按同样的方法记录,即在经济价值被创造、转换或清偿之时记录。

原则上讲,国民经济核算是按照权责发生制对实际交易进行记录,而不是按照现金收付制。从理论上看国民经济核算遵循了与工商会计相同的原则。

按照四式记账原则,一笔交易还必须在交易双方的各个账户中以相同的价值记录。同样的原则也适用于资产和负债,这意味着金融资产及其负债对应部分必须在债权人和债务人账户中以相同的金额进行记录。

交易是按照交易双方约定的实际价格来估价的。因此,市场价格就成为 SNA 估价的基准。如果没有市场交易,应按照发生的成本来估价(如政府的非市场服务),或者参照类似货物或服务的市场价格来估价。

资产和负债应按照编制资产负债账户时的当期价格来记录,而不是按照原价来记录。从理论上说,国民经济核算是以如下假定为基础的:资产和负债的价值应连续不断地按照当期价格进行重估,虽然事实上重估价只能定期进行。资产和负债正确估价的基础,是在需要估价的时刻,可以在市场查询到现时的价格。

估价时最好采用市场的实际价格,或根据实际市场价格估算出的价格。如果得不到此类价格,资产负债账户的当期价格估价还可以采取另外两种方法:对一段时期内的交易进行累加和重估价,或者估计某资产未来期望收益的贴现值。

内部交易应按照交易发生时的当期价格进行估价,而不是按照原价。这些内部交易包括存货的入库和出库、中间消耗以及固定资本消耗。

对产出进行估价的优先方法是基本价格,如果得不到基本价格,也可以采用生产者价

① 本节内容主要摘自"国民经济核算体系:2008"(英文版),如所译与英文原文有差异,应以英文原文为准。

格。两者的区别在于对产品税和产品补贴的处理方式不同。基本价格是在加上产品税和减去产品补贴之前计算的价格，生产者价格则要在基本价格之上加上增值类型税以外的产品税并减去产品补贴。由此产生了三种对产出的估价方法：基本价格、不含增值类型税的生产者价格及含增值类型税的生产者价格。

在同一套账户和表中，关于货物服务使用的所有交易（最终消费、中间消耗、资本形成）都要按照购买者价格估价。购买者价格是购买者支付的金额，不包括增值类型税中的可抵扣部分。购买者价格对用户而言是其实际发生的成本。

对中间消耗的估价基本采用购买者价格，由于对产出估价采用的方法不同，会影响到生产者、部门或产业之增加值（总产出减中间消耗之差），如果产出用基本价格估价，那么增加值中除了由劳动力和资本创造的初始收入之外，仅包括产品税减产品补贴之外的生产税减生产补贴；如果产出用生产者价格估价，则增加值中还会包括增值类型税之外的产品税减产品补贴。

合并操作可以涵盖不同的核算过程。合并是指如果从事交易的单位被合并为一组，就要把这些单位间发生的交易从使用和来源两方面加以剔除，并把相互间存在的金融资产及其相应的负债予以剔除。

必须把合并同取净值区别开，对于经常性交易而言，取净值是指对使用与来源的相互抵消。

对于资产变化或负债变化而言，取净值可以用两种方式来处理。第一种方式是针对资产变化的不同类型（如入库和出库）或者负债变化的不同类型（如新发生负债和现有债务的清偿）分别取净值。第二种方式是对某金融工具而言，将金融资产的变化与负债的变化（或者在资产负债账户上的金融资产和负债本身）两者取净值。从原则上讲，SNA 不鼓励超出 SNA 所列示的分类层次之上取净值。尤其要避免对金融资产（金融资产的变化）和负债（负债的变化）两者取净值。SNA 所说的“净”额仅用于账户平衡项的表述与总额并列。

3.1.2.2 SNA 账户体系

SNA 账户体系包括综合经济账户和核算体系其他部分两大类。

(1)综合经济账户

综合经济账户采用机构单位和部门的交易、资产和负债三个要素，形成一组覆盖范围广泛的账户。综合经济账户包括机构部门、国外以及经济总体的全套账户序列。

(2)核算体系的其他部分

核算体系的其他部分会用到另外三个概念性要素，即基层单位、产品和目的、人口和就业。这些账户包括：供给和使用框架、人口和就业表，以及关于金融交易及金融资产和负债存量的、显示部门间关系的三维分析。

(3)全套账户序列

整个账户序列被分为三类：经常账户、积累账户和资产负债账户。经常账户记录生产以及收入的形成、分配和使用。除了第一个账户，其他每个账户一开头都将上一个账户的平衡项记录在来源方。经常账户的最后一个平衡项是储蓄，在 SNA 中，它代表由国内或国外生产所产生的收入中没有被用于最终消费的部分。积累账户记录资产和负债的变化及净值（任一机构单位或一批机构单位的资产与负债的差额）的变化。积累账户包括资本账户、金融账户、资产物量其他变化账户以及重估价账户。积累账户显示了两个资产负债账户之间的全部变化。资产负债账户表述资产和负债以及净值的存量。对全套账户序列而言,其中要包括期初和期末资产负债账户;即使没有编制资产负债账户,也有必要清晰地理解积累账户与资产负债账户之间的理论关系,因为它关系到能否正确地阐释积累账户。

资本账户记录了与非金融资产获得有关的交易,以及涉及财富再分配的资本转移。账户右方记录了净储蓄、应收资本转移以及应付资本转移,从而得到由储蓄和资本转移引起的净值变化。资本账户的使用方包括非金融资产投资的各种方式,固定资本消耗是固定资产的负变化,因此在账户左方以负号记录。在账户同一方记录固定资本形成总额减固定资本消耗,相当于记录的是固定资本形成净额,资本账户的平衡项如果是正值就称为净贷出,衡量一个单位或一个部门可用来直接或间接地借给其他单位或部门的资金数额;如果是负值就称为净借入,衡量一个单位或一个部门不得不从其他单位或部门借入的资金数额。

资产实物量其他变化账户记录各种异常事件的影响,这些事件不仅会导致资产和负债价值的变化,而且会导致资产和负债物量的变化。

期初和期末资产负债账户在左方显示资产,右方显示负债和净值。资产负债账户的平衡项是净值,即资产和负债之差。净值相当于一个单位或部门持有的经济价值存量的现值,资产负债变化账户概述了积累账户的内容,在该账户中每项资产或负债的登录应等于该资产或负债在四个积累账户中登录的总和。利用这些登录可以计算出净值变化,逐项资产和逐项负债在期末资产负债账户上的登录应等于它们各自在期初资产负债账户上的登录加上在四个积累账户中所记录的变化。

综合经济账户提供了包括资产负债账户在内的经济总体账户的完整内容,能够表述出各主要经济关系及其主要总量。综合经济账户同时还展现出了 SNA 的总体账户结构,以及机构部门、经济总体和国外的一套数据。

SNA 总量是为了反映经济总体的某类活动而测算的综合价值,它们是宏观经济分析以及时间和空间比较中使用的汇总指标和关键总量。SNA 的目标在于为复杂的经济提供一幅简明但全面而细致的图像,因此这些总量的计算既非国民经济核算的唯一目标,也非其主要目标;尽管如此,这些汇总数值还是非常重要的。有些总量可以通过加总 SNA 中的某些特定交易而直接得到,如最终消费、固定资本形成总额和社会保障缴款,其他总量可以通过加总机构部门的平衡项而得到。

3.1.3 国民经济核算体系资产负债表①

3.1.3.1 资产负债表的概念

SNA 对资产负债表的定义为:资产负债表是在某一特定时点编制的、记录一个机构单位或一组机构单位所拥有的资产价值和承担的负债价值的报表。

资产负债表可以针对机构单位编制,也可以针对机构部门或经济总体编制。还可以针对非常住单位编制类似的账户,以反映其所持有的来自该经济总体的资产和负债存量,以及

① 本节内容主要摘自"国民经济核算体系:2008"(英文版),如所译与英文原文有差异,应以英文原文为准。

常住单位所持有的国外资产和负债存量。

资产出现在一个单位的资产负债表中,该单位是资产的经济所有者。在许多情况下,该单位也是资产的法定所有者,但在融资租赁情况中,被租赁的资产出现在承租人的资产负债表中,同时出租人拥有一个等价的金融资产以及对承租人的相应债权。与此不同的是,如果资源租赁的对象是自然资源,尽管大多数经济风险和在生产中使用资产的回报都由承租人承担,但资产依然记录在出租人的资产负债表中。

资产负债表中记录的某机构单位或部门支配的金融资源和非金融资源,是一个反映经济状况的指标。这些资源合计起来,即得到净值这个平衡项。所谓净值是一个机构单位或部门拥有的所有资产价值减去其所有未偿还的负债价值。对于经济总体而言,资产负债表反映了非金融资产之和以及对国外的净债权,该总和通常被称作国民财富。

资产负债表是一系列账户的终结,反映了生产账户、收入的分配和使用账户以及积累账户中登录的最终结果(表 3-1)。

与流量账户相结合的一套资产负债表,有助于在检测和评估经济和金融状况以及行为时进行更全面的观察,资产负债表提供了进行多专题分析的信息。

可以利用资产负债表评估一个部门的金融状况,是反映一个国家经济资源的重要指标。

表 3-1　SNA 中包含资产变化的期初期末资产负债表

项目	资产的存量和变化量	非金融公司	金融公司	一般政府	住户	NPISHs	经济总体	国外	货物和服务	合计
期初资产负债表	非金融资产									
	非金融生产资产									
	固定资产									
	存货									
	贵重物品									
	非金融非生产资产									
	自然资源									
	合约、租约和许可									
	商誉和营销资产									
	金融资产/负债									
	货币黄金和 SDRs									
	通货和存款									
	债务性证券									
	贷款									
	股权和投资基金份额/单位									
	保险、养老金和标准化担保计划									
	金融衍生工具和雇员股票期权									
	其他应收/应付款									

续表

项目	资产的存量和变化量	非金融公司	金融公司	一般政府	住户	NPISHs	经济总体	国外	货物和服务	合计
资产变化合计	非金融资产									
	非金融生产资产									
	固定资产									
	存货									
	贵重物品									
	非金融非生产资产									
	自然资源									
	合约、租约和许可									
	商誉和营销资产									
	金融资产/负债									
	货币黄金和SDRs									
	通货和存款									
	债务性证券									
	贷款									
	股权和投资基金份额/单位									
	保险、养老金和标准化担保计划									
	金融衍生工具和雇员股票期权									
	其他应收/应付款									
期末资产负债表	非金融资产									
	非金融生产资产									
	固定资产									
	存货									
	贵重物品									
	非金融非生产资产									
	自然资源									
	合约、租约和许可									
	商誉和营销资产									
	金融资产/负债									
	货币黄金和SDRs									
	通货和存款									
	债务性证券									
	贷款									

续表

项目	资产的存量和变化量	非金融公司	金融公司	一般政府	住户	NPISHs	经济总体	国外	货物和服务	合计
期末资产负债表	股权和投资基金份额/单位									
	保险、养老金和标准化担保计划									
	金融衍生工具和雇员股票期权									
	其他应收/应付款									

3.1.3.2 资产账户的概念

SNA 还要求编制一个类似的账户,以反映经济中所有机构单位所持有的单一类资产的价值,即所谓资产账户。通过以下基本核算恒等式,可以将某类资产的期初资产负债表和期末资产负债表连接起来。

期初资产负债表中某类资产的存量价值+核算期间内通过交易获得的同类资产的全部价值-处置同类资产的全部价值(非金融资产交易记录在资本账户中,金融资产交易记录在金融账户中)+ 持有这些资产的其他正负实物量变化价值+在核算期间内因为资产价格变化而产生的正负名义持有收益价值=资产负债表期末资产存量价值

SNA 资产负债表与商业会计中的资产负债表非常相似,但是其资产账户对某些分析却有特殊的用途。在环境核算中,资产账户可以专门反映某类资产使用是否是具有可持续性。

3.1.3.3 资产负债表的结构

资产负债表在左边记录资产,在右边记录负债和净值与记录这些项目变化的积累账户的记录方法相同。资产负债表记录的是某一时点上的资产和负债价值。SNA 提供了在核算期期初(与上一期期末价值相同)和期末编制的资产负债表,提供了一套资产负债表中各项目价值在期初和期末之间变化的完整记录。资产负债表中的平衡项是净值,即一个机构单位或部门所拥有的全部资产减其未偿还的所有负债。因此,净值的变化可以完全由资产负债表中所有其他项目的变动所解释。

3.1.3.4 估价的一般原则

为使资产负债表与 SNA 的积累账户保持一致,资产负债表上每一项目的估价,应当将其视为是在资产负债表编表日期上获得的。对于除土地以外的非金融资产,估价要包括与所有权转移有关的一切费用。

对某项资产而言,在购买者所付价格与销售者所收到的价格之间有一个清晰的关系。对于非金融资产,由于存在所有权转移费用,购买者支付的价格会超过销售者得到的价格。对于金融资产,其价值对债权人和债务人而言则是一致的。

资产负债表中的所有资产和负债都应当采用可观测的市场价格估价。如果所有资产在市

场上都能够正规、活跃、自由地交易,以现期市场价格对资产负债表进行估价时,可以采用市场中所有交易的总平均价格。如果资产在近期内没有在市场上买卖,从而没有可观测到的市场价格,那就只能按照假定在资产负债表编表日期市场上获得该资产时的可能价格进行估算。

除了利用市场中观测到的价格或基于市场观测价格而估算的价格,还可以用其他两种方法得到近似的现时价格。在某些情况下,通过在资产的使用年限内累加和重估价减该资产的获得去处置,就可得到近似的市场价格。对固定资产来说,这通常是最切实际的、也是优先使用的方法。在另一些情况下,通过某一资产预期未来经济收益的现期价值或贴现价值,也可以得到近似的市场价格。这一方法适用于许多金融资产、自然资源以及固定资产。

(1)市场中观测到的价值

进行价格观测的理想来源是市场,在其中交易的每一资产都是完全同质的,经常有较大数量的成交,并可按定期间隔列出市场价格。以此类市场产生的价格数据,乘以数量指标,就可以计算出由部门持有的各类资产和负债的全部市场价值。几乎全部金融债权、运输设备、农作物、牲畜以及新生产的固定资产和存货,都可以获得此类市场价格。

(2)通过累积和重估交易得到的价值

对大多数非金融资产而言,其每年的价值变化反映了其市场价格的变化。同时,初始获得成本也会由于在资产预期寿命期内的固定资本消耗(固定资产)或其他折旧形式而减少。这种资产在其寿命周期内某一时点的价值,是通过一个同等新资产的现行获得价值减累积折旧而得到的。这一估价有时被称为"折后重置成本"。对旧资产而言,如果得不到一个可靠的、直接观测到的价格,该方法可以提供一个在市场上能够出售该资产的合理近似值。

(3)未来收益的现值

对那些收益被延迟(如林木)或分布在很长时期内(如煤炭)的资产来说,尽管可以用市场价格来估价其最终产出,但还必须用贴现率来计算预期收益的现值。

3.1.4 我国国民经济核算体系中自然资源资产负债表[①]

我国国民经济核算体系由基本核算表、国民经济账户和附属表三部分构成。基本核算表包括国内生产总值表、投入产出表、资金流量表、国际收支表和资产负债表。国民经济账户包括经济总体账户、国内机构部门账户和国外部门账户。附属表包括自然资源实物量核算表和人口资源与人力资本实物量核算表。基本核算表和国民经济账户是本体系的中心内容,它通过不同的方式对国民经济运行过程进行全面的描述。附属表是对基本核算表和国民经济账户的补充,它对国民经济运行过程所涉及的自然资源和人口资源与人力资本进行描述。

3.1.4.1 资产负债表

资产负债核算是以经济资产存量为对象的核算。它反映某一时点上机构部门及经济总体所拥有的资产和负债的历史积累状况。期初资产负债规模和结构是当期经济活动的初始条件,经过一个核算期的经济活动(生产、分配、消费、投资、资金融通等)和非经济活动(如自然灾害、战争等)形成了期末资产负债的规模和结构。因此,资产负债核算与经济流量核

① 本节内容主要摘自《中国国民经济核算体系(2002)》。

算之间有着密切的联系。

(1)基本结构

我国资产负债表采用国际上通用的矩阵结构,主栏为资产和负债项目,宾栏为机构部门和经济总体,并下设使用项和来源项,其中使用项目记录资产,来源项目记录负债和资产负债差额。

资产负债表的主栏包括三部分:①非金融资产项目,反映国内各机构部门、经济总体的非金融资产总规模及构成情况。②金融资产与负债项目,其中,国内金融资产与负债项目,反映国内各机构部门、经济总体的金融资产与负债的状况及机构部门之间的债权债务关系;国外金融资产与负债项目,反映国内各机构部门与国外部门由于资本往来和金融交易形成的资产负债存量状况;储备资产项目,反映国家对外支付能力。③资产负债差额项目,反映各机构部门和经济总体的资产与负债相抵后的净值,它是各机构部门及经济总体的主要财富和经济实力的最终体现。上述每一类项目中又包含着若干个子项目。

资产负债表宾栏中的机构部门包括:非金融企业、金融机构、政府、住户和国外。

(2)基本核算原则

资产负债核算采用复式记账原则,机构部门之间的资产负债交易必须在同一时点记入交易双方的资产负债表。机构部门在记录资产负债交易时,遵循"权责发生制"原则。

资产负债表按核算时点分为期初资产负债表和期末资产负债表。目前我国资产负债核算采用的时点为日历年初和年末两个时点,以此确定资产负债核算的起点和终点。

资产负债表中非金融资产只在持有者的资产方即使用方反映。不同机构部门的金融债权与债务同时发生、数量相等、方向相反,某一机构部门或几个机构部门拥有的债权数额,必然与相应的另一机构部门或几个机构部门所承担的债务数额相等。在国民经济总体范围内,国内金融资产与负债数额相等,相互抵消。国内各机构部门的国外金融资产(或负债)之和等于国外部门的负债(或金融资产),国外金融资产减去负债后的差额为国外金融资产净值。

(3)基本概念

1)核算范围。资产负债核算的核算范围是我国常住单位拥有的资产、负债和资产净值。

2)资产。资产指经济资产。经济资产必须同时具备以下两个条件:一是资产的所有权已经确定;二是其所有者由于持有或使用它们而能够在目前或可预见的将来获得经济利益。

不属于任何机构单位,或即使属于某个机构单位但不在其有效控制下,或不能在可预见的将来获得经济利益的自然资源,如空气、公海、部分原始森林以及在可预见的将来不具有商业开发价值的地下矿藏等,不能视为经济资产,因而不属于我国资产负债核算的范围。

3)负债。负债是指一个机构单位或机构部门对其他机构单位或机构部门的债务,负债是金融债权的对映体。

4)资产负债差额。资产负债差额是指某个机构单位或机构部门所拥有的全部资产减去全部负债后的差额(亦称资产净值),同时也是资产负债表的平衡项。资产大于负债用正数表示,反之用负数表示。

5)资产分类。资产分为非金融资产和金融资产两大类。非金融资产细分为固定资产、存货和其他非金融资产。金融资产细分为国内金融资产、国外金融资产和储备资产。

(4)资产负债的估价

为了使存量表与流量表在核算原则和计价方法上保持一致,在核算期末资产存量时,对每一类资产项目都应按编表时点的现期市场价格估价。固定资产一般用“永续盘存法”进行重置估价;存货、其他非金融资产按现期市场价格估价,或按预计未来收益的净现值估价;在有组织的金融市场上交易的金融资产和负债,一般按现期市场价格估价;不在有组织的金融市场上交易的金融资产和负债,按债务人为清偿债务必须向债权人支付的当期金额估价;储备资产和其他对外交易的金融资产与负债按国际市场价格和官方公布的外汇汇率的中间价估价。

3.1.4.2 自然资源资产实物量表

《中国国民经济核算体系(2002)》中的附属表是对国民经济核算体系核心部分的补充,用于描述我国自然资源和资源资产、人口资源和人力资本的规模、结构与变动以及经济、资源和人口之间的相互关系,为政府制定、实施社会经济可持续发展战略提供科学依据。其中的自然资源实物量表是自然资源资产负债表的基础性表格之一,《中国国民经济核算体系(2002)》对其基本概念、基本指标关系、基本结构、记录原则和编表方法都做了详尽的规定。

(1)基本结构

自然资源实物量核算表反映主要自然资源在核算期期初和期末两个时点的实物存量及在核算期内的变动情况。

主栏分为期初存量、本期增加、本期减少、调整变化和期末存量。其中,引起本期增加或减少的因素包括自然因素、经济因素、分类及结构变化等,影响调整变化的因素主要是科技进步、核算方法变化等。

宾栏根据自然资源性质分为土地资源、森林资源、矿产资源和水资源。土地资源又分为土地资产和非资产性土地资源;森林资源又分为森林资产和非资产性森林资源;矿产资源又分为矿产资产和非资产性矿产资源;水资源又分为水资产和非资产性水资源。

自然资源实物量核算表分为五部分:第一部分反映自然资源在核算期初始的实物存量状况;第二部分反映由于各种因素引起的自然资源物量的增加;第三部分反映由于各种因素引起的自然资源物量的减少;第四部分反映自然资源在核算期内由于科技进步、核算方法改变等因素而引起的增减变化;第五部分反映自然资源在核算期终结的实物存量状况。

(2)基本概念

1)自然资源。自然资源指我国境内所有自然形成的,在一定的经济、技术条件下可以被开发利用以提高人们生活福利水平和生存能力,同时具有某种“稀缺性”的实物性资源的总称。它包括土地资源、森林资源、矿产资源、水资源等,不包括人文资源(如人力、资金、市场、信息等资源)及具有自然资源和人文资源双重性质的旅游资源等。自然资源分为资源资产和非资产性自然资源。

2)资源资产。资源资产指所有权已经界定,所有者能够有效控制并能够在目前或可预见的将来产生预期经济收益的自然资源。资源资产属于经济资产范畴,包括土地资产、森林资产、矿产资产、水资产等。不具备资源资产性质的自然资源属于非资产性自然资源。

(3)基本指标之间的关系

基本指标之间的关系如以下各式所示。

期末存量=期初存量+本期增加−本期减少±调整变化

土地资源=土地资产+非资产性土地资源

森林资源=森林资产+非资产性森林资源

矿产资源=矿产资产+非资产性矿产资源

水资源≤水资产①+非资产性水资源

(4)记录原则

1)存量记录时间。土地、矿产、森林资源期初期末实物存量以编表时点数据记录,水资源本期与上期实物量状况以本年度和上一年度核算期累计数据记录。

2)数量变动记录时间。土地、矿产、森林资源在核算期内的变动及水资源在两个核算期之间的变动,可分为由交易引起的数量变动和非交易引起的数量变动。由交易引起的数量变动,所有权变动的时间就是核算的记录时间。由非交易引起的数量变动:增加时,矿产资源应在经济发现时记录,其他自然资源应假定其增加是均匀连续的,在被调查时记录;减少时,包括突发性减少和均匀连续性减少,在物量减少、质量下降时或被调查时记录。

3)数量变动记录方式。自然资源实物量数据变动的记录方式,因其调查形式不同而不同:土地以土地变更登记数据记录;矿产以矿藏勘探及可行性研究数据记录;水资源以水勘察与监测数据汇总记录;森林资源,清查核算年度以清查数据记录,其他年度,以清查年度数据为基数推算放大。

(5)编表方法

编制自然资源实物量核算表(表3-2)的方法有直接法和间接法。

1)直接法是指充分利用现有的资源调查及其他相关资料,编制附属表的方法。

2)间接法是指以期初附属表为基础,采用“外推法”和“内插法”编制期末附属表的方法。

目前采用直接法编制附属表。

表3-2 自然资源实物量核算表

项目	土地资源					森林资源				矿产资源				水资源			
	土地资产				非资产性土地资源	森林资产			非资产性森林资源	矿产资产			非资产性矿产资源	水资产			非资产性水资源
	农用土地	耕地	房屋及建筑物占地	其他		培育资产	非培育资产			能源矿藏	金属矿藏	非金属矿藏		初始利用量		重复利用量	
							人工林	天然林						地表水	地下水		
一、期初存量																	
二、本期增加																	
(一)自然增加																	
(二)经济发现																	
(三)分类及结构变化引起的增加																	
(四)其他因素引起的增加																	
三、本期减少																	

① 水资产中包括“水重复利用量”。

续表

<table>
<tr><th rowspan="4">项目</th><th colspan="5">土地资源</th><th colspan="4">森林资源</th><th colspan="4">矿产资源</th><th colspan="4">水资源</th></tr>
<tr><th colspan="4">土地资产</th><th rowspan="3">非资产性土地资源</th><th colspan="3">森林资产</th><th rowspan="3">非资产性森林资源</th><th colspan="3">矿产资产</th><th rowspan="3">非资产性矿产资源</th><th colspan="3">水资产</th><th rowspan="3">非资产性水资源</th></tr>
<tr><th rowspan="2">农用土地</th><th rowspan="2">耕地</th><th rowspan="2">房屋及建筑物占地</th><th rowspan="2">其他</th><th rowspan="2">培育资产</th><th colspan="2">非培育资产</th><th rowspan="2">能源矿藏</th><th rowspan="2">金属矿藏</th><th rowspan="2">非金属矿藏</th><th colspan="2">初始利用量</th><th rowspan="2">重复利用量</th></tr>
<tr><th>人工林</th><th>天然林</th><th>地表水</th><th>地下水</th></tr>
<tr><td>(一)自然减少</td><td></td><td></td><td></td><td></td><td></td><td></td><td></td><td></td><td></td><td></td><td></td><td></td><td></td><td></td><td></td><td></td><td></td></tr>
<tr><td>(二)经济使用</td><td></td><td></td><td></td><td></td><td></td><td></td><td></td><td></td><td></td><td></td><td></td><td></td><td></td><td></td><td></td><td></td><td></td></tr>
<tr><td>(三)分类及结构变化引起的减少</td><td></td><td></td><td></td><td></td><td></td><td></td><td></td><td></td><td></td><td></td><td></td><td></td><td></td><td></td><td></td><td></td><td></td></tr>
<tr><td>(四)其他因素引起的减少</td><td></td><td></td><td></td><td></td><td></td><td></td><td></td><td></td><td></td><td></td><td></td><td></td><td></td><td></td><td></td><td></td><td></td></tr>
<tr><td>四、调整变化</td><td></td><td></td><td></td><td></td><td></td><td></td><td></td><td></td><td></td><td></td><td></td><td></td><td></td><td></td><td></td><td></td><td></td></tr>
<tr><td>(一)技术改进</td><td></td><td></td><td></td><td></td><td></td><td></td><td></td><td></td><td></td><td></td><td></td><td></td><td></td><td></td><td></td><td></td><td></td></tr>
<tr><td>(二)改进测算方法</td><td></td><td></td><td></td><td></td><td></td><td></td><td></td><td></td><td></td><td></td><td></td><td></td><td></td><td></td><td></td><td></td><td></td></tr>
<tr><td>(三)其他</td><td></td><td></td><td></td><td></td><td></td><td></td><td></td><td></td><td></td><td></td><td></td><td></td><td></td><td></td><td></td><td></td><td></td></tr>
<tr><td>五、期末存量</td><td></td><td></td><td></td><td></td><td></td><td></td><td></td><td></td><td></td><td></td><td></td><td></td><td></td><td></td><td></td><td></td><td></td></tr>
</table>

3.2 环境与经济综合核算理论

自20世纪70年代起,人们逐渐开始认识到经济社会发展与环境价值之间的密切联系,环境经济核算的研究工作获得持续的重视。1992年,联合国在环境与发展大会上建议各国尽早实施环境经济核算,并于1993年推出了《综合环境经济核算》(System of Environmental-Economic Accounting,SEEA),对历年来讨论和应用的相关概念、方法进行了整合,提出了环境经济核算的基本理论框架。这是环境与经济综合核算理论的最初成果,简称SEEA-1993。

此后美国、加拿大等国家进行了环境经济核算实验,联合国将此阶段的国际研究与实践成果总结为《综合环境经济核算——操作手册》于2000年发布,简称SEEA-2000。其中对SEEA中比较实用的模块提供了实施步骤,详细阐述了环境经济核算在政策制定过程中的用途。

同时联合国对SEEA-1993的修订也在同步进行中,2003年发布了方法性指导手册SEEA-2003。该手册提出了很多不同的方法学选项,介绍了大量的各国实例,为编制环境经济账户提供了一个被广泛接受的稳健的框架,在环境经济核算概念、定义和方法的广度和协调性上都迈出了一大步。但未被正式确认为国际统计标准。随着社会信息化不断推进,环境信息越来越重要,已成为中央政策制定者必须了解的环境经济背景,因此2007年,联合国统计委员会启动对SEEA-1993的第二次修订,目的是在五年之内将SEEA确立为国际公认的环境经济核算统计标准。各国研究机构对SEEA-2003中认识与处理不太一致的特定内容进行了重点修订,并将达成一致的内容整理成中心框架,于2012年发布,这就是《环境经济核算体系中心框架》,简称 SEEA-2012。SEEA-2012 已被确认为环境经济核算的第一个国际统计标准(何静,2014)。

3.2.1 环境与经济综合核算理论的主要概念

(1)SEEA 体系中的资产

SEEA 体系是建立在 SNA 基础之上并对其进行了有效补充,以便更好评估环境和经济之间的关系附加体系,其构建原则与 SNA 体系完全一致。在 SNA 核算体系中,资产是能够产生经济收益的,因此在 SEEA 体系中,将能够产生收益的环境资产列为 SEEA 体系资产。

而环境产生的经济收益一般包括环境实物资产和功能效益两大部分。

环境实物资产与一般资产一致,而环境功能是指自然产生的事物具备能够为人类所有经济活动和人类之外的其他生命提供服务,产生影响的能力,包括资源、沉淀和服务三种功能。其中资源功能是指如原始森林的原木、深海鱼类和矿藏等在内的自然资源被开采用于经济生产之后,具备为人类生活提供有用的产品和服务的资源;沉淀功能包括被人们弃之不用的物品和生产过程中产生的废气、废水和废渣等;服务功能则涵盖了地球上所有生物赖以生存的资源环境,如空气、饮用水和自然风光等(张建华,2002)。

环境功能收益是指环境功能要素产生的经济效益,包括使用收益和非使用收益两种。其中,使用收益又可分为间接和直接使用;非使用收益则是指未来的潜在收益。

(2)资产分类

SNA 中的资产包括金融资产和非金融资产两类,非金融资产又可分为生产资产和非生产性资产两类。SEEA 体系中的环境资产是指生产资产中的培育资产、矿藏等固定资产和存货,以及非生产性资产中的部分有形和无形的非生产资产。

3.2.2 环境与经济综合核算理论的主要构架

SEEA-2012 中心框架包含六大部分:第一部为中心框架的组成部分、历史背景及其地位。第二部分为中心框架的主要组成部分以及账表类型、存量流量核算的基本原则,以及经济单位的定义、记录和估价原则。第三部分至第五部分分别从不同核算领域详细说明其核算方法,是中心框架的重点所在。第六部分将分散的账户整合起来,纳入同一核算架构内,强调 SEEA 中心框架综合性的实现。

SEEA 中心框架的核算有三个重点:①物质与能源在经济体系内部、经济与环境之间的实物流量;②与环境有关的经济活动和交易;③环境资产存量及其变化。

(1)实物流量账户

实物流量账户详细说明了实物流量的记录。经济与环境之间以及经济体系内部发生的实物流量包括自然投入、产品、残余物三类。自然投入指从环境流入经济的物质,分为自然资源投入、可再生能源投入和其他自然投入三类。自然资源投入包括矿产和能源资源、土壤资源、天然林木资源、天然水生资源、其他天然生物资源及水资源。可再生能源投入包括太阳能、水能、风能、潮汐能、地热能和其他热能。其他自然投入包括土壤养分、土壤碳等来自土壤的投入,氮、氧等来自空气的投入和未另分类的其他自然投入。产品指经济内部的流量，是经济生产过程所产生的货物与服务，与 SNA 的产品定义一致，按主产品分类进行分类。残余物是生产、消费或积累过程中丢弃或排放的固态、液态和气态物质。根据实物流量的定义与分类可以勾画出经济和环境之间的实物流量关系图。

从方法上看，以 SNA 2008 中的价值型供给使用表为基础，在其中增加相关的行或列，即可得到实物型供给使用表，以此记录从环境到经济、经济内部以及从经济到环境的全部实物流量。整个核算的逻辑基础是以下两个恒等式。

1）供给使用恒等式，即产品总供给=产品总使用，具体表现为

国内生产+进口=中间消耗+住户最终消费+资本形成总额+出口

2）投入产出恒等式，即进入经济的物质=流出经济的物质+ 经济系统的存量净增加，具体表现为

自然投入+进口+来自国外的残余物+从环境回收的残余物=（流入环境的残余物+出口
+流入国外的残余物）+（资本形成总额+受控垃圾填埋场的积累
-生产资产和受控垃圾填埋场的残余物）

由于实物流量有不同的计量单位，无法直接加总，因此实物流量核算着重于三个子系统：能源、水和物质。本章后半部分将详细描述能源、水以及各种物质的实物型供给使用表，包括气态排放物、液态排放物和固体废弃物账户。

（2）环境活动账户和相关流量

环境活动账户和相关流量重点在于识别 SNA 内可被视为环境活动的经济交易。环境活动指那些主要目的是降低或消除环境压力，或是更有效地利用自然资源的经济活动，分为环境保护与资源管理两类。其中环境保护活动是指那些以预防、削减、削除污染或其他环境退化为主要目的的活动；资源管理活动是指那些以保护和维持自然资源存量、防止耗减为主要目的的活动。

环境活动提供的货物与服务称为环境货物与服务，包括专项服务、关联产品和适用货物。生产环境货物与服务的单位统称为环境生产者，若环境货物与服务的生产是其主要活动，则称为专业生产者，否则为非专业生产者，若仅为自用而生产则称为自给性生产者。

SEEA-2012 提供了两套信息编制方法——环境保护支出账户（EPEA）和环境货物与服务部门统计（EGSS）。EPEA 从需求角度出发，核算经济单位为环境保护目的而发生的支出，以环境保护支出表为核心，延伸到环境保护专项服务的生产表、环境保护专项服务的供给使用表、环境保护支出的资金来源表。EGSS 从供给角度出发，尽可能详细地展示专业生产者、非专业生产者、自给性生产者的环境货物与服务的生产信息。它将环境货物与服务分为四类：①环境专项服务（环境保护与资源管理服务），②单一目的产品（仅能用于环境保护与资源管理的产品），③适用货物（对环境更友好或更清洁的货物），④环境技术（末端治理技术和综合技术）。提供的主要指标有：各类生产者的各类环境货物与服务产出、增加值、就业、出口、固定资本形成。相比较而言，EPEA 由系列账户组成，核算结构完整，而 EGSS 仅侧重于环境货物与服务的生产。

（3）资产账户

资产账户详细阐述了环境资产的核算。环境资产是地球上自然存在的生物和非生物成分，它们共同构成生物—物理环境，为人类提供福利，包括矿产和能源资源、土地、土壤资源、林木资源、水生资源、其他生物资源及水资源。

从实物角度而言，环境资产包括所有可能为人类提供福利的资源；从价值角度而言，则仅包括具有经济价值的资源。所以，环境资产中的培育性生物资源、具有经济价值的自然资源与土地也是经济资产。

资产核算包括实物型和价值型资产账户两种基本形式，从期初资产存量开始，以期末资产存量结束，中间记录因采掘、自然生长、发现、巨灾损失或其他因素使存量发生的各种增减变动，价值型资产账户还增加了"重估价"项目来记录核算期内因价格变动而发生的环境资产价值的变化。资产账户的动态平衡关系如下：

期初资产存量+存量增加-存量减少+重估价=期末资产存量

编制资产账户的两个关键方面——环境资产耗减的计量及环境资产的估价。环境资产实物耗减指核算期内经济单位以一种使未来各期不能开采到同一资源数量的速度来开采自然资源而造成的自然资源数量的减少。矿产和能源资源等非再生自然资源的耗减等于资源开采量，林木资源和水生资源等可再生自然资源的耗减并不等于开采量，它们在估计耗减时必须同时考虑资源的开采和再生。

3.3 生态系统与生物多样性经济学(TEEB)理论

自2010年10月《生物多样性公约》第十次缔约方大会正式发布了生态系统与生物多样性经济学的最终研究报告以来，TEEB(The Economics of Ecosystems and Biodiversity)研究一直作为解决全世界生态环境破坏和生物多样性资源减少的重要理论基础，被联合国环境规划署所大力推广。虽然TEEB在我国处于起步阶段，理论、方法还不十分成熟，但我国政府高度重视生物多样性保护工作，2010年9月国务院第126次常务会议，通过了《中国生物多样性保护战略与行动计划(2010—2030年)》，特别是2013年党的十八届三中全会后，TEEB已被国内广大学者和相关政府部门作为建立自然资产资源核算体系，编制自然资源资产负债表的理论依据和指导思想。

3.3.1 生态系统与生物多样性经济学理论主要概念

TEEB明确提出生态系统、生物多样性和自然资源是支撑经济、社会和个人福利的基础。但是它们的价值通常会被忽略或错误理解，很少会被纳入市场经济，也没有在国家的资产账户列出。因此，有必要对生态系统、生物多样性和自然资源等进行价值评估，并使它们的价值在市场中得到充分的体现和在国家的资产账户得到反映。TEEB着眼于企业、国家和全球等不同层次的决策者，帮助其识别自然资本，保护生物多样性和生态系统服务功能，充分展示生态系统和生物多样性的价值。

3.3.1.1 生物多样性

生物多样性由生物多样性公约(CBD)定义为：来自所有来源(包括陆地、海洋和其他水生生态系统以及有机生命体作为其中一部分的生态体系)的有机生命体之间的多样性，这包括物种内、物种之间以及生态系统的多样性。换言之，生物多样性包括物种群落内的多样性(遗传变异)、物种数量以及生态系统的多样性。

3.3.1.2 生态系统服务

在考虑到自然、经济活动和人类福利之间的联系时,生物多样性的数量和质量同样重要。除物种、基因和生态系统多样性以外,个别动植物的纯粹富余度以及生态系统的范围(如森林或活性珊瑚礁),是自然资本的重要组成部分和相关效益的主要决定因素。自然与经济之间的联系常使用生态系统服务的概念或为人类社会提供的价值流予以说明。千年生态系统评估定义了四类可对人类福利做出贡献的生态系统服务,每一类服务都离不开生物多样性。

(1)供给型服务

供给型服务是指从生态系统获得材料输出。这包括食物、水和其他资源。

1)食物。生态系统在野外生境和受管理的农业生态系统中为食物生长提供条件。

2)原材料。生态系统可提供各种建筑材料和燃料。

3)淡水。生态系统提供地表水和地下水。

4)医疗资源。许多植物可以用作传统药物以及制药行业的原料。

(2)调节型服务

调节型服务是指生态系统充当调节器所提供的服务,如调节空气和土壤质量或提供洪水和疾病控制。

1)本地气候和空气质量调节。树木可提供遮阴并清除空气中的污染物,森林可影响降雨。

2)碳捕获与储存。随着树木与植物生长,他们能够清除空气中的二氧化碳并有效将其锁定在它们的组织中。

3)调和极端事件。生态系统和有机生命体可为自然灾害(如水灾、风暴和山崩)提供缓冲。

4)废水处理。土壤和湿地中的微生物可分解人体和动物废物,以及其他各种污染物。

5)防治土壤侵蚀,保持土壤肥力。土壤侵蚀是土地劣化和沙漠化的关键因素。

6)授粉。全球 115 种主要经济作物中 87 种依赖动物授粉。

7)生物控制。生态系统是控制害虫和病菌传播疾病的有力措施。

(3)栖息地或支持型服务

栖息地或支持型服务是其他所有服务的基础。生态系统为植物和动物提供生存空间,他们能够维持不同种类动植物的多样性。

1)物种栖息地。栖息地可提供植物或动物生存所需的一切。

2)维持基因多样性。基因多样性可区别不同的品种或种类,为本地栽培变种提供基础,并为将来发展经济作物和畜牧提供基因库。

(4)文化型服务

文化型服务包括人们从接触生态系统中获得的非物质利益,包括美学、精神和心理益处。

1)娱乐及精神和身体健康。自然景观和城市绿化空间对维持精神和身体健康的重要作用已逐渐得到认可。

2)旅游。自然旅游可提供大量经济效益,是许多国家的重要收入来源。

3）美学欣赏及文化、艺术和设计启迪。与自然环境有关的语言、知识、和欣赏一直贯穿在整个人类历史。

4）精神体验与地方感。自然是所有宗教的共同因素，自然景观也构成地方标志，形成归属感。

国内许多知名专家学者也对 TEEB 理论进行了深入研究。欧阳志云等（1999）对生态系统服务功能价值识别做了分析归纳，提出生态系统服务功能是指生态系统与生态过程所形成及所维持的人类赖以生存的自然环境条件与效用，它不仅为人类提供了食品、医药及其他生产生活原料，还创造与维持了地球生命支持系统，形成了人类生存所必需的环境条件。欧阳志云等（1999）将生态系统服务功能的内涵细化为 9 个部分，包括有机质的合成与生产、生物多样性的产生与维持、调节气候、营养物质储存与循环、土壤肥力的更新与维持、环境净化与有害有毒物质的降解、植物花粉的传播与种子的扩散、有害生物的控制级减轻自然灾害等方面。

1）有机质的合成与生产。生态系统通过第一性生产与次级生产、合成与生产了人类生存所必需的有机质及其产品。据统计每年各类生态系统为人类提供粮食约 1. 8 亿 t，肉类约 0. 6 亿 t，同时海洋还提供各种鱼类约 0. 1 亿 t。生态系统还为人类提供了木材、纤维、橡胶、医药资源，以及其他工业原料。生态系统还是重要的能源来源，据估计，全世界每年约有 15% 的能源取自于生态系统，在发展中国家更是高达 40%。

2）生物多样性的产生与维持。生物系统是指从分子到景观各种层次生命形态的集合。生态系统不仅为各类生物物种提供繁衍生息的场所，而且还为生物进化及生物多样性的产生与形成提供了条件。同时，生态系统通过生物群落的整体创造了适宜于生物生存的环境，同物种不同的种群对气候因子的扰动与化学环境的变化具有不同的抵抗能力，多种多样的生态系统为不同种群的生存提供了场所，从而可以避免某一环境因子的变动而导致物种的绝灭，并保存了丰富的遗传基因信息。生态系统在为维持与保存生物多样性的同时，还为农作物品种的改良提供了基因库。据研究，人类已知约有 8 万种植物可以食用，而人类历史上仅利用了 7000 种植物，只有 150 种粮食植物被人类广泛种植与利用，其中 82 种作物提供了人类 90% 的食物，那些尚未为人类驯化的物种，都由生态系统所维持，它们既是人类潜在食物的来源，还是农作物品种改良与新的抗逆品种的基因来源。生态系统还是现代医药的最初来源，最新研究表明，在美国用途最广泛的 150 种医药中，118 种来源于自然，其中 74% 源于植物，18% 来源于真菌，5% 来源于细菌，3% 来源于脊椎动物。在全球，约有 80% 的人口依赖于传统医药，而传统医药的 85% 是与野生动植物有关的。

3）调节气候。生态系统还对区域性的气候具有直接的调节作用，植物通过发达的根系从地下吸收水分，再通过叶片蒸腾，将水分返回大气，大面积的森林蒸腾，可以导致雷雨，从而减少了该区域水分的损失，而且还降低气温，如在亚马孙流域 50% 的年降水量来自于森林的蒸腾。

4）营养物质储存与循环。没有生态系统将大大减少土壤对水分的吸收量，增加水土流失发生频率。而水土流失的发生不仅使土壤生产力下降，降低雨水的可利用性，还造成下游可利用水资源量减少，水质下降，河道、水库淤积，降低发电能力，增加洪涝灾害发生的可能性。在全球，仅水土流失导致水库淤积所造成的损失约 60 亿美元。生态系统调蓄洪水的作用已为人们所熟知，泛洪区的森林不仅能减缓洪水速度，还能加速泥沙的沉积，减少泥沙进入河道、湖泊与海洋。

5)土壤肥力的更新与维持。生态系统对土壤的服务功能可以归纳为以下五个方面:①为植物的生长发育提供场所,植物种子在土壤中发芽,扎根,生长,开花结果,在土壤的支撑下完成其生命周期。②为植物保存并提供养分,土壤中带负电荷的微粒可吸附可交换的营养物质,以供植物吸收。如果没有土壤微粒,营养物将会很快淋失。同时,土壤还作为人工施肥的缓冲介质,将营养物离了吸附在土壤中,在植物需要时释放。③土壤在有机质的还原中起着关键作用;同时在还原过程中,还将许多人类潜在的病原物无害化。④土壤为植物提供营养物的能力。这种能力很大程度上取决于土壤中的细菌、真菌、藻类、原生动物、线虫、蚯蚓等各种生物的活性。⑤土壤在氮、碳、硫等大量营养元素的循环中起着关键作用,据估算土壤碳的储量是全部植物中碳总储量的1.8倍,而土壤中氮的储量更是植物中总量的19倍。

6)环境净化与有害有毒物质的降解。陆地生态系统的生物净化作用包括植物对大气污染的净化作用和植物系统对土壤污染的净化作用。植物净化大气主要是通过叶片的作用实现的。绿色植物净化大气的作用主要有两个方面:一是吸收二氧化碳,放出氧气等,维持大气环境化学组成的平衡;二是植物通过吸收而减少空气中硫化物、氮化物、卤素等有害物质的含量。生长在二氧化硫污染地区植物叶中二氧化硫的含量比周围正常叶子的含硫量高5~10倍。只要不超过一定的限度,植物不出现伤害症状,植物是大气的天然净化器。据研究,当污染源附近的二氧化硫浓度为0.27mg/m^{3}时,在距污染源1000~1500m处,非绿化带浓度为0.16mg/m^3,绿化带浓度为0.08mg/m^3,比非绿化带低0.08mg/m^3。粉尘是大气污染的重要污染物之一,植物特别是树木对烟灰、粉尘有明显的阻挡、过滤和吸附作用。研究发现云杉、松树、水青岗等树木年阻尘量分别为32t/hm^2、34.4t/hm^{2}和68t/hm^2。树木的减尘滞尘作用可以使空气得到某种程度上的净化,研究表明,在一个生长季节里,水泥厂附近黑松林可滞尘44kg/hm^2。

7)植物花粉的传播与种子的扩散。大多数显花植物需要动物传粉才得以繁衍,在全世界已记载的24万种显花植物中,有22万种需要动物传粉。农作物中,大约70%的物种需要动物传粉。已发现的传粉动物(主要是野生动物)约10万种,包括蜂、蝇、蝶和其他昆虫以及鸟类和蝙蝠等。仅蚂蚁传播的有花植物的种子就达3000种以上。

8)有害生物的控制。全世界因病虫害每年损失的粮食量约为总产量10%~15%,棉花约为20%~25%,还有成千上万种杂草直接与农作物争夺水、光和土壤营养。而在自然生态系统中,这些有害生物往往受到天敌的控制。

9)减轻自然灾害。生态系统复杂的组成与结构能涵养水分,减缓旱涝灾害。每年地球上总降水量约1.19×10^{12}t,在降雨过程中覆盖于植被树冠与地表的枯枝落叶能减缓地表径流。植物生长有深广多层的根系,这些根系和死亡的植物组织维系和固着土壤,并且吸收和保持一部分水。雨季过后,植被与土壤中保持的水分又缓缓流出,在旱季为下游地区蓄水供水。森林、草原等自然生态系统是天然蓄水库,被称为"水利的屏幕"。

3.3.1.3 生态系统服务和生物多样性价值评估

生态的生命支持系统支撑着多种多样的生态系统服务,这些生态系统服务对经济和人类福祉来说是必要的。然而目前市场上仅提供了很小一部分生态系统过程和组分与价值有关的信息,这部分生态系统过程和组分作为产品或者服务进行定价并结合在交易中,这对市场能否全面反映决策过程中涉及的生态价值造成结构性限制。伐木毁林、恢复受污染的水域等活动都会引起生态系统的微小或边际变化，进而引起经济福祉的变化，因而，生态资产的价值与其他资产的价值一样，我们需要在这些变化的基础上进行决策。当前的生态系统服务和生物多样性价值种类主要有：直接利用价值、间接利用价值、选择价值、存在价值。

(1) 直接利用价值

主要是指生态系统产品所产生的价值，它包括食品，医药及其他工农业生产原料，景观娱乐等带来的直接价值。直接使用价值可用产品的市场价格来估计。

(2) 间接利用价值

主要是指无法商品化的生态系统服务，如维持生命物质的生物地化循环与水文循环，维持生物物种与遗传多样性，保护土壤肥力，净化环境，维持大气化学的平衡与稳定等支撑与维持地球生命支持系统的服务。间接利用价值的评估常常需要根据生态系统服务的类型来确定，通常有防护费用法、恢复费用法、替代市场法等。

(3) 选择价值

选择价值是人们为了将来能直接利用与间接利用某种生态系统服务功能的支付意愿。即人们为自己确保将来能利用某种资源或效益而愿意支付的一笔保险金。选择价值又可分为两类：一是为自己或子孙后代将来利用，称为遗产价值，二是为别人将来利用，称为替代消费。

(4) 存在价值

存在价值亦称内在价值，是人们为确保生态系统服务继续存在的支付意愿。存在价值是生态系统本身具有的价值，是一种与人类利用无关的经济价值。换句话说，即使人类不存在，存在价值仍然有，如生态系统中的物种多样性与涵养水源能力等。存在价值是介于经济价值与生态价值之间的一种过渡性价值。

3.3.1.4 生态服务价值核算

根据 TEEB 理论和 Costanza 等(1997)在生态经济学、环境经济学、资源经济学的研究成果，生态服务的经济价值评估方法可分为两类：一是替代市场技术，它以“影子价格”和消费者剩余来表达生态服务功能的经济价值，评价方法多种多样，其中主要有市场价值法、费用支出法、机会成本法、旅行费用法和享乐价格法；二是模拟市场技术(又称假设市场技术)，它以支付意愿和净支付意愿来表达生态服务的经济价值，其评价方法只有一种，即条件价值法。在开展生态服务价值核算时，应根据各项因子的不同特点，有针对性地选用对应核算方法。

(1) 市场价值法

市场价值法是对具有市场价值的生态产品和服务，通过市场价格进行评估，适合于有市场价格的生态服务价值评估。

市场价值法先定量地评价某种生态服务的效果，再根据这些效果的市场价格来评估其经济价值。在实际评价中，通常有两类评价过程：一是理论效果评价法，它可分为三个步骤，先计算某种生态系统服务的定量值，如涵养水源的量二氧化碳固定量、农作物增产量；再研究生态服务的“影子价格”，如涵养水源的定价可根据水库工程的蓄水成本，固定二氧化碳的定价可以根据二氧化碳的市场价格；最后计算其总经济价值。二是环境损失评价法，这是与环境效果评价法类似的一种生态经济评价方法。例如，评价保护土壤的经济价值时，用生态系统破坏所造成的土壤侵蚀量及土地退化、生产力下降的损失来估计。理论上市场价值法是一种合理方法,也是目前应用最广泛的生态系统服务功能价值的评价方法。

市场价值法根据生态效益的正负划分,可分为两类:一是正服务评价法。先计算某种生态系统提供服务的数量,如森林蓄积的木材量、草原的载畜量等;再采用"影子价格"计算其价值。二是负服务评价法。例如,评价保护湿地的经济价值时,可以由生态系统破坏所造成的湿地退化量及湿地退化造成的其他相关损失来估计。

(2)费用支出法

费用支出法是从消费者的角度来评价生态服务价值的方法,它以人们对某种生态服务价值的支出费用来表示其经济价值。例如,对于自然景观的游憩效益,可以用游憩者支出的费用总和(包括往返交通费、餐饮费用、住宿费、门票费、入场券、设施使用费、摄影费用、购买纪念品和土特产的费用、购买或租借设备费以及停车费和电话费等所有支出的费用)作为森林休憩服务功能的经济价值。

(3)替代工程法

替代工程法是指通过人造或其他形式能够替代生态系统所提供的服务功能时,用建造替代系统所需的成本作为该生态系统服务功能经济价值的方法。

(4)机会成本法

机会成本法是用环境资源的机会成本来计量环境质量变化带来的经济效益或经济损失的方法。机会成本的本质是源于资源有限论,选择了这种使用机会就放弃了另一种使用机会,把其他使用方案获得的最大经济效益称为该资源的机会成本。

(5)恢复费用法

恢复费用法指因为某项生态服务的存在而可以避免特定灾害的发生,如果没有这种生态服务灾害将无法避免,那么人为去恢复这种灾害造成的损害所需的费用就是这种生态服务的价值。

(6)支付意愿法

支付意愿法是基于效用理论,即人们如果因为娱乐要素的存在而意愿额外支付的成本。在找不到替代计算对象的情况下,人为创造假想市场来衡量,核心是调查人们对生态服务的支付意愿,并以此来进行价值评估。

支付意愿可以表示一切商品价值,也是商品价值的唯一合理表达方法。西方经济学认为:价值反映了人们对事物的态度、观念、信仰和偏好,是人的主观思想对客观事物认识的结果。支付意愿是"人们一切行为价值表达的自动指示器",因此商品的价值可表示为:商品的价值=人们对该商品的支付意愿。支付意愿又由实际支出和消费者剩余两个部分组成。对于商品,由于商品有市场交换和市场价格,其支付意愿的两个部分都可以求出。实际支出的本质是商品的价格,消费者剩余可以根据商品的价格资料用公式求出。因此,商品的价值可以根据其市场价格资料来计算。理论和实践都证明:对于有类似替代品的商品,其消费者剩余很小,可以直接以其价格表示商品的价值。对于公共商品而言,因公共商品没有市场交换和市场价格,因此支付意愿的两个部分(实际支出和消费者剩余)都不能求出,公共商品的价值也因此无法通过市场交换和市场价格估计。目前,西方经济学发展了假设市场方法,即直接询问人们对某种公共商品的支付意愿,以获得公共商品的价值,这就是条件价值法。条件价值法属于模拟市场技术方法,它的核心是直接调查咨询人们对生态服务功能的支付意愿,并以支付意愿和净支付意愿来表达生态服务功能的经济价值。在实际研究中，从消费者的角度出发，在一系列假设问题下，通过调查、问卷、投标等方式来获得消费者的支付意愿和净支付意愿，综合所有消费者的支付意愿和净支付意愿来估计生态系统服务功能的经济价值。

3.3.2 生态系统与生物多样性经济学理论主要构架

TEEB 的总体框架是通过经济手段为生物多样性相关政策的制定提供理论依据和技术支持。具体目标包括：提升全社会对生物多样性价值的认知；开发生物多样性和生态系统服务价值评估的方法与工具；开发将生物多样性与生态系统服务价值纳入决策、生态补偿、自然资源有偿使用的指标体系和工具与方法；通过经济手段，推动生物多样性的主流化进程，从而提高生物多样性保护效果。TEEB 的应用共分三步：①识别生物多样性价值，揭示生物多样性为人类福祉提供的服务；②展示生物多样性价值（包括评估价值和宣传价值），揭示生态系统服务和生物多样性在经济发展中的重要作用；③捕获生物多样性价值（政策应用），将生物多样性价值纳入区域发展规划和相应政策，使其主流化。

TEEB 理论的第一步是识别价值。在识别生态系统、景观、物种和生物多样性等方面价值的基础上，实现自然资源有效保护和经济社会可持续发展，对于人类社会具有重要意义。长期以来人类对生态系统价值的传统认识仅局限于其"供给服务"，如森林提供木材，农田提供农产品等，实际上，生态系统的价值远不止这些。TEEB 在进一步分析了《全球生态系统服务和自然资本的价值》报告和《千年生态系统评估》基础上，将生态系统服务的价值分为四类，每一类服务都与生物多样性紧密相关：一是供给型服务，如野生食物、农作物、淡水以及植物类药物等；二是调节型服务，如湿地可过滤污染物，通过碳储存和水体循环调节气候，授粉和灾难防护等；三是文化型服务，如娱乐、精神和美学价值、教育等；四是支持型服务，如土壤形成、光合作用和营养循环等。"供给型服务"的价值，是最直接可见的，如由人类消费的农作物或牲畜、鱼类或水资源，但其只占生态系统服务总价值的一小部分。虽然非消费性价值通常会对自然资源资产产生更大的影响，但它们的价值很难能用金钱衡量。其他类型的生态系统服务，特别是调节型服务，如水质净化、气候调节等功能，仅在最近才讨论其潜在价值，虽然这些价值在生态系统总价值中占最大份额，但在国民经济核算中还未包括它们的价值。

TEEB 理论的第二步是展示价值。即通过经济学方法评估并量化生态系统和生物多样性的经济价值，从管理经济学角度而言，展示价值有助于管理者做出正确决策，能让决策者和公众更直接地认识生态系统和生物多样性的重要性。TEEB 总结了学术界关于生态系统经济价值评估的主要方法，同时分析了它们的优缺点，针对很多研究还停留在大尺度生态系统总价值评估的现状，TEEB 认为"价值评估最好应用于评价选择替代方法后产生的变化，而非应用于预测生态系统的总价值"。换言之，TEEB 认为评估生态系统经济价值的变化比评估总价值更有实际应用意义。TEEB 同时强调，即使现阶段不能量化生态系统的经济价值，展示这些价值仍有利于形成人们对自然资源资产的正确认识，也有助于更有效地利用自然资源资产。

TEEB 理论的第三步是捕获价值。TEEB 理论要求将生态系统的价值纳入决策之中，完善生态补偿机制、清理对环境有害的政策、对环保项目实施税收减免政策、为可持续生产的产品和生态系统创造新的市场等。第一，要开展生态系统与生物多样性调查、评估与监测。对生态系统、人类定居点、商业活动等进行调查、评估和监测，搞清楚哪些因素对生态系统与生物多样性的影响最大。第二,要建立政策法规体系,并制定切实可行的政策。完善生态系统与生物多样性保护和可持续利用的政策与法律体系。对过去过多关注经济发展,忽略或忽视了对生态系统与生物多样性的政策、法律体系进行修正。第三,将生态系统与生物多样性价值捕获工作纳入部门、区域规划。合理的规划,在生态系统与生物多样性保护中扮演着重要的角色,尤其是自然保护区的建立、科技教育活动的开展等,必须有合理的部门和区域规划,并把这种规划落到实处,以促进生态系统与生物多样性可持续利用的发展。第四,纳入国民经济核算。生态系统与生物多样性保护是一项系统工程,有必要将其纳入国民经济核算体系,综合分析社会经济发展对生态系统与生物多样性保护的影响和成本、效益分析,并进行综合性管理。第五,强化公众参与。保护生态系统和生物多样性不只是政府的责任,所有人都应该意识到这是大家共同的义务。出台再多的政策,制定再多的法律或者圈定再多的红线,都比不上人们出于内心正确认识,只有每个人从自身出发去关心关注,才是自然资源资产保护工作的根本所在。TEEB 理论还特别强调,对生态系统服务估值并不代表必须将服务私有化或在市场上交易,因为这可能会涉及公共资源使用者、权益以及经济效益的代价等多个问题。

总之,TEEB 的生态系统和生物多样性估值方法可确认所涉及的限制、风险和复杂性,涵盖多个估值类型,并且包括在公共政策、自愿机制和市场层面的各种回应。估值可充当反馈和自我反省的有效工具,有助于我们重新思考与自然环境的关系,并警醒我们注意我们的抉择与行为对非本地环境和人群产生的后果。它还能确认保护环境的成本,并促进实施更公平、更有效和更高效的保护行为。

3.4 自然资源资产核算与负债表编制相关概念

3.4.1 自然资源

资源(resources)是一个历史的、可变的经济范畴。其概念来源于经济科学,是作为生产的物质基础提出来的,具有实体性。目前资源学界习惯将资源按属性分为自然资源、经济资源和人力资源三大类别,其中经济资源和人力资源合称为社会资源。

3.4.1.1 自然资源内涵

自然资源是开展生态文明建设量化评估,实施自然资源核算和编制自然资源负债表的核心内容,多年来学界对自然资源概念有过很多的研究。

较早给自然资源下较完备定义的是地理学家泽梅曼(Zimmenmann),他在《世界资源与产业》一书中指出:“无论是整个环境还是其某些部分,只有它们能(或被认为能)满足人类的需要,就是自然资源。”他解释说,比如煤,如果人们不需要它或者没有能力利用它,那么它就不是自然资源,总体来看泽梅曼的自然资源是一个主观的、相对的、以功能为划分依据的概念。

《辞海》一书关于自然资源的定义是:“一般天然存在的自然物(不包括人类加工制造的原材料),如土地资源、矿藏资源、水利资源、生物资源、海洋资源等,是生产的原料来源和布局场所。随着社会生产力的提高和科学技术的发展,人类开发利用自然资源的广度和深度也在不断增加。”这个定义强调了自然资源的天然性,也指出了空间(场所)是自然资源。

《大不列颠国际大百科事典》给出自然资源的定义为:“人类可以利用的、自然生成的及其生成源泉的环境能力。前者为土地、水、大气、岩石、矿物、生物及其积聚的森林、草地、矿床、陆地与海洋等;后者为太阳能、地球物理的循环机能(气象、海象、水文、地理的现象)、生态学的循环机能(地热现象、化石燃料、非燃料矿物生成作用等)。”

联合国环境规划署(UNEP)定义则是:“所谓资源,特别是自然资源,是指在一定时间、地点、条件下能够产生经济价值,以提高人类当前和将来福利的自然环境因素和条件。”联合国文献中的解释为:“人在其自然环境中发现的各种成分,只要它能以任何方式为人类提供福利的都属于自然资源。从广义来说,自然资源包括全球范围内的一切要素,它既包括过去进化阶段中无生命的物理成分,如矿物,有包括地球演化过程中的产物,如植物、动物、景观要素、地形、水、空气、土壤和化石资源等。”

钱阔和陈绍志(1996)认为在人们现有理论和现实科技水平下,其开发利用能带来一定经济价值的自然资源,可称为自然资源;许家林(2005)将自然资源资产看作是自然界长期自身运动所形成的,它是人类社会赖以生存发展的物质条件以及经济社会发展的物质基础。

于光远(1986)则将自然资源定义为自然界天然存在、未经人类加工的资源,如土地、水、生物、能量和矿物等;陈艳利等(2015)将自然资源定义为,国家领土范围内所拥有的可为经济系统应用的一切自然资源。该定义涵盖了已探明的一部分矿产资源、水资源、森林资源、土地资源,以及附生于水、森林及土地之上的生态资源等一切能为人类带来财富的自然条件和自然要素。自然资源既包括价值可计量的资源,也包括在现有技术水平下不可计量的资源。

综上所述,自然资源(natural resources)是指自然界存在的对人类有用的自然物,如土地、水流、森林、矿产、野生动植物等,即人类可以利用的、自然生成的物质与能量,是自然界中可被利用来为人类提供福利的自然物质和能量的总称。它是人类生存的物质基础,简言之就是“(主要)以自然形态存在的资财的来源”或者是指“人类可以利用的、自然生成的物质与能量”,同时也可以视为“在一定时间、地点、条件下能够产生经济价值,以提高人类当前和将来福利的自然环境因素和条件”。

自然资源具有四大共性:一是可用性,即可以被人类所利用;二是整体性,即各类资源之间不是孤立存在的,而是相互制约,以组成一个复杂的资源系统;三是有限性,即在一定条件下某一具体资源的数量是有限的;四是分布的时空性。

3.4.1.2 自然资源外延

由于自然资源的外延十分丰富而广泛并随着人类的认识加深而不断变化,而且至今还未形成统一的认识,也没有一个完善的自然资源分类体系,而且从不同的角度、不同的特征进行分类也会导致分类结果的多样化。

《辞海》将自然资源区分为土地、矿藏、气候、水利、生物与海洋等资源,但不包括那些由人类加工制成的原材料。1992 年版的《中国大百科全书·地理学》的“资源地理”条目也做了类似表述,这是地理学家对自然资源分类的认识。1964 年版的《不列颠百科全书》将资源首先划分为土壤、植被、动物、水、矿物、气候及战略资源等七类,做进一步划分时,则可分成可更新性资源(如植被)与水及不可更新资源(如矿物)两大类。《简明不列颠百科全书》称“在传统上分为可更新及不可更新两类”,前者指森林、野生动物等生物资源;后者指矿产及燃料等。《中国大百科全书·经济学》一书认为:以上分类一是按存在形式分类,二是按恢复条件分类。此外,在生产管理实践中又有不同的分类,如按用途与社会经济部门分为农业资源、林业资源、矿业资源、水资源、旅游资源等。联合国粮食及农业组织为满足对农业资源利用与管理的需要,将有关自然资源进一步划分出土地资源、水资源、森林资源、牧地饲养资源、野生动物资源、鱼类资源及种质遗传资源等;并曾对自然资源进行逐级分类,在农业自然资源下划分气候资源、水资源、土壤资源、生物资源与遗传资源等;对水资源划分为天然降水资源、地表水资源与地下水资源;生物资源细分出更多的门类,如植物资源、动物资源、昆虫资源、微生物资源等;植物资源中还可分出淀粉植物资源、纤维植物资源、油料植物资源、饲用植物资源、药用植物资源、香料植物资源、染料植物资源、能源植物资源等。

《中国资源科学百科全书》则以自然资源的属性与用途为主要依据提出多级综合分类(表 3-3)。表中仅列出三级资源分类,还可以进行四级、五级或更下一级的分类,如三级指标植物资源可分出四级分类,含野生植物资源、栽培植物资源;野生植物资源第五级分为淀粉类、油脂类、药用类、纤维类、燃料能源类与香精类等多种;栽培植物资源可分为农作物资源、饲料牧草资源、经济林木资源、瓜果蔬菜资源及观赏植物资源等。而部分资源由于认识不足只能到二级或者一级类,如目前太空(宇宙)自然资源系列由于认识和开发利用有限,未进行二级分类。

表 3-3　自然资源多级综合分类系统表

一级	二级	三级	四级…
陆地自然资源系列	土地资源	耕地资源	
		草地资源	
		林地资源	
		荒地资源	
	水资源	地表水资源	
		地下水资源	
		冰雪资源	
	气候资源	光能资源	
		热能资源	
		水分资源	
		风力资源	
		空气资源	
	生物资源	植物资源	
		动物资源	
		微生物资源	
	矿产资源	金属矿资源	
		非金属矿资源	
		能源资源	

续表

一级	二级	三级	四级…
海洋自然资源系列	海洋生物资源	海洋植物资源	
		海洋动物资源	
		海洋浮游生物资源	
	海水资源(或海水化学资源)		
	海洋气候资源		
	海洋矿产资源	深海海底矿产资源	
		滨海砂矿资源	
		海洋能源资源	
	海底资源		
太空(宇宙)自然资源系列			

尽管至今难以列出一个公认的分类系统,但通常把自然资源按其与人类社会生活和经济活动的关系分为土地资源、水资源、矿产资源、生物资源、气候资源五大门类,它们在资源系统中可以彼此独立存在。下面对主要资源类型的概念进行介绍。

(1)土地资源

土地是人类居住、生活的场所,是人类赖以生存与繁衍的主要物质基础和基本资源。人类对土地的认识是一个由浅至深、由片面到综合的过程。不同的学科对土地定义也不一样,土地可视为空间、自然、生产要素、消费品、财产和资本。

从地球学科的观点来看,土地是地表的一个区域,包括该区域垂直向上和向下的生物圈的全部稳定的或可预测的周期性属性,包括大气、土壤和下伏地质、生物圈、植物界和动物界的属性以及过去和现在的人类活动的结果。考虑这些属性的结果和原因是,它们对于人类对土地当前和未来的利用施加重要的影响。

从经济学角度来看,土地的概念往往可以看作与不动产的法律概念相似而定义为:土地是受控制的附着于地球表面的、自然和人工资源的总和。这个概念与地学界广义的土地概念类似,土地包括了整个地球表面(水、冰及地面),还包括一些自然现象,如太阳辐射、降水、风和不断变化的温度,以及相对于动物和其他地点的位置。再者,它还包括了那些所谓的改良措施——固定在地球表面而无法移动的建设。

在政治经济学领域,土地的概念则着重在土地的生产利用,即在社会物质生产中土地是实现劳动过程和任何生产的必要条件,起着生产资料(劳动对象和劳动手段)的作用。除此之外,土地还是社会关系的客体。在土地利用过程中人与人之间发生的相互关系是社会发展的重要基础。

有研究将土地定义为土地是地球上由气候、地貌、土壤、水文、地质、生物及人类活动的结果所组成的自然经济综合体,其性质随时间而不断变化,在社会物质生产中起着生产资料的作用。土地资源是指在生产上能够满足或即将满足人类当前和可预见到的将来利用需要的土地。与土地概念相比,土地资源是透过经济效益反映出来的土地特点,即土地是经过人们的投入,从土地上得到了利益,土地资源是指产生了价值的土地,强调对人类的有用性。

土地资源具有几个基本特征：一是土地资源具有一定的生产力；二是土地资源的性质具有综合性和复杂性；三是土地资源面积有限性；四是土地资源具有明显的地域性；五是土地资源的不可替代性与功能永续性；六是土地资源的承受性；七是土地资源的自然与社会经济双重性①。

(2)水资源

水是生命之源，是地球生态环境中最活跃和影响最广泛的因素，是人类经济社会发展过程中无法替代的资源。美国国家地质调查局最早于1894年设立了水资源处，认为水资源是陆面地表水和地下水的总称。《不列颠百科全书》将水资源定义为“自然的一切形态(液态、固态、气态)的水”。1963年英国国会通过的《水资源法》将水资源的定义为“具有足够数量的可用水源”。1988年联合国教科文组织(UNESCO)和世界气象组织(WMO)定义水资源为：“可以利用或可能被利用的水源，具有足够数量和可用的质量，并能适合某地对水的需求而能长期供应的水源。”《中国大百科全书·大气科学、海洋科学、水文科学》卷定义水资源：“是地球表面可供人类利用的水，包括水量(质量)、水域和水能源。对人类最有实用意义的水量资源，是陆地上每年可更新的降水量、江河径流量或浅层地下水的淡水量。”《中国资源科学百科全书》将水资源定义为：“可供人类直接利用，能不断更新的天然淡水，主要指陆地上的地表水和地下水。”由以上定义可知，水资源强调其可利用性，与人类对水的利用水平即经济社会发展水平和科学技术水平相关。在现代水资源具有以下内涵。

首先，水的资源性是与经济社会和科学技术条件密切联系在一起的，因此在不同的时期和不同的地区，水资源的量并不是固定不变的；其次，水资源具有多用途性，如饮用、灌溉、发电、航运、养殖、娱乐活动等，因此水资源利用应是整体的或系统的，而不是局部或部门的概念；再次，水资源的利用应以不引起水量枯竭、水质恶化为前提，即水资源的利用应坚持可持续发展理念；最后，水资源的资源性在现代社会经济中具有资产性特征。此外，水资源还具有循环再生性、时空差异性、利害两重性、利用多样性、开发整体性等多个特征。

(3)气候资源

气候是指某一个地区一段时期的气象状况的多年特点，往往是由某一地区的大气环流、地面特征等因素相互作用所决定的。气候资源是指气候条件中可被利用来产生经济价值的物质和能量，是有利于人类生产和生活活动的气候条件，包括太阳辐射、热量、降水和风。

从农业生产的角度看，温度、湿度等气候条件只影响农业生产，而不直接参与生产过程。比如温度，既不属于物质，也不是一种能量，只是物质运动状态的一个表征量。因此，从严格意义上讲，温度以及由此引申的积温、生长期等都不能称之为气候资源。而太阳辐射能、二氧化碳、氧和水分等，不仅影响农业生产，而且直接参与农业生产过程，属于真正的气候资源。气候资源作为物质形态进入生产过程，主要是通过农作物进行光合作用制造碳水化合物来实现的；而以能量形式进入则需要通过特定的能量转换手段。

气候资源具有四项基本特性：一是光、温和水的综合效应。光、温、水之间彼此相互联系、相互制约，产生综合效应，通常一个因子的变化会引起其他因子的变化。光合作用中，光、温、水缺一不可，不可替代。二是时段的有限性和无限循环性。在一定时段内，一个地区获得的光、热、水等资源的数量是有限的，形成了气候因素对生产生活的限制性。从长时间

① https://wiki.mbalib.com/wiki/%E5%9C%9F%E5%9C%B0。

利用的角度,气候资源是再生性最强、最稳定的可更新资源。三是时间上的节律性与波动性。由于太阳辐射季节、昼夜的周期性更替,造成了气候资源的节律性变化,形成了各地区农业生产的季节性。节律性变化不是绝对固定的,而有所波动,甚至出现异常变化,这种波动往往具有随机性。四是空间上的区域差异性。宏观尺度上:地球运转特点、地表的海陆分布的差异,造成气候资源地带性的纬度差异和海陆差异。微观角度上:由于地形、海拔等下垫面微地貌的作用,造成气候资源小范围的非地带性差异。

(4)生物资源

生物资源是指对人类具有实际或潜在用途或价值的遗传资源、生物体或其部分、生物群体或生态系统中任何其他生物组成部分。生物资源亦称生物遗传资源,包括地球上所有植物遗传资源、动物遗传资源和微生物遗传资源,是自然资源的重要组成部分(刘旭,2003)。生物资源是地球生物多样性的核心组成部分,是人类生存和发展的战略性资源。生物资源不仅给人类提供衣食原料和保证健康的营养品及药品,而且还提供了良好的生态环境。生物资源具有以下基本特征。

1)生物可再生性。地球上所有生命有机体的一大基本特征是可更新或可再生延续特性,即都具有自我复制、繁衍再生的能力。生物资源的这种繁衍再生能力表明,生物资源是一类可更新的再生性自然资源,可被人类不断利用。当人们利用其中的一部分后,生物资源能通过自我更新而得到恢复。人类社会的持续发展依赖于生物资源的选种可持续性。但是,生物资源不是取之不尽,用之不竭的,过度利用会导致生物资源的枯竭。因此,了解生物种群生长的动态规律,确定合理的利用数量,保持特定生物种群的最适密度,才能保持物种的自我调节能力,才能保持生态系统中生物群落的结构和生态平衡,达到人们对生物资源的永续利用(方嘉禾,2010)。

2)生物资源多样性。生物资源多样性是生物资源的另一基本特征。生物多样性包括地球上几百万种动物、植物、微生物及其所拥有的基因,以及它们与生态环境相互作用形成的复杂生态系统。在基因、细胞、组织、器官、种群、物种、群落、生态系统和景观等不同生命系统层次(或水平)上,都存在着丰富的多样性(刘秀珍,2006)。其中,科学意义较重大的有物种多样性、遗传多样性和生态系统多样性。遗传多样性主要是指种内不同群体之间或同一群体内不同个体的遗传变异,包括个体外部的表现型性状多样性、细胞染色体多样性和分子多样性。物种多样性是指生物群落中物种的丰富性和异质性,是生物多样性在物种水平上的表现形式。生态系统多样性是指生物圈内不同生态系统以及同一生态系统内环境条件、生物群落和生态过程变化的多样性。

3)生物资源的整体性。任何生物物种在自然界中都不是孤立存在的。而是形成一种系统关系,个体离不开种群,种群离不开群落。群落离不开生态系统。各种类型的生物之间、生物与生存环境之间相互作用、相互依存,构成一个整体的生物圈。生物存在于生物圈内各类生态系统。由于生物资源的整体性,在利用生物资源时,必须坚持从整体出发,有全局观点,进行综合评价、综合治理和综合利用。要维持生态系统结构的多样性和合理性,以保持生物物种赖以生存的生态系统的稳定性。

4)生物资源的可利用价值。生物资源价值表现在四个方面:一是直接利用价值,即直接作为食物、燃料、建材、药品等利用;二是生态价值,体现在维护地球生物圈内生态功能和生态平衡,保证生物圈内物质和能量循环的进行,提供人类生存的优质生态环境;三是科学价值,生物资源多样性包含着丰富的信息,生物种群的变化往往是生态环境变化的反映。对物种起源、演化、保护、改良、利用等科学研究都具有重要科学价值。四是美学价值,可作为重要的观察、旅游、绿化环境等资源利用(赵建成和吴跃峰,2008)。

(5)矿产资源

矿产资源是指由地质作用形成并天然赋存于地壳或地表的固态、液态或气态的物质,它是具有经济价值或潜在经济价值的有用岩石、矿物或元素的聚集物。矿产资源按照其用途分为能源矿产和原料矿产两大类。能源矿产包括煤、石油、天然气等;原料矿产分为金属矿产与非金属矿产等。金属矿产包括黑色金属矿产(如铁、锰、铬、钒等)和有色金属矿产(如铜、铝、铅、锌等);非金属矿产包括建筑材料(如云母、石棉等)、化工原料(如硫铁矿、磷矿等)及其他材料(如石灰石、白云石等)(李玉志和刘剑锋,2011)。

矿产资源具有以下特征。首先矿产资源分布地域性。矿产资源是地壳在长期的形成、发展与演变过程中的产物,是自然界矿物质在一定地质条件下,经一定的地质作用聚集形成的。地球上的各种岩石是由不同地质活动形成的,由于其成分的不均一性,导致了各种矿产资源在地理分布上的不均衡。其次矿产资源不可再生性。矿产资源是在千万年以至上亿年的漫长地质年代中形成和富集的,相对于短暂的人类社会来说,矿产资源是不可再生的。它可以通过人们的努力去寻找和发现,而不能为人力所创造。矿产资源的不可再生性决定了矿产资源的相对有限性、稀缺性和可耗竭性,决定了人类在生产活动中必须节约集约与综合利用矿产资源。再次矿产资源效用基础性。矿产资源已经成为人类生活和生产过程的动力源泉,任何人类技术革新和技术进步都不可能脱离对矿产资源的利用与开发,矿产资源对人类的重要性日益提高。

此外,自然资源还可以按特性可分为耗竭性资源与非耗竭性资源、可更新资源与不可更新资源等。

3.4.1.3 自然资源属性

(1)自然资源的自然属性

从总体上看,自然资源首先具备有用性,也就是说只有有用的功能要素,才能称之为自然资源。这是自然资源最基本的属性。其次是可控性,也就是说只有在人的应用能力范围内的自然要素才能称之为自然资源,而超出技术能力之外,或超出经济承受能力之外,或者不为法律法规或宗教信仰所允许的自然要素,只能视作自然条件,而不能视为自然资源。第三是区域性,即自然资源呈现显著的区域性、地带性分布特征,如水资源有流域性,植物资源有地带性,矿产资源有成矿带。

自然资源分具有整体性、有限性、多用性、区域性和发生上的差异性等五类自然属性。

1)整体性。各个自然资源要素有不同程度的相互联系,形成有机整体。

2)有限性。自然资源的规模和容量有一定限度。有限性决定自然资源的可垄断性,决定自然资源有绝对地租;决定对自然资源必须合理开发利用。如果规模是无限的,就不称为自然资源了。

有限性决定自然资源替代状况的重要性。按照自然资源的替代状况可分两类:一类是可以替代的自然资源,如木材等各种材料资源。另一类是较难替代的自然资源,如水、氧气等。从长远的观点看,不可替代自然资源的重要性在上升。淡水资源是大量消耗的不可替代资源,被称为21世纪的石油。

3)多用性。大部分自然资源有多种用途。随着社会经济技术的发展,自然资源的用途在发展。以河流资源为例,首先出现泄洪、排水、补给地下水功能,接着出现捕鱼功能。农业社会出现灌溉、运输功能。工业社会后出现发电功能。近来,河流资源在调节小气候、净化大气、水质等环境功能,娱乐、陶冶情操、景观等休憩功能、防灾避难功能等方面比重在不断上升。

4)区域性。自然资源的空间分布很不平衡,有的地区富集,有的地区贫乏。自然资源空间分布不平衡决定了自然资源在地域间的流通和调剂。在国际贸易中,石油等自然资源是最重要进出口单项物资。自然资源的空间流通形式有三个类型,决定不同的自然资源空间再分配的可能性和形式:①可移动的自然资源,如径流。人类可以开掘运河、渠道,把径流引到需要的地方,如南水北调。②制成品可移动的自然资源,如矿石、木材等。这类资源可以加工成不同程度的半成品和成品输向资源短缺的地区。③不可移动的自然资源,如土地。不可移动资源相互间有固定的空间关系。土地资源的不可移动性决定固定在土地上的房屋、道路、桥梁、港口等资产的不可移动性。国外把土地以及固定在土地上的资产称为不动产。

自然资源空间分布的不平衡和空间运动上的差异,增添了利用自然资源的复杂性。

5)发生上的差异性:每类自然资源都按特定的方式发生、变化。从发生角度,可以把自然资源分成三类:①可再生的自然资源,如太阳能、风、海潮、径流等,周期性连续出现。②可更新的自然资源,包括动物资源和植物资源,是有生命的机体。更新取决于自身的繁殖能力和外界的环境。人类应当引导它们向有利于社会的方向更新,以便永续利用。保存种源是保护可更新自然资源的基础。③不可再生的自然资源,如能源矿产、金属矿、非金属矿等。这类资源的形成周期长,总量有限,消耗一部分,减少一部分。应该杜绝对不可再生资源的浪费和破坏。

(2)自然资源的社会属性

1)对自然资源的认识、评价、利用的社会性。人类和科学技术水平是自然环境转化自然资源的桥梁。随着科学技术发展,人类利用自然资源的范围和深度不断扩大。过去排除在资源以外的自然环境要素,一旦有了利用和开采的手段,便逐步转化为有用的自然资源。

2)自然资源中的人类附加劳动。远古时期菊花只有黄色又称黄花,现在菊花有三千多个品种,红、黄、蓝、白、墨、绿俱全,已经不能再用黄花代表菊花了,这是人类长期培育的结果。深埋在地下的矿产资源,山区的原始森林,从直观上看不到人类的附加劳动。然而人们为了发现它、保护它付出了劳动。因此,矿产资源和原始森林也含有人类间接的附加劳动。

3)自然资源构成国民财富。国民财富是反映一国经济水平的指标之一。1980年日本有国民财富2531万亿日元,其中土地资源占25.3%,森林资源占1.1%。自然资源直接和间接构成生产力要素。生产力有三个部分:第一部分是从事物质资料生产的劳动者;第二部分是劳动资料,主要是生产工具,还包括耕地、生产建筑物、道路、运河、仓库等;第三部分是劳动对象,包括自然界直接提供的森林、矿藏,以及经过加工的原材料,如棉纱、钢材等。第二部分和第三部分直接或间接来自自然资源。

3.4.2 自然资源资产

自然资源是否能够成为自然资源资产,其实质就是自然资源是否具有价值的问题,这也是长期以来一直颇有争论的问题。依据传统经典理论中没有人类的物化劳动就没有价值的观点,自然资源只有使用价值,没有价值,于是在经济社会发展中便出现了"资源无价"的不合理现象,这不仅带来经济成果评价的失真,更重要的是造成了资源的严重浪费和生态环境的严重破坏,给经济社会的可持续发展造成了严重隐患。因此,随着经济社会的快速发展,自然资源变得越来越稀缺,其经济价值得到了进一步的凸显。为此不少学者主张在传统理论框架下,实事求是地分析自然资源价值的存在性问题。

3.4.2.1 自然资源资产内涵

马传栋(1995)认为,自然资源在人类使用过程中的价值表现是市场经济中需要回答的生态经济基本问题,对尚未进入生态经济系统运转的自然资源和生态环境,在人类社会还没有充分对其进行勘探和利用之前,依据传统的劳动价值理论观点,此时的自然资源仍不能认为其有价值。如果这类资源和环境一旦包含了人类劳动,即确已包含诸如勘探劳动等类型的人类劳动之后,且进入了生态经济系统的运转流程,则此时自然资源就具有了价值。针对传统国民核算中自然资源不计价、低价贱卖等问题,可以通过自然资源价值理论解决在市场经济条件下自然资源核算问题,对自然资源价值进行合理评估,为自然资源资产核算奠定理论基础。由于自然资源稀缺性特点,迫使人类付出劳动,形成新的资源产业,从而维护或产出新的人工自然资源,因此自然资源价值稀缺理论为这部分劳动价值赋予了自然资源价值质的含义。

乔晓楠等(2015)通过研究美国财务会计准则委员会(FASB)、国际会计准则委员会(IASC)和中国财政部编写组提出的资产定义,认为资产概念涉及三个方面:一是可带来经济收益;二是被某主体(如企业)所控制,即涉及资产产权问题;三是可计量,或依据取得需要付出的成本,或依据未来实现经济收益的折现。从"资源会计"的角度认识看,自然资源也是一种资产,资源性资产指人们在现有的认识和技术水平下,通过其开发利用能够带来一定经济收益的资源。同时由于资源总量稀缺且兼有生态环境价值,如果过度利用则不利于可持续发展,因此又需要在经济收益与生态环境的舒适性之间进行权衡取舍。此外,自然资源资产虽然可以被计量,但是计量的精确性取决于技术水平且难度较高。当然,自然资源资产也涉及所有权、控制权、使用权等产权问题,其产权结构主要由一国的自然资源产权制度所决定。从"环境会计"的角度认识,许家林同时指出环境资产有广义与狭义之分。其中,前者指一切存在于自然界中的资源,而后者则强调产权被明确界定且通过有利用带来经济效益的部分。所谓的经济收益包括两个方面:一是通过对环境资源的拥有、使用、处置(保持、治理、降级等)所产生的经收入,二是改善环境资产对其拥有者所实现的持有损益(生态环境带来的舒适性)。

有学者认为,没有价值的自然资源之所以在形式上具有价格,是由其内置稀少性、垄断性和不可或缺性造成的(赵秉栋,1999),或者说这种价格仅仅是一种"想象的价格"或"虚幻的价格”(陈征,2005)。

李金昌(1992)认为,自然资源价值包括两个方面:一是物质性价值;二是生态环境价值。作为独立于人类意识之外的物质,自然资源既扮演客体的角色,也扮演主体的角色。自然资源有满足人类生存和发展的需要,也有满足自身存在的需要。因此它对整个人类来说,是有价值的,并且这种价值首先取决于它对人类社会的有用性。罗丽艳(2003)认为,自然资源作为一种独立于人意识之外的客观存在,它不仅能为人类社会提供直接的生活资料和生产资料,还能为人类社会提供赖以生存和发展的环境空间,因此自然资源是有价值的。晏智杰(2004)认为自然资源价值是一种自然资源的供求价值论。这种价值论是由自然资源的稀缺效用性特征和自然资源不断增长需求相结合的价值论,是大自然本身属性和人类社会需求共同创造和决定着的自然资源价值论。

钱阔和陈绍志(1996)认为,自然资源中那些没有显著经济利用价值的或者在当今知识与科技条件下尚不能有效确定其经济利用价值的自然资源不能认定其为自然资源资产,并由此确定以下四类自然资源不构成自然资源资产:一是自然资源在没有得到法律认定之前不构成自然资源资产;二是在当前技术水平下尚未达到可利用、可开发状态的自然资源不构成自然资源资产;三是完全没有经济利用价值的自然资源不构成自然资源资产;四是在现有技术条件下不可进行价值估量的自然资源不构成自然资源资产。姜文来(2000)、吴海涛和张晖明(2009)等进一步明确地研究了这个问题,认定自然资源转化为自然资源资产必须具备两个最重要的前提条件:一是看是否具有稀缺性,二是是否具有明确的所有权,即只有既具有稀缺性同时又具被明确所有权人的自然资源才可能转化为自然资源资产。

有学者认为自然资源资产是指国家和政府拥有或控制,在现行情况下可取得或可探明存量的,能够用货币进行计量,并且在开发使用过程中能够给政府带来经济利益流入的自然资源或者在使用自然资源过程中给政府带来经济流入的经济事项。它包括自然资源资产、政府拥有的自然资源资产再开发使用中获取的现金收入、收取的应收税费款项等。自然资源资产不同于其他资产,其产权归属于国家和政府,国家和政府拥有对自然资源资产的所有权、使用权、经营权、监督权和收益权。未开发利用的土地由于未给政府带来经济利益流入而不予确认为土地资源资产;在矿产资源中已发现但未探明的资源由于实物价值不能确定,不能确认为矿产资源资产;在水资源中由于不能直接或间接带来经济利益而不能认定为水资源资产,如已蒸发的水资源、受到污染的水资源等,对于生活用水在产权明晰、市场价格明确的前提下可以被确认为资产;森林资源具有多种用途,但用于涵养水源、防风固沙、净化空气的那部分生态功能价值由于目前技术水平有限,其价值难以估计,因此不列入森林资源资产中,而林木资源资产、森林旅游资源资产等符合资产确认条件的列入森林资源资产账户中;能源资源资产中光能和太阳能等新能源由于产权难以界定,因此不包括在能源资源资产中。

对于自然资源资产的范畴,有学者同样认为不是所有的自然资源都是自然资源资产,只有同时具有稀缺性和明确的所有权的自然资源才是自然资源资产;而联合国环境署则认为人在自然环境中发现的各种成分,只要它能以任何方式为人类提供福利的都属于自然资源资产。

陈艳利等(2015)认为,依据自然资源价值相关理论,自然资源的价值(P)应当至少包括三个部分:①自然资源的存在价值(P1),即自然资源以天然方式存在表现出的价值;②自然资源的经济价值(P2),包括人类在开发、加工等环节对自然资源的投入,主要表现为自然资源作为生产要素被人类利用所具有的价值,在市场经济中,其经济价值还受资源本身的稀缺性等因素影响;③自然资源的环境价值(P3),主要表现为与环境保护、治理及预防相关联的价值。自然资源必须具备这三项价值,才能算做自然资源资产。

最新研究更加倾向于联合国关于"人在自然环境中发现的各种成分,只要它能以任何方式为人类提供福利的都属于自然资源资产"的范畴。

3.4.2.2 自然资源资产的外延

自然资源资产的外延确定是开展生态文明建设量化评估、实施自然资源资产核算和编制自然资源资产负债表的核心问题之一。

根据 SNA2008 的相关定义,并不是所有的自然资源都能被纳入到国民经济核算体系内,只有能够被确定为属于经济资产的自然资源才可以作为自然资源资产记录到资产负债表中。也就是说只要可以明确诸如土地、矿藏、能源、非培育性森林或其他植物和野生动物等自然资源的经济所有权的归属者,不论这些自然资源的经济所有权是属于个人,还是政府部门,都可以把这些环境资产纳入到 SNA2008 自然资源资产范围中。如对于遵照协议,单个国家可以在公海中捕捞的鱼,由于明确了这些鱼的经济所有权,则可以包括在该国家的资产核算范围内。而对于如空气或公海等无法有效确定其经济所有权的自然资产及尚未发现或开采的矿藏和能源储备,以及在现有技术水平和价格机制下,还不能够为资源所有者带来经济利益的那些已经被发现的资源,是不包括在 SNA 资产范围内的,不能作为自然资源资产。

通过对 SNA2008 中资产概念的分析可知,SNA 中的资产包括金融资产和非金融资产两大类,其中,非金融资产又可进一步区分为生产资产和非生产性资产两类,而自然资源资产是指生产资产中的培育资产、矿藏等固定资产和存货,以及非生产性资产中的部分有形和无形的非生产资产。其中,SNA 中的自然资源与 SEEA 中的自然资源不是一个概念,其是指自然形成且具有经济价值的资产,如具有经济价值的土地、矿物和能源储备、非培育性生物资源等。SNA2008 中关于环境资产的具体分类见表 3-4①。

表 3-4 SNA2008 对环境(自然资源)资产的具体分类

AN1 生产的非金融资产
AN11 固定资产
AN115 培育性生物资源
AN1151 重复提供产品的动物资源
AN1152 重复提供产品的林木、庄稼和植物资源
AN117 知识产权
AN1172 矿藏勘探与评估

① https://baike.baidu.com/item/%E8%87%AA%E7%84%B6%E8%B5%84%E6%BA%90/240383?fr=aladdin。

续表

AN12 存货
AN122 在制品
AN1221 培育性生物资源在制品
AN2 非生产的非金融资产
AN21 自然资源
AN211 土地
AN2111 建设用地
AN2112 耕地
AN2113 娱乐用地及相关的地表水
AN2114 其他土地及相关的地表水
AN212 矿物与能源储备
AN2121 煤、石油、天然气储量
AN2122 金属矿产储量
AN2123 非金属矿产储量
AN213 非培育的生物资源
AN214 水资源
AN215 其他自然资源
AN2151 无线电频谱
AN2159 其他
AN22 合约、租约和许可
AN222 自然资源使用许可

3.4.2.3 自然资源资产的属性

第一,自然资源资产有主体性质属性。按照不同的主体性质属性可分为公有(国家所有、集体所有)自然资源资产、私有自然资源资产、共有(混合所有)自然资源资产及无主的自然资源资产。在我国,自然资源资产公有制是主体。随着改革和发展,事实上的自然资源资产共有、私有亦不断出现,但在法律上目前还难以认定。无主的自然资源资产是不合理的现象,应予以消除。

第二,自然资源资产有实物性质属性。按照不同的实物性属性可分为土地资源资产、水资源资产、矿产资源资产、生物资源资产、生态资源资产和综合性资源资产。由于土地的空间属性,土地资源资产是最重要、最基础的自然资源资产,其他自然资源资产往往与此有高度的关联性。

第三,自然资源资产有使用性质属性。按照不同的使用性属性可分为公益性资源资产、非公益性资源资产和介于两者之间的准公益性资源资产。公益性资源资产,顾名思义,指完全用于公共目的、不以获取经济利益为目的的资源资产,要严格禁止公益性资源资产用于非公共用途。

第四,自然资源资产存有位置特性属性。按照不同的位置特性属性可分为原位性自然资源资产和开采性(或非原位性)自然资源资产,前者位置不可移动,如土地;后者位置可以移动,如矿产资源。在评价一个地区的自然资源资产总体状况时,应把重点放在原位性资源资产上,非原位性资源资产可通过贸易、合作等方式来获得。

第五,自然资源资产有所有权分割性属性,按照不同的所有权分割属性可分为专有资源资产和共享资源资产。前者边界清楚、可以分割、可以排他;后者存在边界不清、不可分割、不可排他等情形。此外因法律规定或历史形成的公共区域中的自然资源资产也属于共享资源资产。共享资源资产必须由政府进行公开配置和代理管理,专有资源资产则主要交由市场配置。

第六,自然资源资产有战略作用属性。按照是否具有战略属性可分为战略性资源资产和非战略性资源资产。前者关系国计民生,是资源资产中最活跃、最关键、在非常态下难以从国际市场获得的资源资产;后者的作用则非基础性、关键性、战略性的。在构建国家自然资源资产管理体系、建立健全自然资源资产管理体制时,应重点关注战略性资源资产(含耕地资源资产、水资源资产、重要能源资产、森林资源资产)。

明确自然资源资产的不同属性,有助于认识各类资源资产的功能和特点,有助于采取差异化的管理对策(谷树忠,2016)。

3.4.3 自然资源与自然资源资产的联系与差异

自然资源资产是自然资源的商品属性,没有自然资源就没有自然资源资产,自然资源的功能和属性是自然资源资产功能和属性的基础。自然资源资产是从人类的视角,以人类的生存和发展的目的,对自然资源属性的认识。

自然资源资产与自然资源有着明显的差异性。前者强调的是价值,后者强调的是实物;前者同质性与后者的非遍布同质性;前者的管理一体化基础较好,而后者的管理一体化基础较差[①]。

3.5 自然资源资产核算研究

3.5.1 自然资源质量评价指标体系

3.5.1.1 林地资源指标体系

林地资源是指林木与林下土地和附着物构成生态复合体,是土地利用方式之一。林地复合系统内各单体资源协同作用,确保林地完整的输出生态供给价值和生态服务价值。林地资源资产作为一个复合概念,其内涵包括林地实物资产和林地生态系统服务资产。

林地资源的实物价值由森林生产力、森林结构和森林健康来体现,森林的服务价值由生态服务、经济服务和社会文化服务来体现。

(1)森林生产力

森林生产力一般以单位面积生产的生物量来衡量(党普兴等,2008)。根据相关研究选取单位面积蓄积、林地利用率、年森林消长比例、平均胸径、单位面积森林生长量来衡量森林生产力。

① https://wenku.baidu.com/view/c4848841f121dd36a22d829b.html。

(2) 森林结构

森林的结构主要指林木的空间格局及其属性如树种、年龄和大小等的分布(惠刚盈和Von Godow,2003)。按照现有森林资源调查的数据,可归为林分结构与龄级结构两类。森林覆盖率、天然林比重、林分郁闭度和树种结构也是反映森林结构的重要指标。

(3) 森林健康

森林的健康主要包括对不良干扰的临界承载力,抵抗病虫害的能力,再生更新力等(党普兴等,2008)。采用森林病虫害和森林火灾发生率来衡量森林的健康状况。

(4) 森林生态服务

森林资源的生态服务效能有涵养水源、防风固沙、净化空气等多个方面,但一些功能很难做到定量分析。

(5) 森林经济服务

以商品林面积(蓄积)占林分面积(蓄积)的比例作为评价指标,来反映森林资源的经济服务效能。

(6) 森林社会服务

以游憩林面积占林分面积的比例、林农收入水平、自然保护区比例作为评价指标来反映森林资源的社会服务效能。

杨丽等(2006)指出构建林地资源状况评价指标是开展林地价值评价的重要内容和基础性工作,尚缺乏科学的指标和指标体系,认为林地资源状况评价指标体系应包含土壤养分、林地面积、森林覆盖率、单位蓄积量、郁闭度、林地利用率、龄级结构、乔灌草结合度、宜林面积比例和完整群落结构比重等十项指标。郭宁(2010)提出,森林质量指标体系可以分为三个层级15项指标予以表征。第一个层级为准则层,包含森林自然性、森林生产力维持能力和森林群落的结构完整性与稳定性三个准则层指标。其中,森林自然性准则层含林分起源和龄组两项指标;森林生产力维持能力准则层含林分生长状况和林地质量两个类准则层,包括林分密度、单位面积活立木蓄积平均生长量、出材率等级、立地等级、土壤厚度、土壤质地、土壤结构等七项指标;森林群落的结构完整性与稳定性准则层含群落结构完整性和群落稳定性两个类准则层,包括郁闭度、下木总盖度、活地被物总盖度、乔木层建群种组成比例、幼树中建群种数量比例和更新等级等6项指标。

汇总林地资源指标体系的研究成果,基本可以确定林地资源质量评价指标体系应由自然属性指标和生态价值输出指标两类构成,具体指标会根据不同研究对象略有差异。

3.5.1.2 城市绿地资源指标体系

城市绿地资源是指城市林木、草坪及其下面的土地和附着物构成的复合系统,该系统各单体资源协同作用,确保城市绿地可以完整地输出生态供给价值和生态服务价值。城市绿地资源资产价值同样由城市绿地资源的实物价值和服务价值两个方面体现。

城市绿地是城市生态系统中具有自净能力、自动调节能力和生命力的基础设施,是城市生态环境的主体,是评价一个城市生态环境的重要指标。在维持城市生态平衡和改善城市生态环境方面起着无法替代的作用,被视为维系城市可持续发展的重要因素之一。城市绿地建设的量化评估目的就是要通过城市绿地指标变化,全面反映城市生态价值的提升。目前国内外已经提出不少生态服务功能评估的指标体系,为城市绿地生态服务功能价值综合评估奠定了一定的基础(张英杰等,2004)。研究表明,绿地系统的面积、总体格局、形状、位置对绿地的生态效益都有一定的影响(吴云霄和王海洋,2006;张浩和王祥荣,2001;彭镇华和王成,2003)。

(1)绿地大小与形态的影响

绿化覆盖率高低在城市环境改善中起主导作用,城市绿地的环境功能具有规模效应,具有一定面积以上的绿地才能有效地实现对环境的调节效应,绿地的生效益与绿地的面积成正相关,生态效益随着面积增加而增加。

当绿地覆盖率小于40%时,绿地整体生态效益的发挥主要取决于绿地的内部结构和空间布局。一般情况下对绿地空间格局影响较大的因素包括:绿地斑块在城市景观中分布的均匀性、绿地斑块面积大小、连通性情况等(周志翔等,2004)。绿地斑块平均面积越大、破碎度指数越低、绿地斑块与绿化廊道共存,则对大气污染物净化作用越明显。斑块大、分布均匀的绿地空间结构能更有效地发挥绿地的生态功能(李贞等,2000)。另外,绿地的几何形状越复杂,伸展的幅度越大,对环境的影响范围也越广。绿地的影响范围由源地的展布形态及其强度两种因素共同决定。一般来说,几何形态越复杂的绿地,其对环境的贡献作用越大。结构相同的绿地、片状绿地的内部生态效益高于带状绿地。

(2)绿地位置的影响

绿地在城市中的位置对其作用的发挥也起着重要的作用,城市中心的绿地能在较大程度上有助改善城市岛热效应。绿地离居住区、河道、污染治理区等作用对象的远近程度与会影响绿地生态效益。一般来说,位置越近越好。

(3)绿地类型及结构的影响

绿地类型决定了绿地的规模大小,它包含公共绿地、居住区绿地、单位附属绿地、防护绿地、风景林绿地、生产绿地等。一般来说,公共绿地、防护绿地、风景林绿地是城市绿地系统的主体,规模较大,生态功能较显著。

绿地结构(包括组成结构、层次结构和配置结构)在小尺度上最能体现绿地生态功能的强弱,绿地结构越复杂,层次越丰富,则绿地的生态功能也越强(刘学全等,2001)。例如,对于降低噪音而言,乔、灌、草结合的篱障阻挡和吸收噪声的功能大大高于同样厚度的单纯乔木篱障。

(4)绿地绿量的影响

植物的叶片是绿地发挥生态功能的主要部分,影响着绿地冠层内的许多生物化学过程及绿地生态功能。树木杀菌除尘,净化空气,减少噪声,改善小气候,维持碳氧平衡等生态效益均和绿量成正比(张岳恒等,2010)。许多学者对区域林地绿量及林地叶面积指数进行了大量的研究(方秀琴等,2004)。一般根据叶面积指数和林地面积计算绿量。随着遥感技术的发展,可以利用其对林地绿量进行估计。不同结构绿地中,混交乔木林的绿量最高,乔灌草多层植被次之。单位绿地面积上的生态效益,公共绿地最高,其次为专用绿地、道路绿地和居住区绿地。这主要是绿地规模和单位面积上的绿量造成的。相同种植结构的片状绿地降温率、增湿率等生态效益均高于带状绿地,乔灌草型绿地的效应最为明显。

(5)不同因子对绿色生态效益影响贡献

王伟武等(2011)利用GIS和遥感图像解译,并采用多元线性回归对应分析了杭州城西不同影响因素对绿化生态效益的贡献度排序。其研究结果也从定量的角度说明了不同因子对绿地生态效益的影响情况(表 3-5)。

表 3-5　不同因子对绿地生态效益贡献率　　单位:%

因子	贡献率/%
绿地面积	2.8
绿地覆盖率	9.0
复层结构厚度	71.4
软硬比	10.9
容积率	6.0

综上,城市绿地的质量评价指标体系,不仅应包含林地质量评价体系的主要内容,同时还应该包含城市绿地特有的二维特征指标和林草绿量转换指标。

3.5.1.3　湿地资源指标体系

湿地资源是指湿地植物、栖息生物及其下面的土地和附着物构成的复合系统,该系统各单体资源协同作用,确保湿地可以完整的输出生态供给价值和生态服务价值。湿地资源资产价值同样由湿地资源的实物价值和服务价值两个方面体现。

王钰祺(2009)在进行扎龙自然保护区湿地资源评价与水环境质量分析时提出,湿地资源质量评价体系应由脆弱性、稀有性、湿地面积、调蓄洪水、涵养水源、调节气候、自然性和鸟类栖息地等 8 项指标构成,其中,调蓄洪水、涵养水源占较高权重。由佳等(2017)在开展黄河三角洲国家级自然保护区湿地资源评估时,将湿地植被量、湿地斑块率、景观内联通度、土地利用潜力、动植物栖息地、动植物丰富度和湿地内有无国家濒危物种等 7 项指标作为对湿地的质量评价体系,同时在湿地健康评估时增加了人类威胁发生率、自然威胁发生率、水污染、工农业排污量、湿地受侵害情况、湿地法规的制定情况、湿地环保投资指数、湿地保护意识和污水处理工程量等 9 项指标。张铮等(2000)在我国湿地生态质量评价方法的研究中将湿地评价指标分解为 5 项一级指标,10 项二级指标和 7 项三级指标(表 3-6)。由中国林业科学研究院湿地研究所和北京市园林绿化局野生动植物保护处起草的北京市湿地生态质量评估规范(征求意见稿)列出了 14 项湿地评价指标,分别为:水资源条件、水质条件、生长季植被和水面覆盖度、植被类型多样性、生境完整性、生境自然性、面积适宜性、湿地水鸟种类、湿地水鸟数量、湿地植物相对丰度、珍稀濒危物种、外来入侵物种、人为干扰程度和空气环境质量。

表 3-6　湿地生态质量评价研究指标体系

1 级指标	2 级指标	3 级指标
A 多样性	A1 物种多样性	A1.1 物种多度
	A2 生境类型多样性	A2.1 物种相对丰度
B 代表性	—	—
C 稀有性	C1 物种濒危程度	—
	C2 物种地区分布	—
	C3 生境稀有性	—

续表

1 级指标	2 级指标	3 级指标
D 自然性	—	—
E 适宜性	E1 面积适宜性	—
	E2 水质条件	—
	E3 植被覆盖率	—
F 生存威胁	F1 稳定性	F1.1 物种生活力
		F1.2 种群稳定性
		F1.3 生态系统稳定性
	F2 人类威胁	F2.1 直接威胁
		F2.2 间接威胁

综合学界研究成果，湿地质量评价体系一般从生物状况、非生物状况两方面进行综合评价。

(1) 生物状况

1) 物种多样性。该项评价指标是计算生物多样性保护功能价值的基础，利用这项评价指标，通过香浓-威娜指数范围，可以确定单位面积湿地年生物物种损失的机会成本，从而核算生物多样性价值。

2) 群落总面积。该项评价指标是湿地价值核算中最常用的一项基础指标，无论是湿地的实物量核算和服务功能量核算都需用到该项指标。

3) 苗木类型及数量。该项主要应用于计算湿地实物量价值中的苗木价值。

4) 湿地海岸线长度。湿地海岸线长度主要用于计算"消浪护岸"功能价值。该项计算公式主要采用影子工程法。拥有河口湿地可以减少每年的海堤维修投入及对损坏海堤的修复费用。因此所减少的维修养护费用即为湿地消浪护岸价值。

5) 鸟类群落多样性指数和均匀度指数。鸟类群落多样性指数和均匀度指数是湿地作为鸟类栖息地评价的重要指标，也是体现单位面积湿地水鸟保育价值的重要核算基础。

(2) 非生物状况

非生物指标中主要是水质净化评价指标。于晓玲(2009)研究认为，湿地系统具有独特而复杂的净化机理，它能够利用基质-微生物-植物这个复合生态系统的物理、化学和生物的三重协调作用，通过过滤、吸附、共沉、离子交换、植物吸收和微生物分解来实现对水体的高效净化。

红树林植物的大量凋落物，使林区沉积物中有机质丰富且富含氮、磷官能团、富里酸，林下沉积物中有机质在厌氧状态下的低水平降解，及沉积物中的高黏粒含量，使得红树林沉积物具有较大的表面积和较多的表面电荷，通过离子交换、表面吸附、螯合、胶溶、絮凝等过程和重金属产生作用，吸附重金属。

红树林独特的生境使红树植物根系发达复杂，能通过发达的根系网罗碎屑，加速潮水和陆地径流带来的泥沙和悬浮物的沉积，降低海水中悬浮物的含量，有效降低污水沉积悬浮物的含量。

湿地对水中的氮、磷等富营养物质的净化通过两方面实现：一方面由植物和微生物等吸收氮、磷;另一方面是土壤对氮、磷的滤过作用。富含氮、磷的海水流进湿地生态系统,可通过植物、微生物的集聚沉积作用和脱氧作用将其从水中排除。此外,湿地中红树植物吸收水域中的氮、磷等营养物质,减轻了由于氮、磷含量过高而引起的海水富营养化,同时湿地的厌氧环境又为某些有机污染物的降解提供了可能。

此外湿地土壤容重指标、土壤氮磷钾含量指标和湿地年保护土壤厚度指标也非常重要,分别用于核算湿地固土价值、保肥价值。

3.5.1.4 地表水资源质量评价指标体系

地表水资源按照质量评价指标可以分为景观水资源和饮用水资源。根据我国地表水水质实际状况,在非饮用水源源头地区,一般将Ⅱ类水和Ⅲ类水归入达标饮用水范畴,将Ⅳ类水和Ⅴ类水归入达标景观水范畴。

地表水资源是由地表水水体和对应的河道、湖库坑塘的自然地貌构成的复合体。该系统各单体资源协同作用,确保地表水可以完整的输出生态供给价值和生态服务价值。地表水资源资产价值同样由地表水资源的实物价值和服务价值两个方面体现。

我国地表水质量评估体系构建较早,早在1983年国家环保总局就制定颁布了国家地表水环境质量标准(GB3838—83),1988年实施了第一次修订,1999年又实施了第二次修订,目前实施的是2002年第三次修订版(GB3838—2002)。该体系按照地表水环境功能分类和保护目标,规定了水环境质量应控制的指标及限值,适用于我国领域内的江河、湖泊、运河、渠道、水库等具有使用功能的地表水水域。地表水环境质量标准(GB3838—2002)明确了24项基本指标。由于国家地表水环境质量标准体系比较完备,应用范围比较广,具有较强的权威性,因此一般地表水环境环境质量评价均用此体系(表3-7)。

表3-7 地表水环境质量指标体系及其限值

序号	项目＼标准值＼分类		Ⅰ类	Ⅱ类	Ⅲ类	Ⅳ类	Ⅴ类
1	水温/℃		人为造成的环境水温变化应限制在：周平均最大温升≤1 周平均最大温降≤2				
2	pH(无量纲)		6~9				
3	溶解氧/(mg/L)	≥	饱和率90%(或7.5)	6	5	3	2
4	高锰酸盐指数	≤	2	4	6	10	15
5	化学需氧量(COD)/(mg/L)	≤	15	15	20	30	40
6	五日生化需氧量(BOD_5)/(mg/L)	≤	3	3	4	6	10
7	氨氮(NH_3-N)/(mg/L)	≤	0.15	0.5	1.0	1.5	2.0
8	总磷(以P计)/(mg/L)	≤	0.02(湖、库0.01)	0.1(湖、库0.025)	0.2(湖、库0.05)	0.3(湖、库0.1)	0.4(湖、库0.2)

续表

序号	项目 \ 标准值 \ 分类		Ⅰ类	Ⅱ类	Ⅲ类	Ⅳ类	Ⅴ类
9	总氮(湖、库,以N计)/(mg/L)	≤	0.2	0.5	1.0	1.5	2.0
10	铜/(mg/L)	≤	0.01	1.0	1.0	1.0	1.0
11	锌/(mg/L)	≤	0.05	1.0	1.0	2.0	2.0
12	氟化物(以F^-计)/(mg/L)	≤	1.0	1.0	1.0	1.5	1.5
13	硒/(mg/L)	≤	0.01	0.01	0.01	0.02	0.02
14	砷/(mg/L)	≤	0.05	0.05	0.05	0.1	0.1
15	汞/(mg/L)	≤	0.000 05	0.000 05	0.000 1	0.001	0.001
16	镉/(mg/L)	≤	0.001	0.005	0.005	0.005	0.01
17	铬(六价)/(mg/L)	≤	0.01	0.05	0.05	0.05	0.1
18	铅/(mg/L)	≤	0.01	0.01	0.05	0.05	0.1
19	氰化物/(mg/L)	≤	0.005	0.05	0.2	0.2	0.2
20	挥发酚/(mg/L)	≤	0.002	0.002	0.005	0.01	0.1
21	石油类/(mg/L)	≤	0.05	0.05	0.05	0.5	1.0
22	阴离子表面活性剂/(mg/L)	≤	0.2	0.2	0.2	0.3	0.3
23	硫化物/(mg/L)	≤	0.05	0.1	0.2	0.5	1.0
24	粪大肠菌群(个/L)	≤	200	2 000	10 000	20 000	40 000

3.5.1.5 近岸海域资源质量评价指标体系

近岸海域是指与沿海行政区域内的大陆海岸、岛屿、群岛相毗连,国家领海及毗连区法规定的领海外部界限向陆一侧的海域。近岸海域资源是指近岸海域海水、生物体、自然地形地貌(含珊瑚礁)、海岸线构成的复合体。该系统各单体资源协同作用,确保近岸海域可以完整地输出生态供给价值和生态服务价值。近岸海域资源资产价值同样由近岸海域资源的实物价值和服务价值两个方面体现。

基于联合国千年生态系统评估的框架,充分考虑近岸海域海洋生态系统的特征,近岸海域资源质量评估指标主要分为海水水质指标和海洋生态质量指标两类。国内仅有少量关于近岸海域生态质量状况综合评价的研究,大多海洋环境质量评价更侧重从污染角度对近岸海域环境质量进行综合评价,如单项水质评价法、综合评价指数法和富营养化水平评价法等(胡婕,2007;王保栋和韩彬,2009)。

对于近岸海域水质的评估一般采用海水水质标准(GB3097—1997)作为评价指标体系,该标准由原国家环境局和国家海洋局共同制定,1997年颁布实施,指标体系共由35项指标构成(表3-8)。

表 3-8 海水水质标准

单位:mg/L

序号	项目	第一类	第二类	第三类	第四类
1	漂浮物质	海面不得出现油膜、浮沫和其他漂浮物质		海面无明显油膜、浮沫和其他漂浮物质	
2	色、臭、味	海水不得有异色、异臭、异味		海水不得有令人厌恶和感到不快的色、臭、味	
3	悬浮物质	人为增加的量≤10	人为增加的量≤100		人为增加的量≤150
4	大肠菌群/(个/L) ≤	10 000 供人生食的贝类增养殖水质≤700			—
5	粪大肠菌群/(个/L) ≤	2 000 供人生食的贝类增养殖水质≤140			—
6	病原体	供人生食的贝类养殖水质不得含有病原体			
7	水温/℃	人为造成的海水温升夏季不超过当时当地 1℃,其他季节不超过 2℃		人为造成的海水温升不超过当时当地 4℃	
8	pH	7.8~8.5 同时不超出该海域正常变动范围的 0.2pH 单位		6.8~8.8 同时不超出该海域正常变动范围的 0.5pH 单位	
9	溶解氧 >	6	5	4	3
10	化学需氧量(COD) ≤	2	3	4	5
11	生化需氧量(BOD_5) ≤	1	3	4	5
12	无机氮(以 N 计) ≤	0.20	0.30	0.40	0.50
13	非离子氨(以 N 计) ≤	0.020			
14	活性磷酸盐(以 P 计) ≤	0.015	0.030		0.045
15	汞 ≤	0.000 05	0.000 2		0.000 5
16	镉 ≤	0.001	0.005	0.010	
17	铅 ≤	0.001	0.005	0.010	0.050
18	六价铬 ≤	0.005	0.010	0.020	0.050
19	总铬 ≤	0.05	0.10	0.20	0.50
20	砷 ≤	0.020	0.030	0.050	
21	铜 ≤	0.005	0.010	0.050	
22	锌 ≤	0.020	0.050	0.10	0.50
23	硒 ≤	0.010	0.020		0.050
24	镍 ≤	0.005	0.010	0.020	0.050
25	氰化物 ≤	0.005		0.10	0.20
26	硫化物(以 S 计) ≤	0.02	0.05	0.10	0.25
27	挥发性酚 ≤	0.005		0.010	0.050
28	石油类 ≤	0.05		0.30	0.50

续表

序号	项目		第一类	第二类	第三类	第四类
29	六六六	≤	0.001	0.002	0.003	0.005
30	滴滴涕	≤	0.000 05	0.000 1		
31	马拉硫磷	≤	0.0005	0.001		
32	甲基对硫磷	≤	0.0005	0.001		
33	苯并(a)芘(μg/L)	≤	0.0025			
34	阴离子表面活性剂(以 LAS 计)		0.03	0.10		
35	放射性核素/(Bq/L)	60Co	0.03			
		90Sr	4			
		106Rn	0.2			
		134Cs	0.6			
		137Cs	0.7			

海洋生态质量评价指标体系涉及底栖生物、浮游生物、游泳生物等复杂生态系统，历来是近岸海域质量评价研究的重点内容。欧洲水管理框架指引(The European Water Framework Directive,WFD)2000 年提出生态状况综合评价方法，选取了生物学质量要素、物理化学质量要素和水文形态学质量要素等 3 类质量要素对近岸海域的生态状况进行评价，以生物学要素质量为主、物理化学和水文形态学要素质量为辅。

美国环境保护署(US Environmental ProtectionAgency,USEPA)对近岸海域生态质量的评价方法选取了水质指标(water quality index,WQI)、沉积物质量(sediment quality,SQI)、滨海湿地(coastal habitate index,CHI)、底栖生物指数(bethicindex,BI)和鱼类组织污染(fish tissue contaminants index,FTCI)5 类指标进行评价(吴海燕,2012)。

吴海燕(2012)在其博士论文《近岸海域生态质量状况综合评价方法及应用研究》中提出在构建近岸海域生态质量评价指标体系时，应首先考虑具有代表性并且容易获得数据的指标，认为评价指标分为非生物指标和生物指标(表 3-9)。从数量上，以生物指标为主。非生物指标主要是反映海域基本物理化学状况的指标。参考欧盟的生态质量状况综合评价方法和美国的沿岸海域状况综合评价方法中的评价指标，非生物指标选择水质透明度、化学需氧量(COD)、溶解氧(DO)、沉积物中的硫化物和总有机碳(TOC)。由于底栖生物是公认的能够反映海洋水生生态的指标，因此生物指标以底栖生物为主，结合浮游植物和浮游动物。底栖生物质量状况用 AMBI、物种丰度和香农-威纳多样性指数(H)来表征。浮游植物用 H 指数和个体数量来表征。浮游动物用 H 来表征。水文动力学条件的评价，目前相关研究还没有确定的方法，以专家评判为主，缺乏定量评价的依据，因此也不作考虑。

表 3-9　近岸海域生态质量评价指标体系

指标	评价标准				
	优	良	中	差	劣
NQI	2	2.5	3	3.5	4

续表

指标	评价标准				
	优	良	中	差	劣
DO/(mg/L)	6	5	4	3	2
水质透明度/m	2	1.6	1.2	0.8	0.5
沉积物硫化物/%	150	300	400	500	600
沉积物 TOC/%	1.0	2.0	3.0	4.0	5.0
浮游植物多样性	4	3	2	1	0.6
浮游植物丰度 $N/(\times10^4 ind/m^3)$	200	100	75	50	20
浮游动物多样性	4	3	2	1	0.6
AMBI	1.2	3.3	4.3	5.5	6
底栖无脊椎动物物种丰度 S	42	32	22	12	5
底栖无脊椎动物多样性	4	3	2	1	0.6

注：AMBI 指 AZTI 海洋生态指数(AZTI marine bioticIndex)。NQI 指水质营养盐负荷，NQI=(CCOD/SCOD)+(CDIN/SDIN)+(CDRP/SDRP)+(CChl-a/SChl-a)。其中：CCOD、CDIN、CDRP 和 CChl-a 是水体中 COD(mg/L)、DIN(mg/L)、DRP(mg、L)和叶绿素 a(μg/L)的监测值；SCOD、SDIN、SDRP 和 SChl-a 是 COD(3.0mg/L)、DIN(0.3mg/L)、DRP(0.03mg/L)和 Chl-a(μg/L)的标准值。

3.5.1.6 沙滩资源

沙滩资源是近岸海域资源的组成部分，但对于粤港澳大湾区等沿海区域，由于沙滩资源地位非常重要，因此在研究时专门列为一类资源进行评价。

沙滩资源一般指沙质潮间带和部分潮上带、亚潮带以及周边景观组成的复合体。近岸海域资源资产价值同样由近岸海域资源的实物价值和服务价值两个方面体现。

沙滩的实物价值主要指商业用沙价值。作为一种自然公共休闲旅游资源，沙滩在吸引大量游客的同时，也具有非常明显的环境脆弱性，很容易受到多种人为、自然因素，包括海浪、风、海流、海平面上升、沙砾运动等的影响，造成沙砾流失。而在一些较大的沙滩海滨浴场，由于游客较多，沙子流失较为严重，几乎每年都需向外购买。

沙滩的生态服务价值主要指休闲娱乐功能价值。沙滩是滨海城市旅游中重要的自然资源，能为公众提供亲近大自然、观赏海洋美景和进行沙滩活动、游泳等滨海休闲活动的场地。

由于经济发展阶段不同，欧美国家对海滩的质量评价体系研究较早，并建立了一系列较为成功和实用的海滩质量标准及评价体系。国外沙滩质量评价方法主要有欧洲蓝旗评价方法、美国国家健康海滩质量评价方法、大洋洲海滩质量评价方法等(表 3-10)。

表 3-10　国外主要沙滩质量评价体系对比

沙滩质量评价体系	评价指标	优/劣势
欧洲“蓝旗”(Blue Flag Campaign)	共 29 个指标：环境教育和信息 5 个，水质 5 个(强制指标，必须达到 G 级)，环境管理 10 个，安全和服务 9 个	国际认可度高。采用强制指标形式，因此能避免评分时主观影响，但不能指示达标沙滩间差异。其环境教育与信息类指标并不难准确表征沙滩质量

续表

沙滩质量评价体系	评价指标	优/劣势
英国优良沙滩标准(Good Beach Guide)	主要指标:海滩水质,分为5级; 次要指标:包括浴场安全,垃圾管理和清洁,基础设施,海滨活动,停车场,公共交通,旅游信息等	该标准倾向于浴场的水质监测,一定程度上弱化了其他因子在质量评价中的地位
英国海岸整洁奖(Seaside Award)	海滩胜地:评价指标与蓝旗类似; 乡村海滩:海滩,潮间带,水质,安全,管理,清洁度,信息和教育等	评选对象分为海滩胜地和欠发达地区的乡村沙滩,创新性地对不同开发度的沙滩分别评价
哥斯达黎加评价体系(Costa Rica's Rating System)	共113个因子,分6组(水体,海滩,沙子,岩石,海滩景观,周边地区),每组又分有益和有害两类	评价体系的评价因子最为全面,但评分标准较为复杂,且带有较大的主观性
Williams评价体系	共50个因子,分自然、生物、人类利用三类。自然类因子包括:海滩宽度,物质组成,环境,柔软性,水温,气温,阳光天数,降水量,浴场底质,风速,波浪强弱和数量,水下岸坡坡度,沿岸流,裂流,沙色,潮差,海滩形态	评价列表意在充分考虑游客的需求,但没有将相关因子集中在一起评价。由于选取的50个因子在总评分州各占2%,因此不能体现各因子重要性的不同
美国国家健康海滩评价方法	与Williams评价体系类似,共50个因子,每个因子分为5个等级,分为自然条件、生物、人类利用三类	该评级和评分表的制定是基于美国650出沙滩的专门调查,评分标准被广泛接纳,但未考虑各个因子的权重及游客的喜好

(1)欧洲沙滩质量评价方法

1)欧洲“蓝旗”(Blue Flag Campaign)评价标准,是欧洲现行主要的沙滩质量评价标准。该标准是1985年在法国开始实施行的,目前在国际海滩评价体系中认可度最高,后来由非营利性机构——欧洲环境教育基金会继续实施。蓝旗评价标准对海滩评价的主要指标包括5项水质指标(包含符合水质的采样和次数的要求,符合水质分析的标准和要求,没有影响海滩区域的工业废水或相关污水的排放,符合蓝旗关于大肠杆菌等微生物参数的要求,符合蓝旗关于物理和化学参数的相应要求)、5项环境教育和信息指标(包含展示蓝旗的相关信息,进行环境教育活动并向海滩使用者进行宣传,展示水质的相关信息,展示当地生态系统和环境现象的信息,展示标明各种设施的海滩地图,展示管理海滩和周边区域使用的行为准则)、10项环境管理指标和9项安全和服务指标。截至2010年,已有欧洲、南非、新西兰、南美地区超过40个国家(地区)的2934个海滩被授予蓝旗。

2)英国海岸整洁奖评制度(Seaside Award),始于1992年的英国。它采用了与“蓝旗”类似的强制性指标模式,该制度在每年夏季对海滩进行监测,其结果一年有效。评选对象基于开发程度分为海滩胜地和欠发达地区的乡村沙滩。获奖沙滩必须满足设施、管理、海滩整洁、水质方面的要求。其中针对海滩胜地的评价指标有29项,乡村沙滩13个,涉及水质、海滩、潮间带、安全、清洁、管理、信息、教育等。

3)英国Glamorgan大学的沙滩质量评价标准(Beach Quality Rating Scale)。根据海滩的开发程度分级考虑,分设没有设施的小型浴场、极少必须设施的小型浴场、设施较全的小型浴场,设施齐全的中型浴场和高度开发的大型浴场5个类型。为考察人们对沙滩旅游的偏好性并确定各类因子权重,研究者设计了由海滩开发程度和另外49个评价因子组成的调查表(19 个自然类因子,9 个生物类因子和 21 个人文类因子)。调查得出三类因子的权重分别为 39.2%、19.6%、41.2%。利用调查数据,对沙滩安全性、适宜性和风景美学进行间接评价,最后得分由加权计算所得。

(2)北美洲沙滩质量评价方法

1)国家健康海滩(National Healthy Beaches Campaign)评价方法,是美国佛罗里达国际大学的 Stephen Leatherman 博士设计的海滩评价方法,其目标是维持高标准的海滩管理,并确保海滩使用者能够得到可靠的信息。将评价标准划分为水质、砂质、安全、环境质量和管理及服务五大部分,其中水质方面要求定期进行评价。海藻和赤潮发生的次数都予以考虑,砂质方面主要包括海滩在低潮时的宽度、海滩物质、海滩环境状况,安全方面主要包括是否有公共预警、裂流发生的频率、沿岸流、海滩坡度、鲨鱼的袭击等。目前这个标准主要应用于美国的海滩。

2)蓝色波浪(Blue Wave Campaign)评价方法,是由清洁海滩理事会提出的。清洁海滩理事会是 1998 年为保护美国的海滩而设置的非营利性机构,由代表学术、环境保护、商业、政府和健康的成员组成,此项评价标准要求实现 7 个方面的管理,包括水质、海滩和潮间带情况、危害、服务、栖息地保护、公共信息和教育、侵蚀管理。旅游地海滩和乡村海滩在以上 7 个方面中分别设置 33 项和 27 项评价标准。由于侧重点的不同,乡村海滩在安全、服务和信息与教育方面的要求比旅游地海滩稍低一些。

3)哥斯达黎加评价体系(Costa Rica's Rating System),用于区分沙滩大众适宜性和个体适宜性。其中包括水体、海滩、沙子、岩石、总体环境、周围区域 6 组共 113 个因子。每组因子又分为有益因子和有害因子两类。每个因子得分范围从 0 ~4 分,最后得分由有益因子得分总和减去有害因子得分总和。

(3)大洋洲沙滩质量评价方法

1)由澳大利亚海浪救生(Surf Life Saving)组织支持,Andrew Short 编写的海滩评价标准,对澳大利亚维多利亚州的 560 个海滩进行了描述和评估。每个海滩的信息中包括巡逻服务、海滩危险评价、海滩类型、海滩长度、海滩和周边环境描述、海滩设施等。所列出的一些海滩还附有地图,展示了海滩主要的形态特征、设施和道路,对深水区、裂流的存在、强浪等可能产生危险的地形和环境特征进行了分级。这个评价标准关注海滩的安全方面,这对海滩的游客十分重要。

2)洁净沙滩挑战(Clean Beach Challenge),项目始于 1998 年澳大利亚的昆士兰州,随后在 2003 年扩展到新南威尔士州和维多利亚州。它最初由地方社区承担开展以保护澳大利亚的沙滩并保证沙滩的清洁。在评价过程中纳入考量沙滩环境管理、水质、洁净度、社区参与度、沙滩生物特性共 5 大方面。

李占海等(2000)借鉴国外评价体系的优缺点,从和国际海滩接轨和利于管理的角度出发,建立了中国海滩旅游资源质量评价体系(表 3-11)。该体系以沙滩为核心,包括其周围重点景点,采用分层次综合、定性定量相结合的方法,将影响旅游活动且体现旅游管理的因子纳入评价体系,最后确定 80 个因子,共包含旅游资源条件和资源的可利用条件 2 大类。评价采用六级制评分,因子得分范围从 0 到 5 表示质量由低到高。分值 0 表示因子状况对某些旅游活动有较大限制,或对人体健康安全有较大不良影响。

表 3-11　中国海滩旅游资源质量评价体系及因子

	亚类	因子
旅游资源条件	地貌(14 项)	平均低潮位时滩面宽度(m),平均低潮位时滩面宽度(m),海滩长度(m),高潮线以上的平均坡度(°),中潮线到水深 1m 处的距离,平均高潮线以上物质,平均高潮线以下物质,海滩的弯曲度,向海的开阔度,沙子的色彩,海滩的冲淤状态,向海景观,向陆景观,沙浴康乐价值
	水体(9 项)	水温(℃),水色,水透明度(m),潮差(m),沿岸流强弱(m/s),裂流强弱(m/s),裂流数量(个/km),海浴康乐价值,海上运动的适宜性
	气象(13 项)	温度(℃),日照(h/d),空气的洁净度,平均风速(m/s),降水量(mm/月),适宜期的长度(月数),日温差感受,温湿指数,美丽的天象,天空的颜色,空气的气味,日光浴的康乐价值,空气浴康乐价值
	生物(6 项)	沿岸野生动物种类,可观赏野生动物数量,动物的观赏性(色、形、声),沿岸植被种类,沿岸植被覆盖度,植物的美感(色、形、味)
	人文(8 项)	海滩区位,知名度,民俗风情的吸引力,大型活动的吸引力(文娱、节庆等),海滩装饰物的美学价值(雕塑等),文物、古迹、建筑的游览价值,海滩区的历史文化因缘,人造景观与自然的协调度
资源的可利用条件	基础设施与管理(14 项)	中心城镇与外界的交通方式(汽车、火车、飞机、船),交通终点到海滩的距离(m),是否允许车辆/动物进入海滩,水上运动产生的干扰,近海滩建筑/城市化程度,海滩平均拥挤程度(人/100m²),使用洗手间方便程度,洗手间卫生状况,使用冲洗室方便程度,冲洗室设备卫生质量,餐馆及饮水,椅、太阳床(个/人),服务水平及质量,食、宿、购、娱条件
	安全(10 项)	安全标志,进入海滩过程中的安全性,急救设施及救生设备,社会治安,危险动物出现状况(次/年),植被的危害性,危险天气(次/游期内),危险性悬崖峭壁,水下危险地形、地物,沙中天然有害物质的危害
	卫生(6 项)	大气质量,水质,沙子/底质的污染状况,噪声(交通/工商)(分贝),蚊、蝇等害虫,赤潮的发生频率(次/年)

资料来源:李占海等,2000。

于帆(2011)着眼于我国海滩开发现状,以海滩为核心构建了包含了 54 个因子的海滩质量标准体系(表 3-12)。其遵循因子的自然属性和社会经济属性的思路,将因子分为两大类:自然类(30 个),包括海滩地貌、水体特征、生态环境等;社会经济类(24 个)涉及基础设施与服务等。标准体系四个分级指标分别对自然属性和社会属性进行分级:A 为优秀,B 为良好,C 为合格,D 为差。最后总和形成总体质量分级体系。

表 3-12　海滩质量标准分级体系

大类	指标	权重
自然因子(30 项)	海滩长度,平均高/低潮位时滩面长度,海滩侵蚀状况,沙的柔软性,海水透明度,水质,生态条件,存在护岸结构,沙滩或海水最后油污,海滩上海洋废弃物的堆积,漂浮垃圾,污水排放行迹	3
	高潮线以上平均坡度,平均高潮线以上/下物质,中潮线到水深 1m 处距离,沙色,裂流,水下危险地物,空气异味,后滨植被情况,赤潮,鲨鱼	2
	海湾弯曲度,向海开阔度,水色,海滩区位,海岸城市化进程,水母	1

续表

大类	指标	权重
社会经济因子 （24 项）	卫生间和淋浴室，垃圾箱与回收站，噪声，占滩建筑，安全标志，急救设施和救生员，明显的信息展示，是否允许车辆/动物进入沙滩	3
	餐馆，停车场，服务水平与质量，供残疾人使用的设施，沙丘木栈道，环境保护区，公共警报系统，社会治安，卫生保洁人员	2
	旅店条件，公共娱乐设施，附近公共交通，铺设的海滩入口，进出海滩的安全性，自行车专用道，植被的无性	1

资料来源：于帆等，2011。

3.5.1.7 大气资源质量评价指标体系

由于大气环境流动性大、受气象扰动程度高，其实物价值无法进行评估，一般仅考虑其生态服务价值，并将其服务价值分为维护健康价值、污染减排和游憩价值三项。

(1) 维护健康价值

大气的维护健康价值体现在对人体生理及心理健康的保持，它产生的依据在于人体健康对于优良大气的需要，是满足人体内部新陈代谢的基础。

(2) 污染减排

大气环境为污染物质提供或维持了良好的物理、化学自净环境，提高了城市的容纳污染物的能力。

(3) 游憩价值

作为公共物品，大气的休憩价值在当今空气质量日益下降，尤其是全国 $PM_{2.5}$ 等可吸入颗粒物大量超标的情况下愈发突出，呼吸高负氧离子的新鲜空气已成为都市人群游憩、休闲的一种选择和追求。

我国发布了许多关于大气环境质量评价的法规和标准，最新的是《环境空气质量标准》(GB3095—2012)。由于国家环境空气质量质量标准，应用范围比较广，具有较强的权威性，因此空气质量评价均用此体系（表 3-13）。

表 3-13 环境空气质量标准（GB3095—2012）

序号	污染物项目	平均时间	浓度限值		单位
			一级	二级	
1	二氧化硫（SO_2）	年平均	20	60	μg/m^3
		24 小时平均	50	150	
		1 小时平均	150	500	
2	二氧化氮（NO_2）	年平均	40	40	
		24 小时平均	80	80	
		1 小时平均	200	200	

续表

序号	污染物项目	平均时间	浓度限值		单位
			一级	二级	
3	一氧化碳(CO)	24 小时平均	4	4	mg/m^3
		1 小时平均	10	10	
4	臭氧(O_3)	日最大 8 小时平均	100	160	$\mu g/m^3$
		1 小时平均	160	200	
5	颗粒物(粒径≤10μm)	年平均	40	70	
		24 小时平均	50	150	
6	颗粒物(粒径≤25μm)	年平均	15	35	
		24 小时平均	35	75	

3.5.2 自然资源生态服务因子研究

根据 Costanza(1997)的研究成果,自然资源资产生态服务共由 17 项因子构成。大鹏半岛自然资源资产核算体系根据粤港澳大湾区湾区自然资源特点,选取水源涵养、固土保肥、固碳释氧、小气候调节、净化大气、生物多样性保护、景观游憩、消浪护岸、净化水体、水鸟保育和历史文化科研 11 项研究进行了归纳与总结,具体评估因子如表 3-14 所示。

3.5.2.1 水源涵养

林地与城市绿地生态服务中均有水源涵养作用,主要是通过林地、城市绿地生态系统特有的水文生态效应而具有的截留降水、含蓄土壤水分、补充地下水、调节河川流量、缓和地表径流和净化水质功能。影响水源涵养功能的质量指标有多个(刘向东等,1989),第一是冠层结构(叶面粗糙度、枝叶量、枝叶空间分布情况等)影响林冠的截留能力,枝叶表面粗糙的林分较枝叶表面光滑的林分林冠截留能力强而林冠枝叶空间分布越均匀,枝叶量越多、截留量越大(范世香等,2000);第二是林下土壤中根系的伸展和腐烂、土壤动物的运动等,也对水源涵养功能有较大影响;第三是土壤中的大孔隙可以蕴藏大量水分,因此大孔隙发达的土壤持水能力更强(李伟莉等,2007);第四是枯落物对水的截留量主要与植被类型、坡度有关,一般来说,蓄积量越大,枯落物越厚,枯落物层截留水量越大。研究表明,在相似植被盖度条件下,不同气候带森林林冠截留为针叶林>针阔混交林>阔叶林(王佑民,2000),枯落物截留是阔叶林>针阔混交林>针叶林。此外林冠对水的截留量还与郁闭度、冠层厚度有关。林冠层郁闭度不同,枝叶量不同,所产生的总表面张力就不同,导致林冠层截留量差异。

根据余超等(2014)对我国不同森林类型生物量与蓄积量和年凋落物量的关系研究结果表明(表 3-15),枯落物量可以根据蓄积量计算。

表 3-14　大鹏半岛自然资源资产生态服务评估因子一览表

因子＼序号	1	2	3	4	5	6	7	8	9	10	11
林地	涵养水源	固土保肥	固碳释氧	小气候调节	净化大气	生物多样性保护	—	—	—	—	—
绿地	涵养水源	固土保肥	固碳释氧	小气候调节	净化大气	生物多样性保护	景观游憩	—	—	—	—
湿地	—	固土保肥	固碳释氧	—	净化大气	生物多样性保护	景观游憩	消浪护岸	净化水体	水鸟保育	历史文化科研
景观水	—	—	—	小气候调节	—	—	景观游憩	—	—	—	—
饮用水	—	—	—	小气候调节	—	—	—	—	—	—	—
近岸海域	—	—	固碳释氧	小气候调节	—	生物多样性保护	景观游憩	消浪护岸	—	—	
沙滩	—	—	—	—	—	—	景观游憩	—	—	—	—
大气	—	—	—	—	—	—	景观游憩	—	—	—	—
珍稀濒危	—	—	—	—	—	生物多样性保护	—	—	—	—	—
古树名木	—	—	—	—	—	—	—	—	—	—	历史文化科研

表 3-15　2008 年中国森林生物量与蓄积量、枯落量关系

类型	枯落物量 L 与生物量 B 关系	生物量 B 与蓄积量 V 关系
针叶林	$L= B/(18.905+0.042B)$	$B=V/(1.362-0.003V)$
热带林	$L= B/(8.098+0.054B)$	$B= V/(0.681+0.0006V)$
针阔混交林	$L=3.46\pm0.9597$	$B= V/(1.173+0.0018V)$
阔叶混交林	$L=B/(9.103+0.00575B)$	$B= V/(0.579+0.002V)$

3.5.2.2　固土保肥

固土保肥是林地、城市绿地和湿地共同具备的生态服务因子。固土保肥是指利用植物特有的林冠结构、庞大的根系组织和枯枝落叶层削减侵蚀性降雨，拦截、分散、滞留及过滤地表径流，消除水滴对表土的冲击和地表径流的侵蚀作用及网状分布的植物根系固持土壤，降低土壤崩塌泻溜，同时增强土壤腐殖质及水稳性团聚体含量，从而减少土壤侵蚀和土壤肥力损失以及改善土壤结构的功能（李少宁等，2007）。与无林地相比，其上附植物的土壤物理性质普遍好于无林地，表现为土壤的容重降低，孔隙度增大，形成了大量的水稳性团粒结构，土壤的持水性和导水性能均得到改善，土壤抗蚀性和抗冲性得到有效提高（余新晓等，2007）。

林地、城市绿地和湿地的固土保肥主要取决于两类质量指标：一类是林冠层、枯枝落叶层对大气降水进行的截留，由此减少了进入林地的雨量和雨强，直接影响土壤侵蚀的动力和地表径流的形成及数量。植物的枯落物层，不仅能吸收和涵养大量的水分，而且增加了地表层的粗糙度，影响地表径流的流动，延缓径流的流出时间。另一类是林木的根系促成土壤形成团粒结构，增加土壤孔隙度和入渗率，使土壤的结构更加疏松，渗透、吸收更多的水分，使更多的地表径流下渗为地下径流。因此林冠层厚度结构、枯落物量和林地根系发达程度决定了保育土壤功能高低。

研究结果显示，有林地土壤侵蚀模数在 2.0 ~ 12.0t/hm^2，无林地土壤侵蚀模数在 12.0 ~ 48.0t/hm^2（王顺利等，2011），有林地土壤侵蚀模数远远小于无林地。

3.5.2.3　固碳释氧

林地、城市绿地、湿地和近岸海域都具有固碳释氧的生态服务因子。其中，林地、城市绿地、湿地中植物的叶绿素通过光合作用和呼吸作用，吸收空气中的 CO_2 和 H_2O 转化成葡萄糖等碳水化合物，将光能转化为生物能储存起来，同时释放出 O_2。服务能力主要受林分净初生产力（生物量）及土壤固碳能力影响。

由于林地、城市绿地和湿地的固碳释氧功能主要通过林分的净生产力实现（草地和湿地其他植被，可以通过转换系数折合成林分的功能），因此林地、城市绿地和湿地的固碳释氧功能，可以借助对林地的研究数据获取。余超等（2014）对中国林地植被净生产量及平均生产力动态变化进行了分析，表明 2004 ~ 2008 年我国森林植被年平均生产力为 9.502t/hm^2，其中热带地区平均生产力为 17.950t/hm^2（表 3-16）。方精云等（1996）等通过对我国森林生物量和林木生产量关系的研究，确定了净初级生产力（生物量）和蓄积量的关联模式（表 3-17）。

表 3-16　2008 年中国不同类型森林的生产力

类型	平均生产力/(t/hm^2)
阔叶混交林	15.279
常绿阔叶林	11.508
落叶阔叶林	8.011
针叶混交林	7.399
针阔混交林	8.664
热带林	17.950

表 3-17　中国森林生物量计算参数

类型	蓄积量(V)与生物量(B)关系式
杉木	$B=0.3999V+22.5410$
松树	$B=0.52V+18.22$
柏木	$B=0.6129V+26.1451$
栎类	$B=1.3288V-3.8999$
樟树	$B=1.0357V+8.0591$
桉树	$B=0.7893V+6.9306$
针阔混交	$B=0.8019V+12.2799$
阔叶混交	$B=0.6255V+91.0013$
热带林	$B=0.9505V+8.5648$

根据相美学者对主要森林生态系统土壤有机碳密度的研究成果，我国主要森林类型的土壤有机碳密度为

$$U_C=0.58\times U_B$$

$$F_C=U_C\times G\times H/10$$

式中，U_C 为土壤有机碳含量；U_B 为土壤有机质含量；F_C 为土壤碳密度；G 为土壤容重(g/cm^3)；H 为取土层厚度(cm)；系数 0.58 是指直径小于 2mm 的土壤颗粒有机质含碳量的平均百分比。

不同森林类型固碳释氧功能存在一定的差异，王忠诚(2013)对鹰嘴界自然保护区森林固碳释氧功能研究的结果表明，固碳释氧效益表现为阔叶混交林($60.27t/hm^2$)>杉木毛竹混交林($53.95t/hm^2$)>杉木林($43.52t/hm^2$)。

海洋是全球最大的碳汇来源。近岸海域的固碳释氧功能主要来自三个方面：一是海洋贝类(蛤、牡蛎、扇贝)，通过碳酸钙泵的方式进行的固碳，并以贝壳的形式形成持久的海洋碳汇。二是大型藻类通过光合作用将海域中的溶解无机碳和 CO_2 转化为有机碳的固碳形式。三是浮游植物通过光合作用和呼吸作用，将 CO_2 和 H_2O 转化成碳水化合物，释放出 O_2 的过程。研究表明地球上 90% 的光合作用是海洋藻类完成的。

3.5.2.4 小气候调节

林地、城市绿地、景观水、饮用水和近岸海域对周边小气候均有明显的调节作用。

林地、城市绿地对周边小气候的调节主要通过植被的冠层结构和下垫面对热传导的调节作用实现。夏季植物的树冠能阻挡、吸收和反射太阳的辐射,使通过树叶间隙透入地面的阳光明显减少,从而减少炎热程度和严重的日晒现象。对林地(含红树林湿地)而言,不同的林分和冠层结构对小气候的调控作用不同,混交林较纯林好,复层林冠较单层林冠好,常绿树较落叶树好,植被覆盖度高的较覆盖度低的好,成熟期森林较建群期森林好,高级演替阶段森林较初级演替阶段森林好。因此影响林地小气候调节功能的主要治质量指标为林分组成、优势树种、冠层结构、郁闭度、树龄等。

对城市绿地而言,下垫面的影响更加重要,不同下垫面植被的种类和结构影响着周边气温的年季变化。植物的蒸腾作用可使附近气温下降和湿度增加,冬季植物白天吸收太阳的热量晚间将热量放出,使局部环境气温提高,可以有效改善气温和湿度。

对湿地而言,植物蒸腾吸热是夏季湿地降低温度的原因。蒸腾作用使湿地周边小气候的温度低于其他区域,而在冬季,由于湿地环境湿度较大,减少了周边区域的蒸腾作用,使温度降低趋势得以减缓。

在景观水、饮用水和近岸海域等水体对周边小气候的调节作用的研究中,黄志宏等(2018)通过对湖泊等水域气候调节服务价值的评估,表明水体的确具有明显的调节气温的功能。与此同时,在量化水域气候调节生态服务价值方面,许多学者有过一些大胆尝试,李晨等(2010)在池塘小气候调节生态服务价值实证研究中,提出先通过计算池塘水面单位面积蒸发量以求出水体蒸发时吸热量,继而通过计算释放相应能量的用煤量得出其等量的生态服务价值。对于开放水域的小气候调节价值核算的关键在于蒸发量的计算,而影响水面蒸发的因素主要有大气压力差、风速、相对湿度等(李万义,2000)。

冯静等(2011)的研究结果表明,深圳海洋与陆地的小气候区的变化特征不同,呈缓和下降趋势,海洋气温日变化很小。海洋冬季气温明显高于陆地小气候区,这说明海水对气温的变化起到了显著的调节作用。近岸海域在为人类提供水产品的同时通过水面水汽蒸发的作用发挥增湿调温小气候调节功能。

总体上看,气候调节服务价值的研究还处于一个探索阶段,有许多领域需要深入研究,如在价值评估方法、手段等方面仍然存在很大分歧。

3.5.2.5 净化大气

净化大气是指植物生态系统中生物通过代谢作用(异化作用和同化作用)使大气环境中的污染物的数量减少、浓度下降、毒性减轻,直至消失的过程。林地、城市绿地和湿地均存在净化大气的核算因子。净化作用主要表现在吸收污染物、降低噪声、滞尘、提供负离子、杀菌抑菌等五个方面。

刘晓等(2013)通过在典型的自然或人工生态系统地段建立生态定位站,基于长期观测的结果评估了不同林分类型净化大气功能的物质量(表3-18)。说明林分类型对净化大气功能的效果有着较大影响。

表 3-18 不同林分类型净化大气功能物质量评估

林分类型	净化大气环境功能				
	提供负离子/10^{24}个	吸收 SO_2 /(mg/L)	吸收 HF /(mg/L)	吸收 NO_x /(mg/L)	滞尘量 /[g/(m^2·a)]
柏木林	1.81	11.27	0.16	0.19	909.59
灌木林	2.21	16.76	0.28	0.46	330.57
华山松林	1.08	1.99	0.13	0.11	570.03
阔叶混交林	7.74	8.25	0.24	0.35	784.84
马尾松林	21.78	22.15	1.39	1.15	6352.84
软阔叶林	8.20	7.99	0.41	0.43	911.51
杉木林	11.80	16.75	0.66	0.86	4276.18
硬阔叶林	7.12	10.27	0.30	0.43	977.48
云南松林	1.69	2.19	0.14	0.11	628.31
针阔混交林	0.71	1.32	0.05	0.05	221.33
针叶混交林	0.20	0.28	0.02	0.01	79.68
竹林	2.06	1.06	0.03	0.04	66.09

邹晓东(2017)以上海浦东城市绿地为背景,对城市绿地空气净化效进行了研究。通过与无植被的裸地进行对比分析,应用被动式采样方法定量分析了典型绿地对空气中有害气体 SO_2,NO_x,CO 的净化效应。研究结果表明:绿地对空气中一次污染物 NO_x,SO_2 均有明显的净化效应,体现了绿化植物带来的环境生态效益;大多数绿地对二次污染物 CO 也有明显的净化效应,不同绿地之间以及同一绿地不同季节间,其空气净化效应存在较大的差异,与绿地状况(如结构特征、植物组织、生长情况等)有关。

湿地也是一种特殊的林地,也具有林地对大气环境净化的功能,但在湿地生态服务功能研究中,消除大气污染物功能很少被单独研究。段舜山和徐景亮(2004)研究认为湿地中的红树植物和其他绿色植物一样,是二氧化碳的消耗者和氧气的释放者。红树林属于常绿阔叶林,据估算,每公顷阔叶林在生长季节可消耗二氧化碳 1000kg/d,释放氧气 730kg/d。此外,红树林湿地泥土中 H_2S 的含量很高,泥滩中大量的厌氧菌在光照条件下能利用 H_2S 为还原剂,使 CO_2 还原为有机物,这是陆地森林所不具备的。

刘佳妮(2007)对园林治污降噪功能进行了研究,结果表明,对常绿乔灌木、地被植物以及现有绿带的降噪效果测量均显示多数植物对 2000Hz 以上的高频噪声有着较好的衰减作用,通过统计分析也得知植物的降噪效果与叶片的尺寸和质地的厚薄成正相关,这证明植物的降噪效果还是与其形态特征息息相关。对于 2000Hz 以下的中、低频率段,尤其是 250Hz 以下的低频段,阔叶乔灌木的降噪效果则普遍较弱。而泥地、草地和地被植物对 250Hz 以上中高频段的降噪效果普遍较好,对 250Hz 以下低频声音的衰减作用也比乔灌木要好。

高金晖等(2007)对北京市具有代表性的绿化植物在封闭式和开敞式两种环境条件下滞尘量进行分析,结果表明同种类植物在封闭式环境条件下叶片滞尘量明显低于开敞式环境条件,说明同种类植物叶片滞尘能力随环境中粉尘颗粒物含量的增多而增。刘光立(2002)研究了常用垂直绿化植物的滞尘效益,在公共绿地中,单位叶面积滞尘量最大的木香为

18.489g/(m^2·a),其余依次为爬山虎、紫藤、油麻藤。

植物的尖端放电是产生地面上空气负离子的主要因素,地面上空气负离子的浓度主要取决于该地区的植物数量,尤其是树木的数量。除了植物尖端放电外,其他来源的负离子数量比草地低得多,比林地约低一个数量级(蒙晋佳和张燕,2005)。

3.5.2.6 生物多样性保护

生物多样性是维持生态系统平衡的基础,生物多样性保护是林地、城市绿地、湿地和近岸海域资源的重要核算因子,也是珍稀濒危物种重要的生态服务功能及唯一的核算因子。生物多样性保护包含三个不同方面的内容:生态系统多样性、物种多样性和遗传(基因)多样性。目前多数研究者主要针对其中最基本的物种多样性内容开展研究,物种多样性研究的主要内容包括物种多样性的现状(包括受威胁状况)、物种多样性的形成、演化及维持机制等。

王兵等(2008)根据各地区的林地状况分类及生物多样性指数研究,对各省生物多样性保护价格进行了研究分析,结果如表3-19所示。

表3-19 省级单元森林单位面积生物多样性保护价格 单位:元

地区	单价	地区	单价
北京	8 100.5	湖北	20 463.7
天津	7 443.9	湖南	12 158.9
河北	8 312	广东	23 436.7
山西	13 082.4	广西	19 050.8
内蒙古	10 244.8	海南	28 078.1
辽宁	18 461.2	重庆	741.6
吉林	19 638.9	四川	12 053.7
黑龙江	14 189.5	贵州	15 449.4
上海	16 825.4	云南	24 234.6
江苏	17 538.4	西藏	20 089.9
浙江	17 673.1	陕西	8 993
安徽	23 140.4	甘肃	8 751.9
福建	19 987.6	青海	19 567.8
江西	13 837.8	宁夏	8 498.3
山东	8 240.8	新疆	8 308.8
河南	13 048.5		

陈勇等(2013)对深圳市主要植被物种多样性进行了研究,结论为:5种森林类型的乔木层Shannon-Wiener指数顺序为:常绿落叶阔叶人工林>常绿落叶阔叶次生林>常绿针阔混交次生林>常绿阔叶次生林>常绿阔叶人工林;而灌木层Shannon-Wiener指数顺序为:常绿针阔混交次生林>常绿落叶阔叶人工林>常绿落叶阔叶次生林>常绿阔叶次生林>常绿阔叶人工林。

杨骏(2014)在研究南京城市绿地木本植物群落多样性时,选择与居民生活较为密切综合性公园、广场绿地、居住绿地、校园绿地和道路绿地进行群落多样性比较研究,结论为:物种组成数综合公园>校园绿地>居住绿地>广场绿地>道路绿地。一项对于四川省眉州市城市绿地生物多样性的研究表明，公园绿地、附属绿地、防护绿地3类园林绿地中的物种丰富度、Shannon-Weiner指数和Simpson指数均表现为乔木层>灌木层>草本层，Pielou均匀度指数表现为灌木层>乔木层>草本层（陈善波，2012）。

红树林湿地在维护海岸带水生生物物种多样性方面具有举足轻重的作用。大量研究（Ashton and Macintosh，2002；Gee and Somerfield，1997；Skilleter and Warren，2000；Ikejima et al.，2003；Macintosh et al.，2002）表明，红树林湿地生态系统中的动植物种类更加丰富，水生生物的物种多样性远远高于其他海岸带水域生态系统。世界红树林湿地有真红树植物20科27属70种，而我国现已查明的真红树植物为12科16属27种和1个变种，半红树植物11种（林鹏，2001）。红树林湿地保持着较高的鸟类种群和其他生物物种的多样性。尤其对于候鸟，红树林湿地的滩涂和底栖动物为迁徙鸟类提供了落脚歇息、觅食、恢复体力的条件。每年经过深圳湾湿地歇脚或过冬的鸟类就有10万只以上，最多时可达到40万只以上（陈桂珠等，1995）。我国红树林分布区内有鸟类17目39科201种（林鹏，2003），其中包括许多珍稀濒危或国家级保护鸟类。

总之，林地、城市绿地和湿地生态系统能够为生物物种提供生存与繁衍的场所，从而对其起到物种保育的功能，功能主要表现在：①为各类生物提供繁衍生息的场所，为生物进化及生物多样性的产生与形成提供条件；②多样化的生态系统构成自然生境和系统的多样性，使系统本身成为生物多样性的重要组成部分；③林地、城市绿地和湿地生态系统独特的小气候为物种提供良好的生存条件；④林地、城市绿地和湿地生态系统内丰富的植物资源为物种的繁衍生息提供丰富的食物来源和天然的遮蔽场所。

此外，近岸海域的生态系统多样性也非常丰富。据统计，中国海域已记录的海洋生物物种共20 278种，隶属于44门，其中鱼类约占世界总数的14%，蔓足类约占24%，昆虫类约占20%，红树林植物约占43%，海鸟类约占23%，头足类约占14%（李纯厚和贾纯平，2005）。宋洪军等（2015）对莱州湾海洋浮游和底栖生物多样性分析研究结果表明，莱州湾海洋生物物种多样性状况存在浮游植物优势种更替，浮游动物个体密度下降，底栖生物小型化等变化趋势。这些特征在胶州湾、桑沟湾等邻近海湾也有相似之处。由于海湾的区位特性，使其受陆海相互作用和人类活动干扰强烈，导致海湾生态系统承受多重环境压力而海湾生物多样性状况，遭受着气候变化和人类活动的综合影响而海湾生物多样性是海湾生态系统平衡和稳定的基础。

濒危动物在维持生态平衡方面具有不可估量的价值。一个物种的消失可能会带来几十种伴生物种的消失。如大鹏半岛的珍稀濒危动物中国穿山甲主要摄食白蚁，如果穿山甲灭绝了，白蚁就无天敌，树木建筑堤坝都将受侵害。20世纪70年代以来，广东清远溃堤13条，塌坝9座，查实其中有9条堤围和5座大坝是土白蚁为害的结果；1981年9月广东阳江境内的漠阳堤段出现18个缺口，其中查实有6个是土白蚁为害所致；1986年7月广东梅州发生新中国成立以来特大水灾，梅江决堤62条，其中土白蚁造成的缺口55个。因此，可以取食白蚁的穿山甲具有十分重要的生态价值。许多珍稀濒危物种在群落中作为建群种或优势种，还有一些在特殊环境中生存的植物是构成群落的先锋种。

3.5.2.7 景观游憩

景观游憩因子是林地、城市绿地、湿地、景观水、近岸海域、沙滩和大气等六类自然资源的重要核算因子。自然资源通过提升环境美观度，提供美学和文化价值；通过打造亲水平台，提供休闲和娱乐价值；通过供给优质空气，提供健康和养生价值。自然资源为市民景观游憩娱乐提供了必要的场所，满足市民和游客的户外游憩需要。对自然资源的景观游憩服务因子的研究，主要集中在对景观资源的开发模式和价值提升两个方面。

梅燕(2009)在开展成都市城市森林游憩开发研究时，认为城市森林游憩是指人们(包括当地居民和外来旅游者)在闲暇时间内，依托城市森林资源进行的所有户外游憩活动的总和。森林游憩因子开发时，应充分利用其他自然资源(如河流、湖泊、湿地、山体等)，发挥其游憩资源价值，协同建设实现 1+1>2 的目标。沈芝琴等(2011)根据系统学中结构决定功能原理，认为要想有较好的城市森林游憩因子，首先，要保证有好的结构，即游憩因子的好差与城市森林本身资源享赋有很大关系，故在评价时将资源状况作为首要评价条件；其次，游憩因子的好差不是由专家说了算，也不是由政府说了算，而是以经历过游憩的居民感知为准，因此选取游憩吸引度、人体舒适度、使用频率、居民满意度 5 个指标，以验证居民游憩体验质量的好差；最后，城市森林游憩因子作为一个系统，处于外部环境之中，内因固然决定事物发展的方向，但也不能忽视外因的作用，在众多外部条件中选取影响游憩因子优劣的 3 项重要指标分别为：交通可及度、游憩环境容量、游憩设施条件。在开展重庆市主城区林地景观生态评价时，曹晓丽(2007)认定林地容量、林地类型多少、林地大小、空气清晰度、游人可进入度都是非常重要的指标，影响着游憩因子的发挥。林地容量表征环境所能承受的抗人类干扰能力和恢复能力，林地的植被类型越多，生境越多样，所能抗人类干扰的能力越强；林地越大游客人均占有林地越大，所能容纳的游客量越大；林地空气越清新，林地交通越便利，越能够吸引游客前往休憩娱乐。

田逢军等(2003)提出在开发城市绿地景观游憩因子时，应注重大型公共绿地系统规划的连续性，促使城郊结合、布局合理化；还要注重公众需求，以城市居民游憩行为理论为指导，结合大型公共绿地的空间环境设计进行合理的功能分区，同时还要注重绿脉与文脉的结合，使自然和人文相辉映，增强城市绿地的文化特色。湿地公园是湿地生态系统的一部分，陈楚民(2017)根据 Costanza 对生态系统服务功能的阐述，明确休闲娱乐和文化服务(包括生态系统的美学、艺术、教育、精神及科学价值)是生态系统服务功能的重要组成部分。因此把生态系统的休闲娱乐和文化服务功能和湿地公园的游憩因子有机地结合起来，把美学、艺术、教育、精神及科学价值作为游憩目的层次，融入湿地公园游憩因子内涵。王雅林(2003)在《城市休闲：上海、天津、哈尔滨城市居民时间分配的考察》一书中，根据游憩活动所达到的目的的层次，将游憩活动分为消遣娱乐、怡情养生、体育健身、观光度假、社会活动、教育发展六大类。李阳(2017)在太原汾河西岸湿地公园景观游憩因子优化策略研究中，分析了杭州西溪国家湿地公园、山东蟠龙河国家湿地公园、郑州黄河国家湿地公园、伦敦湿地公园的游憩因子分区、优缺点分析后，从设计原则和设计要点两方面，提出了湿地公园景观游憩因子优化策略研究。

在景观水和近岸海域景观游憩研究方面。鲁春霞等(2001)在河流生态系统的休闲娱乐功能及其价值评估研究中，提出河流水资源的休闲娱乐功能主要表现在两个方面：一是美学文化功能，二是休闲娱乐功能。河流的生态服务价值与河流水资源总量以及水质有关。消耗性用水会造成水流量减少，降低河流水位，影响娱乐活动的适宜性以及景观的美学效果等，影响美学娱乐功能的质量和经济价值；水质污染既损害了河流生态系统的视觉和味觉效果,也影响了水体对娱乐活动的承载能力。水量是影响河流生态系统美学娱乐功能及其经济价值大小的决定性因素。径流量(或水位)通过下列方式影响休闲娱乐的经济价值:①直接、短期对一般性娱乐适宜性或娱乐质量的影响。②间接或长期的影响。径流量的变化逐渐改变了河岸景致的观赏性,改变了河道的形态、鱼类生境,影响了河流生态系统的美学价值。以 Costanza 等(1997)为代表的学者认为海洋生态系统提供了 17 类中的 12 类,其中包括景观游憩及文化功能等。而徐丛春和韩增林(2003)则认为只有 10 类,景观游憩及文化功能不应列入其中。李志勇等(2011)将广东近海海洋生态系统服务划分为归纳为供给服务(食品供给、原材料供给、基因资源供给)、调节服务(气候调节、空气质量调节、生物控制、污染物处理、干扰调节)、文化服务(旅游娱乐、科研文化)和支持服务(初级生产、营养元素循环、物种多样性维持、提供生境)4 大类共 13 亚类,其中也包括了景观游憩因子。事实上目前较为权威的国家海洋局《海洋生态资本评估技术导则》(GB/T 28058—2011)中,也将近岸海域的休闲娱乐、科研服务,纳入了供给服务(养殖生产、捕捞生产、氧气生产)、调节服务(气候调节、废弃物处理)、文化服务(休闲娱乐、科研服务)、支持服务(物种多样性维持、生态系统多样性维持)4 大类之中。

对于沙滩而言景观游憩因子是其主要的生态服务体现。对沙滩景观游憩因子的研究主要集中于对其价值的评估。赵玉杰(2007)总结了对海洋生态系统系统服务价值的研究,认为主要集中在三方面:区域性海洋生态系统服务价值研究、单个海洋生态系统的服务价值研究和海洋生态系统单项服务价值的研究。刘康(2009)总结了沙滩景观游憩价值的影响因素包括:沙滩开发程度、沙滩环境质量、沙滩物理特征和沙滩交通便利程度。认为沙滩环境质量及海水清洁度是影响游客沙滩选择的最重要因素,但由于很多游客更注重表观的沙滩环境质量,对于沙滩及海水化学污染和生物污染的程度和水平缺乏科学的了解,因此在现实中很多游客选择沙滩更多地考虑距离远近和交通方便等因素。

此外,由于优质的大气环境可以提供有益健康的负离子和清新的环境质量,因此景观游憩也是大气资源重要的核算因子。

3.5.2.8 消浪护岸

沿海湿地是公认的“天然海岸卫士”,湿地能够抵消波浪,对海堤有减少自然灾害的作用。段舜山和徐景亮(2004)关于海岸湿地的文章中指出,湿地中的红树植物具有发达的根系,纵横交错的支柱根、呼吸根、板状根、气生根、表面根等形成一个稳定的网络支持系统,使植物体牢牢地扎根于滩涂之上,并盘根错节地形成一道道严密的栅栏,增加滩面的摩擦力,能阻挡水流,减弱流速,从而起到防风消浪的作用。当红树林覆盖度大于 0.4 和林带宽度大于 100m 时,其消波系数可达 85%。因此,消浪护岸是河口湿地和近岸海域重要的核算因子。

3.5.2.9 水鸟保育

红树林湿地是鸟类重要的栖息场所。红树林区的生境多样性为鸟类(尤其是水鸟)的栖息、觅食和繁殖提供了所有要素。致密、幽静、少外界干扰的有林地是鸟类栖息和筑巢的理想场所。退潮时林外广阔的滩涂和丰富的底栖动物为鹭类、鸻鹬类等涉禽提供了觅食场所,而涨潮时的潮沟及林外浅水水域也是鸭类理想的觅食、休息场所。红树林成为水鸟保育的重要场所和维持生态系统多样性的重要组成。

3.5.2.10 净化水体

于晓玲等(2009)研究认为,湿地系统具有独特而复杂的净化机理,它能够利用基质-微生物-植物这个复合生态系统的物理、化学和生物的三重协调作用,通过过滤、吸附、共沉、离子交换、植物吸收和微生物分解来实现对水体的高效净化。红树植物的大量凋落物,使林区沉积物中有机质丰富且富含 N、S 官能团、富里酸,林下沉积物中有机质在厌氧状态下的低水平降解及沉积物中的高黏粒含量,使得红树林沉积物具有较大的表面积和较多的表面电荷,通过离子交换、表面吸附、螯合、胶溶、絮凝等过程和重金属的粒子作用,吸附大量的重金属。

红树林独特的生境使红树植物根系发达复杂,能通过发达的根系网罗碎屑,加速潮水和陆地径流带来的泥沙和悬浮物的沉积,降低海水中悬浮物的含量,有效降低污水沉积悬浮物的含量。湿地对水中的氮、磷等富营养物质的净化通过两方面实现:一方面由植物和微生物等吸收氮、磷;另一方面是土壤对氮、磷的滤过作用。富含氮、磷的海水流进湿地生态系统,可通过植物、微生物的集聚沉积作用和脱氧作用将其从水中排除。此外,湿地中红树植物吸收水域中的 N、P 等营养物质,减轻了由于氮、磷含量过高而引起的海水富营养化,同时湿地的厌氧环境又为某些有机污染物的降解提供了可能。

3.5.2.11 历史文化科研

湿地见证了地球海陆变迁的全部过程,是研究生物进化和海陆变迁的理想对象(黄初龙和郑伟民,2004),同时,作为候鸟的重要栖息地,红树林湿地也成为研究鸟类和观赏鸟类的理想场所,因此具有文化科研服务功能。古树名木作为重大历史文化事件的见证和具有悠久历史的生物体,其历史文化科研价值也是非常重要的因子。

3.5.3 自然资源价值核算方法综述

3.5.3.1 直接市场法

直接市场法是直接利用市场价格或者参考相似的产品或者服务的价格的方法。利用直接市场法来计算物种资源的价值,其方法多种多样,主要有市场估值法、费用支出法、重置成本法、机会成本法等。直接市场法是建立在充分的信息和明确的因果关系基础之上的,所以用直接市场法进行的评估比较客观、争议较少、比较直观、易于调整,被广泛应用。但是,采用直接市场法,不仅需要足够的实物量数据,而且需要足够的市场价格或影子价格数据。在自然资源资产价值评估中,相当一部分或根本没有相应的市场,因而也就没有市场价格;或者其现有的市场价格严重扭曲,因而无法真实地反映其边际外部成本。在这种情况下,直接市场法就很难应用。此外,直接市场法所采用的是有关商品和劳务的价格,而不是消费者相应的支付意愿或接受赔偿意愿,因而不能充分衡量自然资源开发的边际外部成本。

3.5.3.2 间接市场法

间接市场法是利用替代市场评估动植物资源的价值,主要方法包括旅行费用法和保护性支出法。

1)旅行费用法(Travel Cost Method)是目前国外最流行的游憩价值评估方法,也是评估野生动物资源游憩价值的一种重要的方法。旅行费用法在我国的发展起源于20世纪90年代。我国学者主要利用旅行费用法评估两方面的价值,分别是人们对旅游景点的效益评估和人们对娱乐品的效益评估,评估指标主要是旅行费用,在野生动物资源价值评估方面,评估的是野生动物资源的娱乐观光价值。

我国在应用旅行费用法进行价值评估时,对方法改进的情况较少。李巍和李文军(2003)指出可以把旅行地划分为几个区间,不同区间的旅行费用不相同,这种改进方法叫作旅行费用区间分析方法。田雪等(2010)改进了旅行费用法的评估方式,在评估昆明草海红嘴鸥的游憩价值时,把评估价值分为红嘴鸥存在时的人均旅游费用和红嘴鸥不存在时的人均旅游费用两个部分,通过计算得到两者的差值得出草海红嘴鸥对游憩价值产生的影响。

2)保护性支出法是指在无市场价格的情况下,动植物资源使用的成本可以用保护管理费的投入进行替代后计算。如鲁春霞(2011)等选取西藏自治区羌塘地区为研究区域,以藏羚羊为研究对象,通过了解政府为保护藏羚羊投入的保护管理费用,即采用保护性支出法计算藏羚羊的价值。龙娟等(2011)采用保护性支出法评估了北京市湿地珍稀鸟类价值。其中,珍稀鸟类价格的确定依照《林业局关于陆生野生鸟类资源保护管理费收费办法通知(1996)》,规定国家Ⅰ级保护鸟类的市场价格为其管理费的12.5倍,国家Ⅱ级及北京Ⅰ级、Ⅱ级野生保护鸟类价格为其管理费的16.7倍;并根据1996年到2007年北京市GDP增长率5.57倍,推算出各等级野生鸟类的价格,将各等级的珍稀鸟类的价格之和取平均,作为该等级珍稀鸟类的价格。价值评估结果显示北京湿地珍稀鸟类总价值为73 990万元。

3.5.3.3 条件价值法

美国经济学家Davis首次把条件价值法(Contingent Valuation Method,CVM)思想应用到狩猎娱乐价值评估实践中,并且以旅行费用法对其测算结果作了检验和比较研究。此后,学术界开始大量出现CVM理论与应用方面的资料。目前,CVM在评估野生动物资源的游憩、生态、存在价值中得到了广泛的应用。其优越性主要表现在:不但能对物种的利用价值进行评估,而且还可以对其非利用价值进行评估,特别适用于其他方法难以涵盖的评估问题,如娱乐、空气和水质、自然保护区和生物多样性存在价值的证实与分析,这是其他方法难以做到的。但是,由于在调查时涉及被调查者的心理及社会特征,因而不可控的因素较多,当产生偏差时,需要细心的工作和一定技术处理才能消除和减少误差。国内外学者在应用意愿调查法的过程中,为了减小偏差都对意愿调查法的使用做出了相应改进。Douglas L. MacLachlan认为意愿调查法在使用的过程中存在夸大偏差,为了对其进行修正,他列出了两种支付意愿值,分别是假定的支付意愿和真实的支付意愿。周学红等(2007)在使用过程中改进了意愿调查法,采取两种调查方式进行调查,调查对象为哈尔滨市居民,调查内容为保护我国东北虎愿意支付的费用,对两种调查结果进行比较与分析,找出差距,从而确定出哈尔滨市居民真实的支付意愿。陈琳等(2006)对条件价值评估法在非市场价值评估中的应用进行了初步探讨,提出在使用CVM评估时针对具体的研究对象和研究目的要选择关联较大的调查人群,排除规模偏差对结果的影响;此外,采取评价结果与调查人群社会、经济特征对比的方式进行综合分析,避免经济因素的主导作用。CVM存在的局限性所导致的各种偏差是国内外学者对其结果持有怀疑态度的主要原因,要提高其结果的可靠性和可信度、设计问卷、统计分析数据及结果检验这三个问题仍是我国乃至全世界进一步发展 CVM 面临的难题。陈琳等(2006)运用 CVM 中支付卡式和二分式两种问卷格式,对北京市居民保护濒危野生动物的支付意愿进行研究。支付卡式问卷和双边界二分式的有效问卷分别为 350 份和 250 份。支付卡式问卷调查分析得到平均支付意愿为 13.19 元/(户·月),二分式问卷的调查结果为 18.199 元/(户·月)。由支付卡问卷结果得到北京市居民 20 年总支付意愿为 41.63×10^8 元;二分式问卷则为 184.17×10^8 元,后者是前者的 4.2 倍。支付卡式问卷结果的主要影响因素是户均月收入和文化程度;二分式问卷结果的主导因子是户均月收入。考虑到二分式问卷比支付卡式问卷更能够逼近样本的真实意愿,认为将二分式问卷的研究结果作为北京居民对我国野生动物的总经济价值的评估更为适合。

3.5.3.4 林地质量指标与生产能力的关系

(1)树高、胸径与林分蓄积量

林分蓄积量用于核算林木产量,是林地生产能力的表征。林分蓄积量越高,林木的产量越高,研究表明林木的蓄积量与树高、胸径、林龄之间存在密切的正相关关系。王臣立等(2005)在林分蓄积量研究中,对森林蓄积量和树高、胸径之间的相关性,进行了大量的研究,并确定了其间的相关系数(表 3-20)。

表 3-20 不同树种蓄积量、树高、胸径间相关系数

树种	参数	蓄积量	树高	胸径
刚果 12 桉	蓄积量	1.000		
	树高	0.901	1.000	
	胸径	0.778	0.753	1.000
雷 1 桉	蓄积量	1.000		
	树高	0.737	1.000	
	胸径	0.526	0.669	1.000
尾细桉	蓄积量	1.000		
	树高	0.856	1.000	
	胸径	0.927	0.845	1.000
加勒比松	蓄积量	1.000		
	树高	0.715	1.000	
	胸径	0.599	0.644	1.000
湿地松	蓄积量	1.000		
	树高	0.736	1.000	
	胸径	0.635	0.793	1.000
尾叶桉	蓄积量	1.000		
	树高	0.915	1.000	
	胸径	0.888	0.893	1.000

(2)林木胸径与林木产量

张连翔等(2001)基于 Logistic 模型推导了林木胸径与林木产量的关系(D-V 关系),证明了两者的正相关关系。模型具体如下:

$$V = \frac{V_{max}}{a\left(\frac{D_{max}}{D} - 1\right)^{b} + 1}$$

式中,V 为林木产量;D 为胸径;V_{max} 为环境条件允许的最大材积;D_{max} 为环境条件允许的最大胸径;a、b 为待定参数。

(3)林分年龄与林分蓄积量

洪滔等(2008)在对福建省阔叶林林分年龄与林分蓄积量关系的分析表明,样地中林龄在 1 ~ 30 时,蓄积量为 0 ~84.99m^3;林龄在 31 ~ 50 时,蓄积量为 85 ~254.99m^3;林龄在 51 ~ 60 时,蓄积量为 85 ~339.99m^3;林龄在 71 ~ 80 时,蓄积量为 255 ~ 339.99m^3;林龄在 81 ~ 90 时,蓄积量为 170 ~ 254.99m^3。即林分蓄积量随林分年龄的增长呈现出增加的趋势。

3.5.3.5 绿地转换系数确定

绿化覆盖率、人均公共绿地面积等指标难以体现城市绿化的空间结构及其生态功能,随着生态城市理论的提出,我国 20 世纪 80 年代后期在上海市和北京市率先开展园林植物生态功能和结构的量化研究,并在此基础上提出一个新的绿化评估概念三维绿量。

三维绿量(Living Vegetation Volume,LVV)是指所有生长植物的茎叶所占据的空间体积。它通过对茎叶体积的计算,来揭示植物绿色三维体积(或者叶面积指数)与植物生态功能水平的相关性,进而来说明植物体本身、植物群落乃至城市森林的生态功能和环境效益。三维绿量的概念针对城市绿地不同结构和不同植物组成,更好地展现了城市绿地为城市提供优良生态环境,包括吸碳释氧、净化空气、调节小气候等主要生态功能。

但由于 LVV 数据现阶段无法直接通过采样获取,研究者综合比对了各类可获取并能够有效反映植物生态功能水平的指标,确定叶面积指数(Leaf Area Index,LAI)作为计算 LVV 指标的关联指标。LAI 是指单位土地面积上单面植物光合作用面积的总和,是用以反映植物生态功能的一个量化指标,是城市绿地三维绿量 LVV 的核心体现。LAI 作为叶覆盖量的无量纲度量,受植物大小、年龄、生长状况和其他因子的影响。经过多年的系统研究,发现 LAI 和一定范围的光合作用、蒸腾作用、蒸散、水分利用及树木生产力等密切相关(王希群等,2005),并可以通过 Hermiview 林地冠层数字分析系统获得数值参数。

许多学者开展了基于叶面积指数反演城市三维绿量的有关研究,根据吴桂萍(2007)的研究结论。LVV 的大小取决于植物总叶面积大小,植物的三维绿量的计算式可以表征为

$$LVV = LAI \times 样地面积$$

李露等(2015)对武汉市不同类型城市绿地的绿量进行了研究。研究结果表明城市公园绿地、防护绿地、社区绿地和其他绿地的 LAI 平均值分别为 1.926、1.941、1.276 和 2.408。

根据表 3-21,乔木及大灌木的平均有效 LAI 为 2.04,绿篱和草本的平均有效 LAI 为 1.40。大鹏半岛森林覆盖率为 77.79%,城市绿地绿化覆盖率为 70.99%。根据吴桂萍(2007)提供的三维绿量的计算式可计算得

$$绿地转换系数=\frac{单位面积绿地绿量}{单位面积林地绿量}=\frac{1.40\times 70.99\%}{2.04\times 77.79\%}=0.626$$

表 3-21 植物有效 LAI 平均值

植被类型	植物种	有效 LAI
乔木/大灌木	樟树	2.538
	水杉	1.511
	紫叶李	1.849
	广玉兰	1.521
	雪松	2.210
	紫荆	2.112
	垂柳	2.239
	桂花	2.365
绿篱	黄杨	1.724
	含笑	1.490
	海桐	1.545
	杜鹃	1.293
	红叶石楠	1.733
草本	吉祥草	1.040
	麦冬	1.164
	芒草	1.211

资料来源:郭燕妮,2009。

3.6 自然资源资产负债表相关概念

SNA 对资产负债表的定义为:资产负债表是在某一特定时点编制的、记录一个机构单位或一组机构单位所拥有的资产价值和承担的负债价值的报表。资产负债表可以针对机构单位编制,也可以针对机构部门或经济总体编制,还可以针对非常住单位编制类似的账户,以反映其所持有的来自该经济总体的资产和负债存量,以及常住单位所持有的国外资产和负债存量。

自然资源资产作为 SNA 中的一项重要指标,其负债表必须符合 SNA 对资产负债表的定义要求。

(1)自然资源资产负债表的内涵与外延

自然资源资产负债表旨在提供相关、可靠、明晰的关于自然资源存量和流量的信息,反映自然资源的占有、使用、价值补偿等情况,从而为自然资源的科学管理提供决策有用信息。因此,自然资源资产负债表的完整编制是一个复杂的过程,涉及财政、统计、环保等诸多部门的联动(孙志梅等,2016)。

从内涵方面看,自然资源资产负债表反映自然资源资产管理者在某一特定时刻所管辖的自然资源资产全部资产、负债和净资产(权益)情况,表明其在某一特定时刻所控制的自然资源、所获取的资金投入和对资产的拥有权情况，是揭示自然资源资产管理者管辖的自然资源资产状况的静态报表。

从外延角度看，自然资源资产负债表是通过统计自然资源数量和核查自然资源资产质量后，形成自然资源资产实物量表和质量表，再通过自然资源资产核算形成自然资源资产价值表。最终由自然资源资产价值表账户和负债表账户合并形成自然资源资产负债表。因此自然资源资产负债表是一组表格体系，包括自然资源资产实物量表、自然资源资产质量表、自然资源资产价值表和自然资源资产负债表。

自然资源资产负债表涉及自然资源的所有者、管理者和使用者。从性质来看，自然资源一般是全民所有，由政府自然资源资产管理部门或相关企业来进行管理，这样就在资源的所有者与管理者之间就形成了一种委托代理的关系，自然资源的管理情况就需要通过某种形式来进行呈报。因此从管理角度而言，自然资源资产负债表也可以理解为自然资源的管理者向所有者提交的一份关于自然资源使用情况的报告。

(2) 自然资源资产负债表相关名词注释

1) 有形资产，指自然资源实物资产，包括自然资源资产生态产品价值、已销售的自然资源资产产品价值。

2) 无形资产，指自然资源的生态系统服务价值。生态系统服务价值不具有累计性，往往是当期产生当期耗用，无法转为下期的资产。

3) 递延资产，指由于自然资源资产维护、修复工程，在资金投入的当期往往无法体现生态价值，需要将其按一定时限进行摊销，这样所形成的待摊销资产，称为递延资产。

4) 自然资源资产损益，指由于自然资源资产管理单位对自然资源资产管理而形成的自然资源资产增值或减值。

5) 钩稽关系，指资产负债表中各指标参数之间平衡关系。

（本章编写人员：张原、韩振超、葛萍）

第4章

大鹏半岛自然资源现状

4.1 林地资源

大鹏半岛林业用地面积为21 880.3hm²,约占全区总面积的76%,林地所有权、林地使用权、林木所有权、林木使用权均为国家所有;非林业用地面积为7209.7hm²,约占全区总面积的24.8%。大鹏半岛林业用地中,有林地面积为20 128.5hm²,约占全区总面积比例为69.2%;灌木林地面积为1636.1hm²,所占比例约为5.6%;无林地面积为83.3hm²,所占比例约为0.3%。大鹏半岛有林地面积占林业用地面积比例达92.0%左右,其林业用地皆为有林地。其中南澳街道的林业用地面积最大,为9604.5hm²,所占比例约为43.9%;大鹏街道的林业用地面积最小,为5003.3hm²,所占比例约为22.9%。大鹏半岛森林覆盖率为77.79%,林木绿化率为84.38%(表4-1,表4-2)。大鹏半岛林地资源中木本果林面积为4216.8hm²,约占乔木林的21%,主要品种为荔枝和龙眼。

表4-1 大鹏半岛林业用地按地类统计一览表 单位:hm²

统计单位	总面积	林业用地				疏林地	非林地
		有林地	灌木林地	无林地	小计		
葵涌街道	9 940.0	7 162.5	110.0	0	7 272.5	0	2 667.5
大鹏街道	7 650.0	4 257.5	662.5	83.3	5 003.3	0	2 646.7
南澳街道	11 500.0	8 708.5	863.6	0	9 604.5	32.4	1 895.5
合计	29 090.0	20 128.5	1 636.1	83.3	21 880.3	32.4	7 209.7

表4-2 森林覆盖率、林木绿化率统计表

统计单位	有林地/hm²	疏林地/hm²	灌木林地/hm²	四旁树/hm²	森林覆盖率/%	林木绿化率/%
大鹏半岛	20 128.5	32.4	1 636.1	1 635.3	77.79	84.38

4.1.1 林分起源

大鹏半岛地处热带—亚热带的过渡地区,其地带性代表植被类型为常绿季雨林,群落类型多样,具有较明显的热带性,是自然植被的原生顶级类型。现有林分以次生植被为主,约占林业用地的63%,但是由于区内生产、生活活动的干扰,一些林分已变成残次林,经过最近十几年的林相改造,人工林已经占到36%左右(表4-3)。人工林群落主要有:荔枝林群落、柑橘林群落、木麻黄群落、桉树林+相思林群落、木荷+藜蒴+红锥+山杜英+厚壳树混交群落。人工林主要分布于海拔为10～300(400)m的缓坡上。

表4-3 乔木林起源面积统计表

统计单位	总面积/hm²	天然		人工		飞播	
		面积/hm²	比例/%	面积/hm²	比例/%	面积/hm²	比例/%
葵涌街道	7 161.5	4 550.5	22.61	2 611.0	12.97	0	0
大鹏街道	4 257.5	2 459.1	12.22	1 798.4	8.94	0	0
南澳街道	8 705.8	5 655.8	28.11	2 847.6	14.15	202.4	1.0
合计	20 124.8	12 665.4	62.94	7 257.0	36.06	7 257.0	1.0

4.1.2 林种构成

大鹏半岛生态公益林(地)面积17 158.3hm²,所占比例约为78.4%;商品林(地)面积4671.4hm²,所占比例约为21.6%。在生态公益林(地)中,以防护林为主,面积为15 434.9hm²,占林地面积比例约为70.5%;特种用途林为1723.4hm²,占林地面积比例约为7.9%;在商品林中用材林、经济林面积分别为3333.0hm²和1338.4hm²,占林地面积比例分别约为15.2%和6.1%(表4-4)。

表4-4 大鹏半岛林种构成统计一览表 单位:hm²

统计单位	生态公益林(地)			商品林(地)		
	特种用途林	防护林	小计	用材林	经济林	小计
葵涌街道	127.2	5 432.4	5 559.6	1 093.7	619.1	1 712.8
大鹏街道	1 188.2	2 630.8	3 819.0	1 045.3	139.0	1 184.3
南澳街道	408.0	7 371.7	7 779.7	1 194.0	580.3	1 774.3
合计	1 723.4	15 434.9	17 158.3	3 333.0	1 338.4	4 671.4

4.1.3 优势树种

大鹏半岛全区乔木林面积有20 124.8hm²,按优势树种分:针叶林面积有312.7hm²,所占比例约为1.6%;阔叶纯林面积有12 305.4hm²,所占比例约为61.1%(其中桉树林面积有468.2hm²,速生相思林面积有643.2hm²,其他阔叶林面积有11 194.0hm²),针阔混交林面积有807.4hm²,所占比例约为4.0%;阔叶混交林面积有2482.5hm²,所占比例约为12.3%;木本果林面积有4216.8hm²,所占比例约为21.0%(表4-5)。

表 4-5　乔木林面积按优势树种(组)统计表　　单位:hm^2

统计单位	合计	优势树种(组)							
		针叶林	阔叶纯林				针阔混交林	阔叶混交林	木本果林
			小计	桉树	速生相思	其他阔叶林			
葵涌街道	7 161.5	39.3	3 258.1	322.9	43.8	2 891.4	139.6	1 998.8	1 725.7
大鹏街道	4 257.5	11.6	3 533.6	92.2	479.1	2 962.3	8.6	205.0	498.7
南澳街道	8 705.8	261.8	5 513.7	53.1	120.3	5 340.3	659.2	278.7	1 992.4
合计	20 124.8	312.7	12 305.4	468.2	643.2	11 194.0	807.4	2 482.5	4 216.8

大鹏半岛有记录的维管束植物有 212 科、846 属、1657 种,分别约占广东省维管束植物总数的 73.4%、41.8%、22.3%。优势种主要集中于榕树、香蒲桃、假苹婆和木荷等。香蒲桃群落分布在西涌海边的风水林中,香蒲桃高度一般为 10m,胸径为 7cm,最粗可达 45cm,郁闭度为 85%。

4.1.4　龄组结构

大鹏半岛全区有幼龄林面积 7527.4hm^2,所占比例约为 37.4%;中龄林面积为 9446.3hm^2,所占比例约为 47.0%;近熟林面积为 1735.5hm^2,所占比例约为 8.6%;成熟林面积为 1335.6hm^2,所占比例约为 6.6%;过熟林面积为 61.7hm^2,所占比例约为 0.4%(表 4-6)。统计显示,半岛全区范围内林分龄组结构呈现为幼龄林比例较大,表明林分的龄组结构不够合理,应加强对森林的封育和抚育。

表 4-6　乔木林按龄组统计表　　单位:hm^2

统计单位	合计	乔木林(非经济林)					乔木经济林
		幼龄林	中龄林	近熟林	成熟林	过熟林	
葵涌街道	7 161.5	4 343.7	659.4	197.1	190.6	45.0	1 725.7
大鹏街道	4 257.5	418.3	471.0	735.3	1 979.7	154.5	498.7
南澳街道	8 705.0	2 004.8	3 455.3	491.4	555.5	205.3	1 993.5
合计	18 972	7 495.6	8 431.49	1 684.69	1 296.44	63.79	4 217.9

4.1.5　生态等级

大鹏半岛林业用地中,生态功能等级Ⅰ级的面积有 1440.7hm^2,所占比例约为 6.58%;生态功能等级Ⅱ级的面积有 15 365.3hm^2,所占比例约为 70.22%;生态功能等级Ⅲ级的面积有 4958.6hm^2,所占比例约为 22.66%;生态功能等级Ⅳ级的面积有 115.7hm^2,所占比例约为

0.54%。统计表明大鹏半岛森林生态功能总体水平较高，生态功能等级Ⅰ级、Ⅱ级面积之和占林业用地总面积的76.8%。生态功能等级Ⅰ级的森林主要分布在南澳街道（表4-7）。

表4-7　大鹏半岛林业规划森林生态功能等级分析表

生态功能等级	分布区域	面积/hm^2	比例/%
Ⅰ	葵涌街道	37.7	0.17
	大鹏街道	448.7	2.05
	南澳街道	954.3	4.36
	小计	1 440.7	6.58
Ⅱ	葵涌街道	6 268.4	28.65
	大鹏街道	2 998.3	13.70
	南澳街道	6 098.6	27.87
	小计	15 365.3	70.22
Ⅲ	葵涌街道	966.4	4.42
	大鹏街道	1 473.0	6.73
	南澳街道	2 519.2	11.51
	小计	4 958.6	22.66
Ⅳ	葵涌街道	0	0
	大鹏街道	83.3	0.38
	南澳街道	32.4	0.16
	小计	115.7	0.54
合计	—	21 880.3	100

4.1.6　常见物种

大鹏半岛常见植物有大头茶（*Gordonia axillaris*）、山乌桕（*Sapium discolor*）、银柴（*Aporosa dioica*）、豺皮樟（*Litsea rotundifolia*）、浙江润楠（*Machilus chekiangensis*）、短序润楠（*Machilus breviflora*）、潺槁木姜子（*Litsea glutinosa*）、锥（*Castanopsis chinensis*）、柯（*Lithocarpus glaber*）、岭南青冈（*Cyclobalanopsis championii*）、栀子（*Gardenia jasminoides*）、水团花（*Adina pilulifera*）、假黄皮（*Clausena excavata*）、狗骨柴（*Diplospora dubia*）、九节（*Psychotria rubra*）、秤星树（原变种）（*Ilex asprella*）、毛冬青（*Ilex pubescens*）、桃金娘（*Rhodomyrtus tomentosa*）等。

其中大头茶、浙江润楠、短序润楠、潺槁木姜子以及锥、柯、岭南青冈等为成才材乔木，其余树种均为不成材小乔木或灌木。从木材分类角度，主要分为樟木、楠木和榉木三类。

4.2　城市绿地资源

城市绿地是指用以栽植树木花草和布置配套设施，基本上由绿色植物所覆盖，并赋以一定的功能与用途的场地。主要有以下几种类别：①公园绿地，指城市中向公众开放的、以游憩为主要功能，有一定的游憩设施和服务设施，同时兼有健全生态、美化景观、防灾减灾等综合作用的绿化用地。②防护绿地，指城市中具有卫生、隔离和安全防护功能的绿化用地。③社区绿地，指为一定居住用地范围内的居民服务，具有一定活动内容和设施的集中绿地。

根据数据采集的结果，2017 年大鹏半岛城市绿地面积约为 2280. 3hm^2，其中林地面积约为 2077. 8hm^2，草地面积约为 202. 5hm^2，绿化覆盖率达 84. 29%。2016 年大鹏半岛各街道的城市绿地分布情况如表 4-8 所示。

表 4-8　2016 年大鹏半岛各街道城市绿地面积统计　　单位：hm^2

街道	公园绿地	生产绿地	防护绿地	附属绿地
大鹏街道	286. 8575	66. 2027	8. 6061	557. 6661
葵涌街道	37. 6198	41. 4591	26. 3125	501. 2023
南澳街道	53. 7886	73. 4737	15. 0017	252. 3142
合计	378. 2659	181. 1355	49. 9203	1 311. 1826

4.3　湿地资源

湿地资源主要指天然或人工形成的沼泽地等有静止或流动水体的成片浅水区，包括在低潮时水深不超过 6m 的水域。

大鹏半岛三面环海，由于河海相互作用，咸淡水混合，并有潮汐作用，还有丰富的细物质沉积，为湿地的发育提供了良好的地貌与物质环境。因此，大鹏半岛的湿地资源主要以河口红树林湿地为主，分布大鹏半岛沿岸的红树林群落共有 3 处，分别位于葵涌街道坝光盐灶村、南澳街道杨梅坑鹿咀和南澳街道东涌村（图 4-1 ~ 图 4-3）。此外沙缸吓、田寮下和横坑海边也零散分布了一些红树林群落。根据大鹏半岛城管局提供的最新数据，目前大鹏半岛湿地面积为 8. 09hm^2。

图 4-1　盐灶白骨壤+秋茄群落东涌村红树林群落

图 4-2　银叶树群落桐花树+秋茄群落

(a) 盐灶红树林

(b) 鹿咀红树林

(c) 东浦红树林

图 4-3　盐灶、东涌、鹿咀等地红树林

4.4 饮用水资源

饮用水资源是指饮用水源保护区内的所有水库蓄水。2017 年,大鹏半岛共监测 4 个一级饮用水源水库,其中径心水库、打马坜水库和罗屋田水库是一级饮用水源;香车水库于 2017 年 9 月由备用水源变更为一级饮用水源。4 个饮用水源水库所有水质监测项目年均值均达标,水质达标率为 100%,水库水质为优。

从监测数据可以看出(表 4-9,表 4-10),2017 年径心水库、打马坜水库、罗屋田水库和香车水库水质均达到地表水Ⅰ类标准,香车水库和径心水库营养状态为贫营养,另外 2 个水库营养状态等级均保持中营养状态。

表 4-9　2017 年大鹏半岛主要水库水质监测结果统计

水库	水温/℃	pH	溶解氧/(mg/L)	总氮/(mg/L)	氨氮/(mg/L)	总磷/(mg/L)	COD/(mg/L)	BOD_5/(mg/L)
径心水库	26.1	7.32	9.06	0.19	0.02	0.027	1.37	1.64
罗屋田水库	25.9	7.32	8.32	0.12	0.01	0.012	1.25	1.89
打马坜水库	27.8	7.4	8.12	0.25	0.02	0.008	1.49	1.83
香车水库	27.4	7.32	9.02	0.21	0.02	0.01	1.13	1

表 4-10　大鹏主要饮用水源基本情况

水库	年份	水质状况	营养状态指数	营养状态等级
径心水库	2016	Ⅱ类	0.086	31.4
	2017	Ⅰ类	0.079	22.91
打马坜水库	2016	Ⅱ类	0.092	33.0
	2017	Ⅰ类	0.099	37.58
罗屋田水库	2016	Ⅱ类	0.097	—
	2017	Ⅱ类	0.096	36.3
香车水库	2016	Ⅱ类	0.092	37.3
	2017	Ⅰ类	0.086	21.93

4.5 景观水资源

景观水资源是指高分辨率遥感影像能够分辨的天然形成或人工开挖的河流及干渠和坑塘中的水资源。大鹏半岛大鹏湾水系有 30 条河流、大亚湾水系有 34 条河流,其中主要河流有 13 条,河道全长 35.8km,流域面积 169.07km^2。其中王母河发源于衾水岭,流经王母、布新、水头 3 个社区,在水头龙岐湾出海,河道全长 9.19km,流域面积 16.3km^2;葵涌河流域面积 47.73km^2,河道全长 3.8km;东涌河位于南澳东涌社区,发源于七娘山,属大亚湾水系,流域面积 15.24km^2,河道全长 5.66km。

2012 年 11 月前,大鹏半岛仅在王母河河口设有一个常规监测点位,且监测频次为单月监测。从2012年11月起,增加葵涌河、东涌河两条河流监测(表4-11,表4-12)。

表4-11 2017年大鹏半岛主要河流平均综合污染指数

河流	水质	平均综合污染指数			
		2017年	2016年	2015年	较2016年变化率/%
葵涌河	劣Ⅴ类	0.157	0.125	0.294	26.1
王母河	Ⅳ类	0.151	0.165	0.166	-8.5
东涌河	Ⅱ类	0.040	0.036	0.054	11.6

表4-12 2017年大鹏半岛主要河流水质监测结果统计

监测指标	葵涌河	王母河	东涌河	GB 3838—2002 Ⅴ类标准(≤)
	虎地排桥断面	河口断面	河口断面	
水温/℃	24.8	25.7	23.8	—
pH值	7.5	6.94	7.47	—
溶解氧/(mg/L)	6.20	6.87	8.26	≥2
COD/(mg/L)	11.87	22.66	7.57	40
BOD_5/(mg/L)	2.4	4.12	1.67	10
氨氮/(mg/L)	2.51	0.52	0.08	2.0
总磷/(mg/L)	0.22	0.27	0.03	0.4
总氮/(mg/L)	3.19	5.27	0.24	—

4.6 沙滩资源

大鹏半岛海岸形态以海湾为主,滨海岸线有开发旅游大小沙滩以及未开发沙滩共计54处,总沙滩面积达793 654m^2(表4-13)。

表4-13 大鹏半岛沙滩基本情况表

序号	名称	街道	固定管理人数/人	管理经费/万元	长度/m	宽度/m	面积/m^2	沙质占比/%	透明度/m
1	KC1沙滩	葵涌	0	—	655	60	20 736	71.78	3.2
2	KC2沙滩	葵涌	0	—	85	30	2 122	37.6	3.2
3	溪涌工人度假村沙滩	葵涌	30	—	470	32	20 045	99.13	3.2
4	万科十七英里沙滩	葵涌	—	—	70	27	1 174	10.63	3.2
5	玫瑰海岸沙滩	葵涌	87	—	960	60	40 283	75.72	3.2
6	黄关梅沙滩	葵涌	3	9.26	350	35	6 740	—	3.2
7	下洞沙滩	葵涌	3	9.28	350	30	13 793	—	3.2
8	水产沙滩	葵涌	3	4.4	200	50	2 901	—	4.2

续表

序号	名称	街道	固定管理人数/人	管理经费/万元	长度/m	宽度/m	面积/m²	沙质占比/%	透明度/m
9	沙鱼涌沙滩	葵涌	10	13.27	290	30	7 588	58.24	4.2
10	湖湾沙滩	葵涌		28.08	1307	30	40 074	94.03	4.2
11	KC4 沙滩	葵涌	—	—	90	30	2 378	43.23	4.2
12	KC5 沙滩	葵涌	—	—	60	30	1 279	42.66	4.2
13	大湾沙滩	葵涌	10	—	160	30	3 807	54.16	4.2
14	迭福沙滩	大鹏	3	10.79	350	35	13 352	77.58	4.2
15	DP1 沙滩	大鹏		—	250	35	6 888	83.78	3.0
16	下沙沙滩	大鹏	0	39.31	2 220	40	82 026	22.61	3.0
17	山海湾沙滩	大鹏	0	—	230	30	2 053	65.57	3.0
18	大澳湾沙滩	大鹏	0	—	230	26	6 271	40.38	3.0
19	云海山庄沙滩	大鹏	5	—	110	23	1 981	2.37	3.0
20	南澳大酒店沙滩	南澳	2	—	600	35	14 879	60.42	3.9
21	海贝湾沙滩	南澳	2	—	176	30	3 842	93.86	3.9
22	巴厘岛沙滩	南澳	1	1.37	70	20	1 351	26.03	3.9
23	下企沙滩	南澳	1	—	120	20	1 830	46.39	3.9
24	畲吓沙滩	南澳	1	—	70	15	814	—	3.9
25	望鱼角沙滩	南澳	1	—	170	35	3 730	—	3.9
26	半天云度假村沙滩	南澳	1	—	57	14	435	—	3.9
27	洋畴湾沙滩	南澳	1	10.25	430	30	12 663	—	3.9
28	洋畴角沙滩	南澳	1		180	18	4 959	—	3.9
29	公湾沙滩	南澳	2	—	120	40	4 075	56.52	3.9
30	吉坳湾沙滩	南澳	1	3.7	180	40	6 308	26.16	3.9
31	鹅公湾沙滩	南澳	2	—	265	35	5 668	28.03	1.6
32	柚柑湾沙滩	南澳	1	4.38	140	40	4 218	—	1.6
33	大鹿湾海河沙滩	南澳	—	1.79	70	24	1 390	—	1.6
34	大鹿湾沙滩	南澳	—		180	24	4 397	—	1.6
35	西涌沙滩	南澳	5	—	3 200	80	204 866	69.98	4.0
36	沙湾仔沙滩	南澳	1	—	70	26	1 646	—	3.5
37	东涌沙滩	南澳	4	—	680	75	44 319	68.49	3.5
38	大水坑沙滩	南澳	3	7.33	65	20	1 544	—	2.7
39	鹿咀沙滩	南澳	2	—	140	30	7 017	92.81	1.9
40	马湾沙滩	南澳	3	—	80	22	1 009	99.48	1.6
41	杨梅坑沙滩	南澳	1	21.47	820	35	33 973	76.85	2.3

续表

序号	名称	街道	固定管理人数/人	管理经费/万元	长度/m	宽度/m	面积/m²	沙质占比/%	透明度/m
42	桔钓沙沙滩	南澳	2	—	500	40	16 645	99.75	2.3
43	NA1 沙滩	南澳	—	—	60	50	1 637	—	2.3
44	NA2 沙滩	南澳	—	—	86	20	1 799	—	2.3
45	冬瓜湾沙滩	南澳	3	3.38	150	20	4 410	40.79	2.3
46	黄泥湾沙滩	南澳	3	—	90	25	1 706	—	2.6
47	金水湾沙滩(包含较场尾)	大鹏	21	70.75	3 440	30	74 330	58.01	3.8
48	DP2 沙滩	大鹏	—	—	550	15	8 669	94.7	3.8
49	大塘角沙滩	大鹏	0	9.43	210	20	5 250	—	3.8
50	DP3 沙滩	大鹏	—	—	450	38	11 153	61.63	3.8
51	DP4 沙滩	大鹏	—	—	90	38	3 306	—	3.8
52	DP5 沙滩	大鹏	—	—	290	18	3 914	—	3.8
53	DP6 沙滩	大鹏	—	—	710	32	18 884	—	1.8
54	DP7 沙滩大网前	大鹏	3	6.17	125	18	4 428	67.52	1.2

主要已开发或半开发的沙滩包括溪涌、沙鱼涌、东冲、西冲、杨梅坑等多处沙滩(表4-14),面积共433 100m²。其中大部分沙滩的水质、沙质情况较好,如东冲、西冲。也有个别沙滩,如沙鱼涌,则因为周边居民较多等原因,导致其沙滩的水质、沙质情况较差。

表4-14　主要沙滩详细情况表

名称	管理社区	管理人数/人	管理经费/万元	长度/m	宽度/m	面积/m²	沙质占比/%	透明度/m
溪涌工人度假村沙滩	溪涌工人度假村	30	—	470	32	20 045	99.13	3.2
玫瑰海岸沙滩	玫瑰海岸投资发展有限公司	87	—	960	60	40 283	75.72	3.2
沙鱼涌沙滩	官湖社区	10	13.27	290	30	7 588	58.24	4.2
下沙沙滩	碧海湾海上运动俱乐部有限公司	0	39.31	2 220	40	82 026	22.61	3.0
西涌沙滩	西涌股份公司	5	—	3 200	80	204 866	69.98	4.0
东涌沙滩	东涌股份公司	4	—	680	75	44 319	68.49	3.5
杨梅坑沙滩	水务集团	1	21.47	820	35	33 973	76.85	2.3

大鹏半岛辖区内沙滩众多,大小无证沙滩多处(图4-4),这些沙滩面积共计约107 972m²(表4-15)。每个无证沙滩的面积和沙滩长度也不尽相同,大概可分为淤泥质、沙质和砾石类海滩,开发的价值有大有小,有的适合开发为旅游沙滩,为当地人民休闲娱乐提供场所,也为旅游者提供必要的旅游需求;有的海滩不适合作为旅游沙滩来开发,这样的海滩应加以保

护，以生态为主建设生态岸线，即增加沿岸的绿化面积，也保护了海岸生态的多样性；还有一种沙滩，沙滩达到旅游的要求，但是沿岸植被茂密，生态相对脆弱，这样的海滩建议以生态保护为主，避免开发。

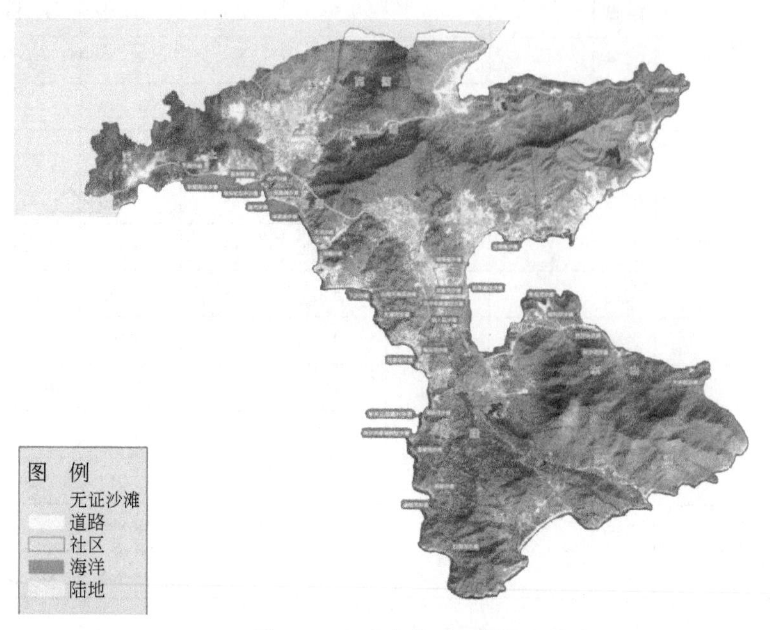

图 4-4　大鹏半岛无证沙滩的分布

表 4-15　大鹏半岛无证沙滩情况

辖区名称	沙滩名称	负责管理社区	固定管理人数/人	长度/m	面积/m^2	沙质占比/%	透明度/m
葵涌	KC1 沙滩	溪涌社区	0	655	20 736	71.78	3.2
	KC2 沙滩	溪涌社区	0	85	2 122	37.6	3.2
	万科十七英里沙滩	深圳万科房地产	—	70	1 174	10.63	3.2
	黄关梅沙滩	土洋社区	3	350	6 740	—	3.2
	下洞沙滩	土洋社区	3	350	13 793	—	3.2
	水产沙滩	土洋社区	3	200	2 901	—	4.2
	湖湾沙滩	官湖社区	10	1 307	40 074	94.03	4.2
	KC4 沙滩	官湖社区	—	90	2 378	43.23	4.2
	KC5 沙滩	官湖社区	—	60	1 279	42.66	4.2
	大湾沙滩	深圳市海阔置业投资有限公司（一舍酒店）	10	160	3 807	54.16	4.2
	乌泥冲沙滩	官湖社区	10（与官湖社区共用）	—	20 723.5	—	—
	东纵纪念亭沙滩	土洋社区	3	—	1 958.44	—	—

续表

辖区名称	沙滩名称	负责管理社区	固定管理人数/人	长度/m	面积/m^2	沙质占比/%	透明度/m
大鹏	迭福沙滩	王母社区	3	350	13 352	77.58	4.2
	DP1 沙滩	下沙社区		250	6 888	83.78	3.0
	山海湾沙滩	深圳市地方税务局	0	230	2 053	65.57	3.0
	大澳湾沙滩	南方联合大酒店	0	230	6 271	40.38	3.0
	云海山庄沙滩	深圳市云海山庄酒店管理有限公司	5	110	1 981	2.37	3.0
	金水湾沙滩(含较场尾)	共青团教育基地	21	3 440	74 330	58.01	3.8
	DP2 沙滩	鹏城社区	—	550	8 669	94.7	3.8
	大塘角沙滩	深圳市农科集团有限公司	0	210	5 250	—	3.8
	DP3 沙滩	广东核电	—	450	11 153	61.63	3.8
	DP4 沙滩	广东核电	—	90	3 306	—	3.8
	DP5 沙滩	广东核电	—	290	3 914	—	3.8
	DP6 沙滩	广东核电	—	710	18 884	—	1.8
	DP7 沙滩大网前	广东核电	3	125	4 428	67.52	1.2
	仙人石沙滩	水头社区	2	—	3 977.4	—	—
南澳	南澳大酒店沙滩	南澳大酒店	2	600	14 879	60.42	3.9
	海贝湾沙滩	深圳市海贝湾酒店管理有限公司	2	176	3 842	93.86	3.9
	巴厘岛沙滩	南澳巴厘岛酒店	1	70	1 351	26.03	3.9
	下企沙滩	南渔社区	1	120	1 830	46.39	3.9
	畲吓沙滩	南渔社区	1	70	814	—	3.9
	望鱼角沙滩	南渔社区	1	170	3 730	—	3.9
	半天云度假村沙滩	半天云度假村	1	57	435	—	3.9
	洋畴湾沙滩	南隆社区	1	430	12 663	—	3.9
	洋畴角沙滩	南隆社区	1	180	4 959	—	3.9
	公湾沙滩	世纪海景实业发展有限公司	2	120	4 075	56.52	3.9
	吉坳湾沙滩	南隆社区	1	180	6 308	26.16	3.9
	鹅公湾沙滩	旭联海洋生物养殖有限公司	2	265	5 668	28.03	1.6
	柚柑湾沙滩	南隆股份合作公司柚柑湾度假村	1	140	4 218	—	1.6
	大鹿湾海河沙滩	西涌社区	—	70	1 390	—	1.6
	大鹿湾沙滩	西涌社区	—	180	4 397	—	1.6

续表

辖区名称	沙滩名称	负责管理社区	固定管理人数/人	长度/m	面积/m²	沙质占比/%	透明度/m
南澳	沙湾仔沙滩	东涌社区	1	70	1 646	—	3.5
	大水坑沙滩	东山股份公司	3	65	1 544	—	2.7
	鹿咀沙滩	鹿嘴山庄	2	140	7 017	92.81	1.9
	马湾沙滩	东山社区	3	80	1 009	99.48	1.6
	桔钓沙沙滩	宝能酒店投资有限公司	2	500	16 645	99.75	2.3
	NA1 沙滩	东山社区	—	60	1 637	—	2.3
	NA2 沙滩	东山社区	—	86	1 799	—	2.3
	冬瓜湾沙滩	东山社区	3	150	4 410	40.79	2.3
	黄泥湾沙滩	东山社区	3	90	1 706	—	2.6

4.7 近岸海域资源

大鹏半岛海域面积有 305km²,海岸线长为 133.46km。其中主要有 6 大功能区:白沙湾—长湾二类功能区、东村—望鱼角二类功能区、和盆仔湾口—秤头角二类功能区,以养殖、旅游功能为主;长湾—东村三类功能区、望鱼角—盆仔湾口三类功能区、秤头角—泥壁角三类功能区,以工业用水功能为主(表 4-16)。

表 4-16 大鹏半岛近岸海域环境功能区划表

序号	功能区名称	范围	平均宽度/km	长度/km	主要功能	水质目标
1	白沙湾—长湾二类功能区	白沙湾至长湾	1	18.8	水产养殖、滨海风景旅游	二
2	长湾—东村三类功能区	长湾至东村	1.5	11.2	一般工业用水、核电站用水、滨海风景旅游	三
3	东村—望鱼角二类功能区	东村至望鱼角	3	60.2	水产养殖、海水浴场、海上运动或娱乐	二
4	望鱼角—盆仔湾口三类功能区	望鱼角至盆仔湾口	2	2.7	一般工业用水、滨海风景旅游	三
5	盆仔湾口—秤头角二类功能区	盆仔湾口至秤头角	2	8.1	水产养殖、海水浴场、海上运动或娱乐	二
6	秤头角—泥壁角三类功能区	秤头角至泥壁角	1	12.8	一般工业用水、滨海风景旅游	三

4.7.1 近岸海域特征

大鹏半岛近岸海域海洋生物资源丰富,是南海多种珍贵鱼类的种质资源库,还在周边海域有多种珊瑚分布,具有较高的生态价值和旅游观光价值。

海洋生物种类繁多,主要为鱼类、虾类、蟹类、贝类及藻类。主要海生经济鱼类约三四十种。其中数量较多或者价值较高的有:鳀鱼、蛇鲹、中华青鳞、金色小沙丁、金线鱼、大眼鲷、带鱼、二长棘鲷、黄鳍鲷、褐蓝子鱼、鲐鱼、尖吻鲈、梭鲻、乌头鲻、海鲶、吞鳎、云鲥、狼虾虎鱼、海鳗、马鲛、鲈鱼和鲱鲤等。

大鹏半岛周边海域有多种珊瑚分布,包括蜂巢珊瑚、角巢珊瑚、扁脑珊瑚、陀螺珊瑚、十字牡丹珊瑚、滨珊瑚等30多个品种,全部属于国家二级重点保护动物,并被列入世界《濒危野生动植物种国际贸易公约》(CITES公约)附录。并有为数不多的软珊瑚以及海葵等分布。目前在深圳东部海域已探明有四大珊瑚群(表4-17)。

表4-17　深圳东部海域四大珊瑚群

名称	地点	特点
大澳湾硬珊瑚区	深圳大鹏镇金沙湾旅游区大澳湾海域	水深为6~12m,离香港东坪洲海洋保护区为1000m左右,是大鹏湾主要的鱼类、甲壳类繁殖区
南澳大鹿港礁石区	深圳南澳镇大鹏湾	沿岸一带水深为12~15m,海底礁石密布,有各色成片分布的鸡冠珊瑚和海葵,但水流急,能见度较差,是主要的洄游鱼生活区
东冲—西冲礁石区	深圳南澳镇东冲村、西冲村	海底为礁石区,水深为6~20m,软珊瑚成片分布在海底礁石上,是主要的洄游鱼生活区
杨梅坑礁石区	深圳南澳镇杨梅坑	海底为沙石底,分布有大量的石珊瑚,水深为6~10m,是鲷科鱼类的繁殖和生活区

4.7.2　海底地貌概况

大鹏半岛海域海底地貌主要有水下浅滩、水下岩礁和珊瑚岩礁三大类。

(1)水下浅滩

水下浅滩是大鹏半岛周围主要的海底地貌,滩面宽阔平坦,由湾顶向湾口略有倾斜,由泥质粉砂和粉砂质泥质组成,沉积厚度为20~30m,海底沉积物颗粒较细,分选性好,沉积环境较为稳定。

(2)水下岩礁

水下岩礁主要分布在大鹏湾南、北两侧,呈片状沿岸分布。岩礁面高低不平,局部尚有岩块堆积,是基岩海岸的水下延伸。

(3)珊瑚岩礁

深圳位于亚热带地区,受珠江的影响,西部海域水域浑浊、盐度低,不适于珊瑚生长,只有东部海域,由于不受珠江淡水水流影响,海水温度、盐度和水质比较稳定,并且属于具有天然屏障保护的内湾海域,是比较理想的珊瑚生长水域。其中大鹏湾的大澳湾和南澳、东冲—西冲以及杨梅坑等四片海域,已探明分布着面积较大的珊瑚群落,许多珊瑚品种属国家重点保护动物。

4.7.3 生物质量状况

(1)大亚湾

目前,整个大亚湾属于“大亚湾水产资源自然保护区”。大亚湾是广东省最大的半封闭型海湾,湾内面积约600km^2,平均水深11m,海水盐度稳定,生态环境优良,海洋生物多样性丰富,水产资源种类繁多,是南海的水产资源种质资源库,也是多种珍稀水生种类的集中分布区和广东省重要的水产增养殖基地。历史资料显示,大亚湾拥有鱼类400余种,贝类200多种、甲壳类100多种、棘皮类60余种,浮游植物有硅藻、蓝藻、绿藻、金藻、甲藻等五门64属241种,其中硅藻最多为175种,甲藻有61种,浮游动物有枝角类、桡足类、莹虾类、毛颚类及水母类和被囊类等。

根据《广东省2017年海域环境质量公报》,2017年,大亚湾海洋生物监测与广东省其他海域生物质量比较结果如下:①在浮游植物方面,雷州半岛西南沿岸海域浮游植物多样性指数等级为较好,与2016年保持一致;珠江口浮游植物多样性指数等级为较差,劣于2016年;大亚湾浮游植物多样性指数等级为较差,劣于2016年。②在浮游动物方面,雷州半岛西南沿岸海域浮游动物多样性指数等级为中,与2016年保持一致;珠江口浮游动物多样性指数等级为中,劣于2016年;大亚湾浮游动物多样性指数等级为较差,劣于2016年。③大型底栖生物方面,珠江口大型底栖生物多样性指数等级为较差,优于2016年;大亚湾大型底栖生物多样性指数等级为较差,与2016年保持一致。

大亚湾浮游植物多样性指数平均值为广东省近岸海域的最低值,等级为较差。浮游动物和底栖生物的多样性指数平均值均处于低端水平水平。

但大亚湾水产资源的优势在于同时拥有我国唯一的真鲷鱼类繁育场、广东省唯一的马氏珠母贝自然采苗场和多种绸科鱼类、石斑鱼类、龙虾、鲍鱼等名贵种类的幼体密集区,还有多种贝类、甲壳类是大亚湾的特有种类。为了保护大亚湾的天然水产资源,1983年广东省人民政府批准建立“大亚湾水产资源自然保护区”;2002年6月颁布了《大亚湾水产资源自然保护区功能区划》,功能区划规定,大鹏半岛的大亚湾沿岸海域均属于一类区域,用以保护大亚湾水产资源。

(2)大鹏湾

2010年对大鹏湾开展了近岸海域海洋生物质量的采样调查,分析了浮游植物、浮游动物和底栖动物三大类的生物环境质量。

1)浮游植物。共检出浮游植物48种,分属硅藻门、甲藻门、蓝藻门、绿藻门等。3个点位的多样性指数平均为3.03,优势种以笔尖根管藻粗径变种为主,其中浮游植物种类和总密度最高的点位于大鹏半岛南侧的GD0309点位,浮游植物种类32种,总密度1.36×10^7个/m^3;GD0305点位的种类数最低,但其多样性指数实最高,为3.681;优势种为笔尖根管藻粗径变种、中肋骨条藻、丛毛辐杆藻、拟旋链角毛藻等(表4-18)。

表4-18 海洋浮游植物种类数量和多样性指数及优势种

监测点位	种类数/(种/m^3)	总密度/(个/m^3)	多样性指数	优势种名称
GD0302	23	3.42×10^5	3.189	笔尖根管藻粗径变种、丹麦细柱藻、窄隙角毛藻

监测点位	种类数/(种/ m^3)	总密度/(个/m^3)	多样性指数	优势种名称
GD0305	19	4.56×10^6	3.681	笔尖根管藻粗径变种、中肋骨条藻、丛毛辐杆藻、拟旋链角毛藻
GD0309	32	1.36×10^7	2.221	丹麦细柱藻、紧挤角毛藻、尖刺拟菱形藻、微软几内亚藻

2)浮游动物。共检出浮游动物78种,分属水螅水母类、管水母类、桡足类、端足类、十足类、翼足类、枝角类、被囊类、毛颚类、介形类、浮游幼虫累与线虫等。GD0309点位的种类数和多样性指数最高,优势种以普通波水藻和小齿海樽为主(表4-19)。

表4-19 海洋浮游动物种类数量和多样性指数及优势种

监测点位	种类数/(种/ m^3)	总密度/(个/ m^3)	多样性指数	优势种名称
GD0302	43	1.36×10^3	2.71	小齿海樽、肥胖箭虫
GD0305	37	1.91×10^3	2.92	鸟喙尖头藻、小齿海樽
GD0309	47	1.87×10^3	3.83	普通波水藻、小齿海樽

底栖动物。共检出底栖动物43种,分属环节动物门、棘皮动物门、软体动物门、节肢动物门等。种类数和多样性指数最大的点位为GD0309,生物量最高的点位为GD0302(表4-20)。

表4-20 海洋底栖动物种类、密度、生物量和多样性指数

监测点位	种类数/(种/ m^3)	总密度/(个/ m^3)	生物量/(g/ m^3)	多样性指数
GD0302	19	1.82×10^2	8.51	1.781
GD0305	18	3.48×10^2	6.48	3.623
GD0309	20	1.13×10^2	6.52	3.926

4.7.4 海水水质环境状况

大鹏半岛近岸海域以二类功能区、三类功能区为主,共布设六个监测点位,分别为白沙湾—长湾、核电近海、东西冲近海、望鱼角—盆仔湾口、下沙近海和乌泥湾湾口(表4-21)。其中白沙湾—长湾、东西冲近海和下沙近海属二类功能区,核电近海、望鱼角—盆仔湾口和乌泥湾湾口属三类功能区。从大鹏半岛近岸海域布设的六个监测点位监测结果分析,2017年度大鹏半岛近岸海域总体水质良好,白沙湾—长湾达到海水水质标准(GB 3097—1997)二类标准(生化需氧量年均值为1.2mg/L超过一类标准值为1mg/L),其余点位达到海水水质标准(GB 3097—1997)一类标准,符合相应功能区要求。与上年相比,所有监测点位平均污染指数均有不同程度下降,其中东西冲近海污染指数下降幅度最大,达到38.4%,水质明显得到改善(表 4-21)。

表 4-21　2017 年大鹏半岛近岸海域水质同比变化情况

近岸海域	水质状况		平均综合污染指数		
	2017 年	2016 年	2017 年	2016 年	变化幅度/%
白沙湾—长湾	二类	一类	0.217	0.251	-13.3
核电近海	一类	一类	0.168	0.210	-20.3
东西冲近海	一类	一类	0.167	0.271	-38.4
望鱼角—盆仔湾口	一类	一类	0.167	0.217	-22.7
下沙近海	一类	一类	0.154	0.211	-27.0
乌泥湾湾口	一类	一类	0.153	0.189	-19.0

大鹏半岛近岸海域日照时数较长，水深适中，海水透明度良好，海域浮游植物丰度变化范围为0.6 万～277.2 万个/L，均值为 34.9 万个/L；叶绿素 a 含量变化范围为 1.2～45.5mg/m^3，均值为 7.5mg/m^3(表 4-22)。

表 4-22　大鹏海洋水文信息概览

点位名称		日照时数/(h/d)	水深/m	透明度/m
大鹏海域	乌泥湾湾口	6	12	2.8
	下沙近海	6	11	1.2
	鹅公湾口	6	20	3.8
	东西冲近海	6	20	1.6
	杨梅坑	6	10	1.6
	核电近海	7	10	1.4
	白沙湾—长湾	7	5	1.2
东部海域平均值		6.2	12.2	2.1
深圳海域平均值		6.5	10.0	1.6

根据 2014 年深圳市人居环境委员会关于大鹏湾、大亚湾的调查结果，深圳市环境科学研究院根据上述初级生产力估算式计算得到大鹏湾、大亚湾的初级生产力分别为 1010.17mg/(m^2·d)、875.47mg/(m^2·d)。据统计调查，目前深圳主要的大型海藻有马尾藻、石莼、石花菜、浒苔、紫菜等，但量不多且分布不广。深圳市近年的海水藻类养殖规模显著下降，从 2008 年的 3688t 下降至 2011 年的 418t，且逐年下降。根据《广东农村统计年鉴 2014》，2013 年深圳市海洋藻类养殖捕捞量仅为 46t，海水养殖面积为 102hm^2。

张继红等(2005)通过测定多种养殖贝类的干重、湿重，得到这些贝类的干壳重系数为 0.5514，而贝壳中总碳含量为 11.445%。

根据《广东农村统计年鉴2014》,2013年深圳贝类养殖占全市海水养殖规模的53%,而藻类养殖仅占1%。2012~2013年,贝类养殖产量相对稳定,维持在1500t水平左右;而藻类养殖产量则显著下降,从2008年的3688t下降到2013年的46t。大鹏湾南澳浅海养殖区和大亚湾东山浅海养殖区是深圳目前最重要的两个海水增养殖区(表4-23)。

表4-23　大鹏主要养殖区概况

养殖区	所属海域	养殖方式	养殖对象	养殖面积/hm^2
南澳养殖区	大鹏湾	筏式养殖	扇贝、珍珠贝	5
东山浅海养殖区	大亚湾	筏式养殖	鱼类、贝类(牡蛎)	20
坝光养殖区	大亚湾	插杆养殖	长牡蛎、褶牡蛎	20

4.8　大气资源

大鹏半岛位于珠江三角洲核心区,区内森林覆盖率高,环境空气质量优异,整体高于深圳市平均水平。2017年,大鹏半岛AQI指数为19~151,$PM_{2.5}$由2016的23μg/m^3上升至25μg/m^3,空气质量优良率由2016年的98.6%下降到97.5%,空气质量达到一级(优)空气质量的天数205天,比上年减少5天;达到二级(良)空气质量的天数为148天;空气质量为三级(轻度污染)的天数为7天,仅占全年总有效天数的1.9%;空气质量为四级(中度污染)的天数为2天,仅占全年总有效天数的0.6%。

大鹏半岛设有葵涌和南澳2个环境空气自动监测子站,分别位于葵涌第二小学、南澳中心小学。

4.8.1　大鹏半岛空气质量优良率

对大鹏半岛葵涌和南澳两个监测站点2012~2017年空气质量监测数据进行汇总与分析,采用环境空气质量优良率进行评价。

大鹏半岛2012~2017年各年度空气质量优良率结果如表4-24所示。分析发现,2012~2017年空气质量优良率均处于90%以上的高水平,且2012~2016年呈逐年上升的趋势,2017年略有回落,表明大鹏半岛空气质量逐年向好。

表4-24　大鹏半岛2012~2017年空气质量优良率情况

年份	2012	2013	2014	2015	2016	2017
空气质量优良率/%	90.2	92.6	97.5	97.5	98.6	97.5

4.8.2　$PM_{2.5}$指标

2012~2017年大鹏半岛$PM_{2.5}$年均指标值分别为34μg/m^3、36μg/m^3、30μg/m^3、26μg/m^3、23μg/m^3和25μg/m^3。如图4-5所示,通过数据比对,大鹏半岛$PM_{2.5}$年均指标数据基本呈逐

年下降的趋势，达到欧盟 $PM_{2.5}$ 目标浓度限值要求。

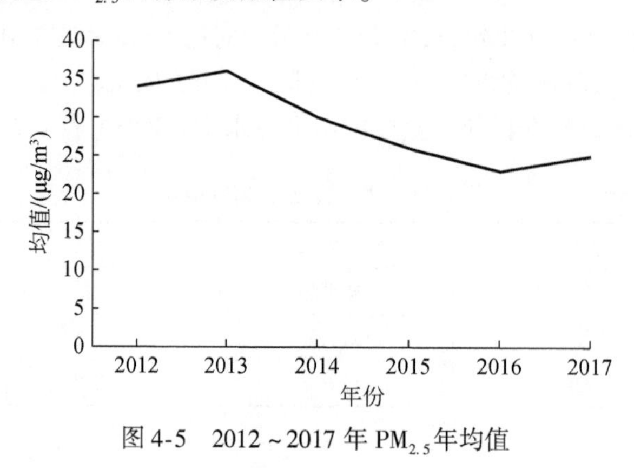

图 4-5　2012～2017 年 $PM_{2.5}$ 年均值

4.9　珍稀濒危物种资源

4.9.1　珍稀濒危植物

深圳市大鹏半岛共有各类保护植物及珍稀濒危植物 88 种，隶属于 33 科 68 属。其中，国家Ⅱ级重点保护植物 8 种、省级保护植物 1 种。根据 IUCN 濒危等级标准（3.1 版），结合中国物种红色名录及中国生物多样性红色名录植物物种的濒危等级情况，最终按两者评价体系最高濒危等级进行评估和统计，大鹏半岛有极危种 3 种，濒危种 20 种，易危种 44 种，近危种 21 种。这些珍稀濒危植物具有起源古老、特有现象较为突出等特点。

根据资料及野外调查结果，大鹏半岛珍稀濒危植物在大鹏半岛分布不均匀，珍稀濒危植物种类除珊瑚菜分布于西涌海岸边外，其他种类在排牙山—迭福山和笔架山周围的南亚热带常绿阔叶林中都有分布，且部分种类分布较广，如苏铁蕨、金毛狗等。南半岛的红花岭地区和中部的狭长地带珍稀濒危植物分布种类相对较少，分布的种类主要为土沉香、樟树、粘木、罗浮买麻藤等，且分布密度不大。大鹏半岛主要珍稀濒危植物现状及分布介绍如下：

土沉香为我国特有而珍贵的药用植物，属国家Ⅱ级重点保护野生植物。广泛分布于广东、海南、广西等地区海拔 400m 以下山林，在珠江三角洲地区分布较广。在大鹏半岛地区的低地和低山常绿阔叶林中分布较为普遍，但都以零散分布为主，未发现有成片分布。

香港马兜铃为马兜铃科木质藤本，因花大艳丽，具较高的观赏价值。该种分布较为狭窄，仅在广东沿海地区和海南发现有分布，属极危植物。在大鹏半岛目前仅在迭福山常绿阔叶林中发现了该种的分布，且数量相当稀少，需重点关注和保护。

金毛狗属国家Ⅱ级重点保护野生植物，为蚌壳蕨科金毛狗属的大型陆生蕨类，根状茎粗壮肥大，直立或横卧在土表生长，其上及叶柄基部都密被金黄色长茸毛，看上去就像一只玩具金毛狗，故而得名。该植物广泛分布于热带及亚热带地区，我国华东、华南及西南地区皆有分布。常生于山沟及溪边林下酸性土中，喜温暖和空气湿度较高的环境，对土壤要求不严，在肥沃排水良好的酸性土壤中生长良好。在大鹏半岛地区较为常见，尤以在排牙山北坡的山地常绿阔叶林及中分布最为密集，目前生存良好。

黑桫椤是桫椤科树形蕨类植物,属国家Ⅱ级重点保护野生植物。在我国广东、广西、海南、云南、浙江、福建、台湾及中南半岛地区均有分布。在大鹏半岛地区主要分布于红花岭、排牙山主峰及岭澳水库附近的沟谷林中,数量较少,需加以重点保护。

苏铁蕨为乌毛蕨科植物,因形似苏铁而得名。该种是古生代泥盆纪时代的孑遗植物,具有重要的科研价值。该种在我国广东、广西、台湾、贵州、福建、云南及印度至印度尼西亚等地均有分布。在大鹏半岛地区,苏铁蕨分布较广,主要分布于排牙山—迭福山周围和笔架山地区罗屋田水库附近的针阔叶混交林中和山顶灌丛中。

珊瑚菜为伞形科多年生草本植物。分布于我国海南、广东至辽宁各省沿海岸地区,以及朝鲜,日本及俄罗斯等地。常生长于海边沙滩或栽培于肥沃疏松的沙质土壤中。在大鹏半岛西涌海岸及北部海岸带均有零星分布,因近年来大鹏半岛旅游业的发展,珊瑚菜的生境严重受到人类活动的干扰和威胁,因而建议在规划建设的基础上,对该种进行迁地保护。

其他珍稀濒危植物如水蕨、紫纹兜兰等在大鹏半岛较为少见,一般零散分布于南亚热带常绿阔叶林中或边缘,因当地山民为扩大荔枝种植的面积不断地砍伐山腰以下的原生植被,已严重威胁到这些珍稀物种的生存。

根据数据采集结果,大鹏半岛主要野生珍稀濒危植物种类及濒危程度如表4-25所示。

4.9.2 珍稀濒危动物

根据广东省重点保护陆生野生动物名录(2001)、国家保护的有益的或者有重要经济、科学研究价值的陆生野生动物名录(2000),国家重点保护野生动物名录(1988,2003)、《中国生物多样性红色名录》(2015)、IUCN(世界自然保护联盟)红色名录(2015)以及CITES(濒危野生动植物种国际贸易公约)附录(2013)中收录的物种分析,大鹏半岛共有各类珍稀濒危保护物种182种,占全部调查物种数的83.5%。

4.9.2.1 珍稀濒危两栖类分布

两栖动物共有珍稀濒危保护物种13种,占所调查两栖类物种的92.9%。其中,广东省重点保护物种记录到1种,即沼蛙;除华南雨蛙外均为“三有”物种;中国物种红色名录收录物种5种,包括4种近危种(香港瘰螈、长趾蛙、台北蛙和花细狭口蛙)和一种易危种;IUCN红皮书收录物种两种,分别为香港瘰螈(NT,近危)和短肢角蟾(EN,濒危);没有CITES附录收录物种。

4.9.2.2 珍稀濒危爬行类分布

爬行动物中,除广东颈槽蛇外均属于珍稀濒危保护物种。广东颈槽蛇是近年发现的新物种,因此没有被列入任何保护名录中,但其分布区狭窄,是特别值得重视的物种。

此次调查记录到的爬行类中,没有广东省重点保护物种;国家Ⅰ级重点保护野生动物1种,即蟒,“三有”物种有125种;中国物种红色名录收录物种12种,包括1种极危种,3种濒危种,以及8种易危种;IUCN红皮书收录物种两种,;CITES附录收录物种5种,其中蟒、滑鼠蛇和舟山眼镜蛇为CITES附录Ⅱ物种,乌龟和异色蛇为CITES附录Ⅲ物种。

表 4-25　大鹏半岛主要野生珍稀濒危植物种类及濒危程度

科名	种名	国家重点保护野生植物名录（第一批）	IUCN 濒危等级标准(3.1 版)	中国物种红色名录(2004)	中国生物多样性红色名录(2013)	数量/株	评分
瘤足蕨科 Plagiogyriaceae	华南瘤足蕨 *Plagiogyria tenuifolia* Cop.			EN		20 ~ 30	0. 44357
石杉科 Huperziaceae	蛇足石杉 *Huperzia serrata*(Thunb. ex Murray) Trev.				EN	50 ~ 100	0. 54672
蚌壳蕨科 Dicksoniaceae	金毛狗 *Cibotium barometz*(Linn.) J. Sm.	Ⅱ		VU		>5000	0. 53214
桫椤科 Cyatheaceae	桫椤 *Alsophila spinulosa*(Wall. ex Hook.) R. M. Tryon	Ⅱ		VU	NT	20 ~ 40	0. 55928
	黑桫椤 *Alsophila podophylla*	Ⅱ		VU		20 ~ 40	0. 61642
水蕨科 Parkeriaceae	水蕨 *Ceratopteris thalictroides*(L.) Brongn.	Ⅱ		VU	VU	50–100	0. 48642
乌毛蕨科 Blechnaceae	苏铁蕨 *Brainea insignis*(Hook.) J. Sm.	Ⅱ		VU	VU	>1500	0. 48642
陵齿蕨科 Lindsaeaceae	阔片乌蕨 *stenoloma biflorum*				NT	10 ~ 30	0. 39071
双扇蕨科 Dipteridaceae	中华双扇蕨 *Dipteris chinensis*				EN	4000	0. 48071
红豆杉科 Taxaceae	穗花杉 *Amentotaxus argotaenia* (Hance) Pilger		NT	VU		50 ~ 70	0. 58928
买麻藤科 Gnetaceae	罗浮买麻藤 *Gnetum Lofuense* C. Y. Cheng			VU		200 ~ 400	0. 37071

续表

科名	种名	国家重点保护野生植物名录（第一批）	IUCN 濒危等级标准(3.1 版)	中国物种红色名录(2004)	中国生物多样性红色名录(2013)	数量/株	评分
壳斗科 Fagaceae	吊皮锥 *Castanopsis kawakamii* Hayata			VU	VU	15 ~ 30	0. 54642
	栎叶柯 *Lithocarpus quercifolius* C. C. Huang et Y. T. Chang			EN	EN	150 ~ 200	0. 495
桑科 Moraceae	白桂木 *Artocarpus hypargyreus* Hance			VU	EN	500 ~ 700	0. 66071
马兜铃科 Aristolochiaceae	长叶马兜铃 *Aristolochia championii* Merr. et Chun			EN	NT	40 ~ 70	0. 45642
	香港马兜铃 *Aristolochia westlandii* Hemsl.			CR	CR	20 ~ 40	0. 74857
木兰科 Magnoliaceae	香港木兰 *Magnolia championii* Benth.			EN		100 ~ 150	0. 55928
番荔枝科 Annonaceae	嘉陵花 *Popowia pisocarpa*(Bl.) Endl.			VU		30 ~ 50	0. 41928
樟科 Lauraceae	樟 *Cinnamomum camphora*(L.) Presl.	Ⅱ		VU		>2000	0. 39357
豆科 Leguminosae	华南马鞍树 *Maackia australis*(Dunn) Takeda			EN	EN	30 ~ 50	0. 47928
	韧荚红豆 *Ormosia indurate* L. Chen			EN	NT	80 ~ 100	0. 55928
	香港油麻藤 *Mucuna championii* Benth.			EN		30 ~ 50	0. 60214

续表

科名	种名	国家重点保护野生植物名录（第一批）	IUCN 濒危等级标准(3.1 版)	中国物种红色名录(2004)	中国生物多样性红色名录(2013)	数量/株	评分
亚麻科 Linaceae	粘木 *Ixonanthes chinensis* Champ.		VU	VU	VU	80 ~ 100	0. 48785
楝科 Meliaceae	香港樫木 *Dysoxylum hongkongense* (Tutch.) Merr.			VU		30 ~ 50	0. 55928
冬青科 Aquifoliaceae	纤花冬青 *Ilex graciliflora* Champ.		EN	EN	EN	40 ~ 50	0. 58071
槭树科 Aceraceae	亮叶槭 *Acer lucidum* Metc.			VU		60 ~ 100	0. 53071
	十蕊槭 *Acer laurinum* Hasskarl			VU		30 ~ 50	0. 50214
	海滨槭 *Acer sino-oblongum* Metc.			EN	EN	30 ~ 50	0. 64857
无患子科 Sapindaceae	龙眼 *Dimocarpus longan* Lour.			VU		50 ~ 100	0. 51929
山茶科 Theaceae	野茶树 *Camellia sinensis* var. *assamica* (Mast.) Kitam.			VU	VU	500 ~ 1000	0. 58928
	大苞白山茶 *Camellia granthamiana* Sealy			EN	VU	5 ~ 10	0. 675
瑞香科 Thymelaeaceae	土沉香 *Aquilaria sinensis* (Lour.) Spreng.	Ⅱ	VU	VU	VU	>2000	0. 51071
伞形科 Umbelliferae	珊瑚菜 *Glehnia littoralis* Fr. Schmidt ex Miq.	Ⅱ		VU	CR	100 ~ 150	0. 58785

续表

科名	种名	国家重点保护野生植物名录（第一批）	IUCN 濒危等级标准(3.1 版)	中国物种红色名录(2004)	中国生物多样性红色名录(2013)	数量/株	评分
安息香科 Styracaceae	广东木瓜红 *Rehderodendron kwangtungense* Chun			VU		30 ~ 50	0. 45214
茜草科 Rubiaceae	巴戟天 *Morinda officinalis* How			VU		50 ~ 100	0. 56071
	乌檀 *Nauclea officinalis* (Pierre ex Pitard) Merr. et Chun			VU	VU	10 ~ 30	0. 56642
	毛茶 *Antirhea chinensis* (Champ. ex Benth.) Forbes et Hemsl.			VU		150 ~ 200	0. 50928
	钟萼粗叶木 *Lasianthus trichophlebus* Hemsl.			EN		30 ~ 50	0. 38642
荨麻科 Urticaceae	舌柱麻 *Archiboehmeria atrata* (Gagnep.) C. J. Chen			VU	VU	30 ~ 50	0. 545
柿科	小果柿 *Diospyros vaccinioides* Lindl.		EN	VU	EN	>5000	0. 43642
桃金娘科 Myrtaceae	香蒲桃 *Syzygium odoratum* DC.			VU		>5000	0. 495
梧桐科 Sterculiaceae	银叶树 *Heritiera littoralis*			EN	VU	500 ~ 800	0. 55786
天南星科 Araceae	心檐天南星 *Arisaema cordatum* N. E. Br.			VU		10 ~ 30	0. 32785

续表

科名	种名	国家重点保护野生植物名录（第一批）	IUCN 濒危等级标准(3.1 版)	中国物种红色名录(2004)	中国生物多样性红色名录(2013)	数量/株	评分
兰科 Orchidaceae	三蕊兰 *Neuwiedia singapureana*(Baker) Rolfe			VU		30~50	0.60214
	多花脆兰 *Acampe rigida* (Buch.-Ham. ex J. E. Smith.) P. F. Hunt.			NT		20~40	0.50214
	金线兰 *Anoectochilus roxburghii*			NT	EN	30~50	0.51642
	牛齿兰 *Appendicula cornuta* Blume			NT		10~25	0.53071
	竹叶兰 *Arundina graminifolia*(D. Don) Hochr.			NT		30~50	0.53071
	赤唇石豆兰 *Bulbophyllum affine* Lindl.			VU		50~80	0.58785
	芳香石豆兰 *Bulbophyllum ambrosium* (Hance) Schltr.			VU		100~150	0.51642
	密花石豆兰 *Bulbophyllum odoratissimum*(J. E. Smith) Lindl.			VU		80~100	0.50214
	广东石豆兰 *Bulbophyllum kwangtungense* Schltr.			VU		100~150	0.545
	直唇卷瓣兰 *Bulbophyllum delitescens* Hance			NT	VU	20~50	0.60214
	斑唇卷瓣兰 *Bulbophyllum pectenveneris*(Gagnep.) Seidenf			NT		20~50	0.57357

续表

科名	种名	国家重点保护野生植物名录（第一批）	IUCN 濒危等级标准(3.1 版)	中国物种红色名录(2004)	中国生物多样性红色名录(2013)	数量/株	评分
兰科 Orchidaceae	长距虾脊兰 *Calanthe sylvatica* (Thou.) Lindl.			VU		20~50	0.50214
	三褶虾脊兰 *Calanthe* triplicata (Willem.) Ames			NT		50~80	0.51642
	二列叶虾脊兰 *Calanthe specios*			VU		30~80	0.62714
	广东隔距兰 *Cleisostoma simondii* var. *guangdongense* Z. H. Tsi			VU	VU	50~100	0.53071
	流苏贝母兰 *Coelogyne fimbriata* Lindley			NT		50~100	0.53071
	墨兰 *Cymbidium sinense* (Jackson ex Andr.) Willd.			VU	VU	20~50	0.51642
	建兰 *Cymbidium ensifolium* (L.) Sw.			VU	VU	30~50	0.51642
	美花石斛 *Dendrobium loddigesii* Rolfe			EN	VU	20~50	0.545
	蛇舌兰 *Diploprora championii* (Lindl.) Hook. f.			VU		10~30	0.56071
	半柱毛兰 *Eria corneri* Rchb. f.			NT		20~50	0.51642
	白绵毛兰 *Eria lasiopetala* (Willd.) Ormerod			VU	VU	15~50	0.545

续表

科名	种名	国家重点保护野生植物名录（第一批）	IUCN 濒危等级标准(3.1 版)	中国物种红色名录(2004)	中国生物多样性红色名录(2013)	数量/株	评分
兰科 Orchidaceae	美冠兰 *Eulophia graminea* Lindl.			VU		10～50	0.53071
	多叶斑叶兰 *Goodyera foliosa*(Lindl.) Benth			NT		20～40	0.57357
	歌绿斑叶兰 *Goodyera seikoomontana* Yamamoto			VU	VU	20～50	0.72
	鹅毛玉凤花 *Habenaria dentata* (Sw.) Schltr.			NT		50～100	0.51642
	橙黄玉凤花 *Habenaria rhodocheila* Hance			NT		40～80	0.58785
	见血青 *Liparis nervosa* (Thunb. ex Murray) Lindl.			NT		50～100	0.51642
	长茎羊耳蒜 *Liparis viridiflora*(Bl.) Lindl.			VU		30～50	0.57357
	镰翅羊耳蒜 *Liparis bootanensis* Griff			NT		30～50	0.51642
	血叶兰 *Ludisia discolor*(Ken-Gawl.) A. Rich			CR		30～50	0.60214
	云叶兰 *Nephelaphyllum tenuiflorum* Bl.			NT	VU	30～50	0.60214
	二脊沼兰 *Malaxis finetii* (Gagnep.) T. Tang et F. T. Wang			VU	EN	20～50	0.545

续表

科名	种名	国家重点保护野生植物名录（第一批）	IUCN 濒危等级标准(3.1 版)	中国物种红色名录(2004)	中国生物多样性红色名录(2013)	数量/株	评分
兰科 Orchidaceae	鹤顶兰 *Phaius tankervilleae* (Bankd ex L'Herit.) Bl.			VU		50 ~ 80	0.55928
	石仙桃 *Pholidota chinensis* Lindl.			NT		150 ~ 200	0.50214
	小舌唇兰 *Platanthera minor*(Mig.) Reichb. f.			NT		20 ~ 50	0.53071
	紫纹兜兰 *Paphiopedilum purpuratum*(Lindl.) Stein		CR	EN	EN	50 ~ 100	0.575
	龙头兰 *Pecteilis susannae*(L.) Rafin			NT		30 ~ 500	0.55928
	触须阔蕊兰 *Peristylus tentaculatus*(Lindl.) J. J. Smith			NT		20 ~ 50	0.61642
	苞舌兰 *Spathoglottis pubescens* Lindl.			NT		20 ~ 50	0.51642
	香港绶草 *Spiranthes hongkongensis*			VU	NT	30 ~ 50	0.54142
	香港带唇兰 *Tainia hongkongensis* Rolfe			VU	NT	20 ~ 50	0.5735
	二尾兰 *Vrydagzynea nuda* Bl.			VU		20 ~ 50	0.58642
	短穗竹茎兰 *Tropidia curculigoides* Lindl.			VU		30 ~ 50	0.545

注:NT=近危，VU=易危，EN=濒危，CR=极危。

表 4-26　大鹏半岛主要野生珍稀濒危动物种类及濒危程度

目	科	中文名	学名	广东省重点	国家保护级别	中国物种红色名录	IUCN	CITES附录	估计数量/只	保护分值
两栖纲 Amphibia										
有尾目 Urodela	蝾螈科 Salamandridae	香港瘰螈	*Paramesotriton hongkongensis* (Myers and Leviton, 1962)		三有	NT	NT		50～100	4.4
无尾目 Anura	角蟾科 Megophryidae	短肢角蟾	*Xenophrys brachykolos* (Inger and Romer, 1961)		三有		EN		50～100	4.7
	蟾蜍科 Bufonidae	黑眶蟾蜍	*Bufo melanostictus* (Schneider, 1799)		三有				500～1000	0.8
	蛙科 Ranidae	沼蛙	*Hylarana guentheri* (Boulenger, 1882)	S	三有				100～500	1.3
		弹琴蛙	*Babina adenopleura* (Boulenger, 1909)		三有				80～200	0.8
		长趾蛙	*Hylarana macrodactyla* (Günther, 1858)		三有	NT			80～200	2.6
		台北蛙	*Hylarana taipehensis* (Van Denburgh, 1909)		三有	NT			80～200	2.6
	树蛙科 Rhacophoridae	斑腿泛树蛙	*Polypedates megacephalus* (Hallowell, 1860)		三有				100～500	0.8
	姬蛙科 Microhylidae	小弧斑姬蛙	*Microhyla heymonsi* (Vogt, 1911)		三有				300～800	0.8
		饰纹姬蛙	*Microhyla ornata* (Boulenger, 1884)		三有				100～500	0.8
		花姬蛙	*Microhyla pulchra* (Hallowell, 1860)		三有				100～500	0.8
		花狭口蛙	*Kaloula pulchra* (Gray, 1831)		三有				500～1000	0.8
		花细狭口蛙	*Kalophrynus interlineatus* (Blyth, 1855)		三有	NT			10～50	2.6

目	科	中文名	学名	广东省重点	国家保护级别	中国物种红色名录	IUCN	CITES附录	估计数量/只	保护分值
爬行纲 Reptilia										
龟鳖目 Testudines	地龟科 Geoemydidae	乌龟	*Chinemys reevesii*(Gray,1831)		三有	EN	EN	Ⅲ	10~50	1.7
有鳞目 Squamata	壁虎科 Gekkonidae	截趾虎	*Gehyra mutilata*(Wiegmann,1834)		三有	VU			50~100	0.8
		中国壁虎	*Gekko chinensis*(Gray,1842)		三有				10~50	0.9
		原尾蜥虎	*Hemidactylus bowringii*(Gray,1845)		三有				500~1000	0.8
	鬣蜥科 Agamidae	变色树蜥	*Calotes versicolor*(Daudin,1802)		三有				500~1000	0.8
	蜥蜴科 Lacertidae	南草蜥	*Takydromus sexlineatus* subsp. sexlineatus (Daudin-Meneville,1829)		三有				300~800	0.8
	石龙子科 Scincidae	中国石龙子	*Eumeces chinensis*(Gray,1838)		三有				500~1000	0.8
		蓝尾石龙子	*Eumeces elegans*(Boulenger,1887)		三有				500~1000	0.8
		四线石龙子	*Eumeces quadrilineatus*(Blyth,1853)		三有				100~500	0.8
		南滑蜥	*Scincella reevesii*(Gray,1838)		三有				100~500	0.8
		铜蜓蜥	*Sphenomorphus indicus*(Gray,1853)		三有				10~50	0.8
	盲蛇科 Typhlopidae	钩盲蛇	*Ramphotyphlops braminus*(Daudin,1803)		三有				10~50	8.2
	蟒科 Boidae	蟒蛇	*Python bivittatus*(Kuhl,1820)		I	CR	VU	Ⅱ	10~50	0.8
		棕脊蛇	*Achalinus rufescens*(Boulenger,1888)		三有				50~100	0.8

续表

目	科	中文名	学名	广东省重点	国家保护级别	中国物种红色名录	IUCN	CITES附录	估计数量/只	保护分值
爬行纲 Reptilia										
有鳞目 Squamata	游蛇科 Colubridae	草腹链蛇	*Amphiesma stolata*(Linnaeus,1758)		三有				50~100	0.8
		繁花林蛇	*Boiga multomaculata*(Reinwardt,1872)		三有				50~100	0.8
		钝尾两头蛇	*Calamaria septentrionalis* (Boulenger,1890)		三有				50~100	0.8
		翠青蛇	*Cyclophiops major*(Günther,1858)		三有				50~200	1.7
		灰鼠蛇	*Ptyas korros*(Schlegel,1837)		三有	VU			50~200	4.7
		滑鼠蛇	*Ptyas mucosus*(Linnaeus,1758)		三有	EN		Ⅱ	10~50	0.8
		广东颈槽蛇	*Rhabdophis guangdongensis*(Zhu, Wang, Takeuchi and Zhao,2014)						10~50	1.7
		环纹华游蛇	*Sinonatrix aequifasciata*(Barbour,1908)		三有	VU			50~100	1.7
		华游蛇	*Sinonatrix percarinata*(Boulenger,1899)		三有	VU			100~500	1.4
		渔游蛇	*Xenochrophis piscator*(Schneider,1799)		三有			Ⅲ	100~500	1.7
		中国水蛇	*Enhydris chinensis*(Gray,1842)		三有	VU			50~100	1.7
		铅色水蛇	*Enhydris plumbea*(Boie,1827)		三有	VU			50~100	0.8
		横纹钝头蛇	*Pareas margaritophorus*(Jan,1866)		三有				10~50	3.5
	眼镜蛇科 Elapidae	银环蛇	*Bungarus multicinctus*(Blyth,1861)		三有	EN			10~50	2.9
		舟山眼镜蛇	*Naja atra*(Cantor,1842)		三有	VU		Ⅱ	50~100	0.8
	蝰科 Viperidae	白唇竹叶青蛇	*Cryptelytrops albolabris*(Gray,1842)		三有				50~100	0.8

续表

目	科	中文名	学名	广东省重点	国家保护级别	中国物种红色名录	IUCN	CITES附录	估计数量/只	保护分值
鸟纲 Aves										
鸊鷉目 Podicipediformes	鸊鷉科 Podicipedidae	小鸊鷉	*Tachybaptus ruficollis*(Pallas,1764)		三有				50~200	1.3
鹳形目 Ciconiiformes	鹭科 Ardeidae	苍鹭	*Ardea cinerea*(Linnaeus,1758)	S	三有				10~50	1.3
		大白鹭	*Egretta alba*(Linnaeus,1758)	S	三有				100~500	1.3
		中白鹭	*Egretta intermedia*(Wagler,1829)	S	三有				10~50	1.6
		小白鹭	*Egretta garzetta*(Linnaeus,1766)	S	三有				100~500	1.3
		岩鹭	*Egretta sacra*(Gmelin,1789)		Ⅱ				50~200	1.3
		牛背鹭	*Bubulcus ibis*(Boddaert,1758)	S	三有				50~100	1.3
		池鹭	*Ardeola bacchus*(Bonaparte,1855)	S	三有				50~200	1.3
		绿鹭	*Butorides striatus*(Linnaeus,1758)	S	三有				50~100	1.3
		夜鹭	*Nycticorax nycticorax*(Linnaeus,1758)	S	三有				50~100	1.3
		黄斑苇鳽	*Ixobrychus sinensis*(Gmelin,1789)	S	三有				10~50	2.8
		栗苇鳽	*Ixobrychus cinnamomeus*(Gmelin,1789)	S	三有				10~50	2.8

目	科	中文名	学名	广东省重点	国家保护级别	中国物种红色名录	IUCN	CITES附录	估计数量/只	保护分值
鸟纲 Aves										
隼形目 Falconiformes	鹰科 Accipitridae	鹗	*Pandion haliaetus*(Linnaeus,1758)		Ⅱ			Ⅱ	10～50	2.8
		黑冠鹃隼	*Aviceda leuphotes*(Dumont,1820)		Ⅱ			Ⅱ	10～50	3.7
		黑鸢	*Milvus migrans*(Boddaert,1783)		Ⅱ			Ⅱ	10～50	2.8
		白腹海雕	*Haliaeetus leucogaster*(Gmelin,1788)		Ⅱ			Ⅱ	10～50	2.8
		蛇雕	*Spilornis cheela*(Latham,1790)		Ⅱ			Ⅱ	10～50	2.8
		赤腹鹰	*Accipiter soloensis*(Horsfield,1821)		Ⅱ			Ⅱ	10～50	2.8
		松雀鹰	*Accipiter virgatus*(Temminck,1822)		Ⅱ			Ⅱ	10～50	2.8
		雀鹰	*Accipiter nisus*(Linnaeus,1758)		Ⅱ			Ⅱ	10～50	2.8
		普通鵟	*Buteo buteo* subsp. *japonicus*(Linnaeus,1758)		Ⅱ			Ⅱ	10～50	2.8
	隼科 Falconidae	红隼	*Falco tinnunculus*(Linnaeus,1758)		Ⅱ			Ⅱ	10～50	3.4
		燕隼	*Falco subbuteo*(Linnaeus,1758)		Ⅱ			Ⅱ	50～100	0.8
		游隼	*Falco peregrinus*(Tunstall,1771)		Ⅱ			Ⅰ	10～50	0.8
鸡形目 Galliformes	雉科 Phasianidae	中华鹧鸪	*Francolinus pintadeanus* subsp. *pintadeanus*(Scopoli,1786)		三有				10～50	0.8
		环颈雉	*Phasianus colchicus*(Linnaeus,1758)		三有				10～50	0.8

续表

目	科	中文名	学名	广东省重点	国家保护级别	中国物种红色名录	IUCN	CITES附录	估计数量/只	保护分值
鸟纲 Aves										
鹤形目 Gruiformes	秧鸡科 Rallidae	蓝胸秧鸡	*Gallirallus striatus*(Linnaeus,1766)		三有				100~500	0.8
		普通秧鸡	*Rallus aquaticus*(Linnaeus,1758)		三有				100~500	1.3
		白胸苦恶鸟	*Amaurornis phoenicurus*(Pennant,1769)		三有				50~100	0.8
		黑水鸡	*Gallinula chloropus*(Linnaeus,1758)	S	三有				50~200	0.8
		白骨顶	*Fulica atra*(Linnaeus,1758)		三有				50~200	0.8
鸻形目 Charadriiformes	鸻科 Charadriidae	金眶鸻	*Charadrius dubius*(Scopoli,1786)		三有				50~100	0.8
		环颈鸻	*Charadrius alexandrinus*(Linnaeus,1758)		三有				50~100	0.8
		蒙古沙鸻	*Charadrius mongolus*(Pallas,1776)		三有				50~100	0.8
		铁嘴沙鸻	*Charadrius leschenaultii*(Lesson,1826)		三有				10~50	1.3
	鹬科 Scolopacidae	扇尾沙锥	*Gallinago gallinago* subsp. *gallinago*(Linnaeus,1758)		三有				100~500	0.8
		中杓鹬	*Numenius phaeopus*(Linnaeus,1758)	S	三有				10~50	0.8
		青脚鹬	*Tringa nebularia*(Gunnerus,1767)		三有				50~100	0.8
		白腰草鹬	*Tringa ochropus*(Linnaeus,1758)		三有				10~50	0.8
		矶鹬	*Actitis hypoleucos*(Linnaeus,1758)		三有				10~50	0.8

续表

目	科	中文名	学名	广东省重点	国家保护级别	中国物种红色名录	IUCN	CITES附录	估计数量/只	保护分值
鸟纲 Aves										
鸻形目 Charadriiformes	鹬科 Scolopacidae	灰尾漂鹬	*Heteroscelus brevipes*(Gressitt,1816)		三有				10～50	1.3
		翻石鹬	*Arenaria interpres*(Linnaeus,1758)		三有				100～500	1.3
	鸥科 Laridae	黑尾鸥	*Larus crassirostris*(Vieillot,1818)	S	三有				100～500	1.3
		红嘴鸥	*Larus ridibundus*(Linnaeus,1766)	S	三有				50～100	1.3
		黑枕燕鸥	*Sterna sumatrana*(Raffles,1822)	S	三有				100～500	1.3
		褐翅燕鸥	*Sterna anaethetus*(Scopoli,1786)	S	三有				100～500	0.8
		白翅浮鸥	*Chlidonias leucopterus*(Temminck,1815)	S	三有				50～100	0.8
鸽形目 Columbiformes	鸠鸽科 Columbidae	山斑鸠	*Streptopelia orientalis*(Latham,1790)		三有				100～500	0.8
		火斑鸠	*Oenopopelia tranquebarica*(Hermann,1804)		三有				10～50	3.4
		珠颈斑鸠	*Streptopelia chinensis*(Scopoli,1786)		三有				10～50	0.8
		斑尾鹃鸠	*Macropygia unchall*(Wagler,1827)		Ⅱ	NT			10～50	0.8
		绿翅金鸠	*Chalcophaps indica*(Linnaeus,1758)		三有				10～50	0.8
鹃形目 Cuculiformes	杜鹃科 Cuculidae	红翅凤头鹃	*Clamator coromandus*(Linnaeus,1766)		三有				10～50	0.8
		大鹰鹃	*Cuculus sparverioides* subsp. *sparverioides*(Vigors,1832)		三有				10～200	0.8

续表

目	科	中文名	学名	广东省重点	国家保护级别	中国物种红色名录	IUCN	CITES附录	估计数量/只	保护分值
鸟纲 Aves										
鹃形目 Cuculiformes	杜鹃科 Cuculidae	四声杜鹃	*Cuculus micropterus*(Gould,1838)		三有				50~100	0.8
		八声杜鹃	*Cacomantis merulinus*(Scopoli,1786)		三有				50~100	1.6
		噪鹃	*Eudynamys scolopacea*(Linnaeus,1758)		三有				10~50	1.6
		褐翅鸦鹃	*Centropus sinensis*(Stephens,1815)		Ⅱ				10~50	2.8
		小鸦鹃	*Centropus bengalensis*(Gmelin,1788)		Ⅱ				10~50	2.8
鸮形目 Strigiformes	鸱鸮科 Strigiade	领角鸮	*Otus lettia* subsp. *umbratilis*(Hodgson,1836)		Ⅱ			Ⅱ	10~50	2.8
		领鸺鹠	*Glaucidium brodiei*(Burton,1836)		Ⅱ			Ⅱ	5~10	0.8
		斑头鸺鹠	*Glaucidium cuculoides*(Vigors,1831)		Ⅱ			Ⅱ	50~100	0.8
夜鹰目 Caprimulgiformes	夜鹰科 Caprimulgidae	林夜鹰	*Caprimulgus affiis*(Horsfield,1821)		三有				100~500	0.8
雨燕目 Apodirormes	雨燕科 Apodidae	白腰雨燕	*Apus pacificus*(Latham,1802)		三有				50~100	0.8
佛法僧目 Coraciiformes	翠鸟科 Alcedinidae	普通翠鸟	*Alcedo atthis*(Linnaeus,1758)		三有				10~50	0.8
		白胸翡翠	*Halcyon smyrnensis*(Linnaeus,1758)						10~50	0.8
	佛法僧科 Coraciidae	三宝鸟	*Eurystomus orientalis*(Linnaeus,1766)		三有				10~50	0.8
戴胜目 Upupiformes	戴胜科 Upupidae	戴胜	*Upupa epops*(Linnaeus,1758)		三有				5~10	0.8

续表

目	科	中文名	学名	广东省重点	国家保护级别	中国物种红色名录	IUCN	CITES附录	估计数量/只	保护分值
鸟纲 Aves										
䴕形目 Piciformes	巨嘴鸟科 Ramphastidae	大拟啄木鸟	*Megalaima virens* subsp. *virens*(Boddaert,1783)		三有				10～50	0.8
	啄木鸟科 Picidae	蚁䴕	*Jynx torquilla*(Linnaeus,1758)		三有				100～500	0.8
		斑姬啄木鸟	*Picumnus innominatus*(Burton,1836)		三有				100～500	0.8
雀形目 Passeriformes	燕科 Hirundinidae	家燕	*Hirundo rustica*(Linnaeus,1758)		三有				50～100	0.8
		金腰燕	*Hirundo daurica*(Laxmann,1769)		三有				50～100	0.8
	鹡鸰科 Motacillidae	白鹡鸰	*Motacilla alba*(Linnaeus,1758)		三有				100～500	0.8
		黄鹡鸰	*Motacilla flava*(Linnaeus,1758)		三有				10～100	0.8
		灰鹡鸰	*Motacilla cinerea*(Tunstall,1771)		三有				10～50	0.8
		澳洲鹨	*Anthus novaeseelandiae*(Vieillot,1818)		三有				50～100	0.8
		树鹨	*Anthus hodgsoni*(Richmond,1907)		三有				50～100	0.8
	山椒鸟科 Campephagidae	暗灰鹃鵙	*Coracina melaschistos*(Hodgson,1836)		三有				100～500	0.8
		赤红山椒鸟	*Pericrocotus flammeus*(Forster,1781)		三有				500～1000	0.8
		灰喉山椒鸟	*Pericrocotus solaris*(Blyth,1846)		三有				500～1000	0.8
	鹎科 Pycnonotidae	红耳鹎	*Pycnonotus jocosus*(Linnaeus,1758)		三有				50～100	0.8

续表

目	科	中文名	学名	广东省重点	国家保护级别	中国物种红色名录	IUCN	CITES附录	估计数量/只	保护分值
鸟纲 Aves										
雀形目 Passeriformes	鹎科 Pycnonotidae	白喉红臀鹎	*Pycnonotus aurigaster*(Vieillot,1818)		三有				10~50	0.8
		栗背短脚鹎	*Hemixos castanonotus*(Swinhoe,1870)						50~100	0.8
	伯劳科 Laniidae	红尾伯劳	*Lanius cristatus*(Linnaeus,1758)		三有				50~100	0.8
		棕背伯劳	*Lanius schach*(Linnaeus,1758)		三有				50~100	0.8
	卷尾科 Dicruridae	黑卷尾	*Dicrurus macrocercus*(Vieillot,1817)		三有				100~500	0.8
		发冠卷尾	*Dicrurus hottentottus*(Linnaeus,1766)		三有				50~300	0.8
	椋鸟科 Sturnidae	八哥	*Acridotheres cristatellus*(Linnaeus,1758)		三有				50~100	0.8
		黑领椋鸟	*Gracupica nigricollis*(Linnaeus,1758)		三有				50~100	0.8
		灰背椋鸟	*Sturnus sinensis*(Gmelin,1788)		三有				10~50	0.8
		丝光椋鸟	*Sturnus sericeus*(Gmelin,1788)		三有				10~50	0.8
		灰椋鸟	*Sturnus cineraceus*(Temminck,1835)		三有				50~100	0.8
		喜鹊	*Pica pica*(Linnaeus,1758)		三有				10~50	3.8
		大嘴乌鸦	*Corvus macrorhynchos*(Wagler,1827)						10~50	0.8
		白颈鸦	*Corvus pectoralis*(Lesson,1831)			NT	NT		50~100	0.8

续表

目	科	中文名	学名	广东省重点	国家保护级别	中国物种红色名录	IUCN	CITES附录	估计数量/只	保护分值
鸟纲 Aves										
雀形目 Passeriformes	鸫科 Turdidae	红喉歌鸲	*Luscinia calliope*(Pallas,1776)		三有				50~100	0.8
		红胁蓝尾鸲	*Tarsiger cyanurus*(Pallas,1773)		三有				50~100	0.8
		鹊鸲	*Copsychus saularis*(Linnaeus,1758)		三有				10~50	0.8
		黑喉石䳭	*Saxicola torquata*(Linnaeus,1766)		三有				50~100	0.8
		紫啸鸫	*Myophonus caeruleus*(Scopoli,1786)						50~100	0.8
		乌灰鸫	*Turdus cardis*(Temminck,1831)		三有				10~50	0.8
		乌鸫	*Turdus merula*(Linnaeus,1758)						50~100	0.8
	霸鹟科 Muscicapidae	北灰鹟	*Muscicapa Latirostris*(Raffes,1811)		三有				50~100	0.8
		海南蓝仙鹟	*Cyornis hainanus*(Ogilvie-Grant,1899)						100–500	0.8
		山蓝仙鹟	*Cyornis banyumas*(Horsfield,1821)						50~100	0.8
	画眉科 Timaliidae	黑脸噪鹛	*Garrulax perspicillatus*(Gmelin,1789)		三有				50~100	0.8
		黑领噪鹛	*Garrulax pectoralis*(Gould,1836)		三有				100~500	3.8
		画眉	*Garrulax canorus*(Linnaeus,1758)		三有	NT		Ⅱ	50~100	1.3
		黄腹山鹪莺	*Prinia flaviventris*(Delessert,1840)						100~500	0.8

续表

目	科	中文名	学名	广东省重点	国家保护级别	中国物种红色名录	IUCN	CITES附录	估计数量/只	保护分值
鸟纲 Aves										
雀形目 Passeriformes	画眉科 Timaliidae	高山短翅莺	*Bradypterus seebohmi*(Ogilvie-Grant,1895)						50~100	0.8
		长尾缝叶莺	*Orthotomus sutorius*(Pennant,1769)						50~100	0.8
		褐柳莺	*Phylloscopus fuscatus*(Blyth,1842)		三有				100~500	0.8
		黄腰柳莺	*Phylloscopus proregulus*(Pallas,1811)		三有				50~100	0.8
		极北柳莺	*Phylloscopus borealis*(Blasius,1858)		三有				300~800	0.8
		双斑绿柳莺	*Phylloscopus plumbeitarsus*(Swinhoe,1861)						100~500	0.8
	绣眼鸟科 Zosteropidae	暗绿绣眼鸟	*Zosterops japonicus* (Temminck and Schlegel, 1847)		三有				100~300	0.8
	山雀科 Paridae	大山雀	*Parus major*(Linnaeus,1758)		三有				10~50	0.8
	啄花鸟科 Dicaeidae	红胸啄花鸟	*Dicaeum ignipectus*(Blyth,1843)						100~500	0.8
	梅花雀科 Estrildidae	白腰文鸟	*Lonchura striata*(Linnaeus,1766)						10~50	0.8
		斑文鸟	*Lonchura punctulata*(Linnaeus,1758)						10~50	1.3
	燕雀科 Fringillidae	金翅雀	*Carduelis sinica*(Linnaeus,1766)		三有				10~50	0.8
		黑尾蜡嘴雀	*Eophona migratoria*(Hartert,1903)	S	三有				50~100	0.8
	鹀科 Emberizidae	白眉鹀	*Emberiza tristrami*(Swinhoe,1870)		三有				50~100	0.8

续表

目	科	中文名	学名	广东省重点	国家保护级别	中国物种红色名录	IUCN	CITES附录	估计数量/只	保护分值
鸟纲 Aves										
雀形目 Passeriformes	鹀科 Emberizidae	小鹀	*Emberiza pusilla*(Pallas,1776)		三有				50~100	0.8
		灰头鹀	*Emberiza spodocephala*(Pallas,1776)		三有				50~100	0.8
哺乳纲 Mammalia										
啮齿目 Rodentia	竹鼠科 Rhizomyidae	银星竹鼠	*Rhizomys pruinosus*(Blyth,1851)		三有				100~500	0.8
	鼠科 Muridae	褐家鼠	*Rattus norvegicus*(Berkenhout,1769)						50~100	1.8
翼手目 Chiroptera	菊头蝠科 Rhinolophidae	普通伏翼	*Pipistrellus abramus*(Temminck,1838)						10~50	1.8
		扁颅蝠	*Tylonycteris pachypus*(Temminck,1840)						10~50	3.4
		中华鼠耳蝠	*Myotis chinensis*(Tomes,1857)			NT			5~10	3.2
		郝氏鼠耳蝠	*Myotis adversus*(Horsfield,1824)						5~10	2.8
食肉目 Carnivora	猫科 Felidae	豹猫	*Prionailurus bengalensis*(Kerr,1792)	S	三有	VU		Ⅱ	5~10	3.2
	灵猫科 Viverridae	花面狸	*Paguma larvata*(C. E. H. Smith,1827)		三有	NT		Ⅲ	20~80	0.8
	獴科 Herpestidae	红颊獴	*Herpestes javanicus*(E. Geoffroy Saint-Hilaire,1818)	S	三有	VU		Ⅲ	50~100	4.4
	鼬科 Mustelidae	黄腹鼬	*Mustela kathiah*(Hodgson,1835)		三有	NT		Ⅲ	50~100	4.7
偶蹄目 Artiodactyla	猪科 Suidae	野猪	*Sus scrofa*(Linnaeus,1758)		三有				500~1000	0.8

注:以“S”表示广东省重点保护陆生野生动物;国家保护级别中,“三有”表示国家保护的有益的或者有重要经济、有科学研究价值的陆生野生动物,“Ⅰ”和“Ⅱ”分别表示国家Ⅰ级和Ⅱ级重点保护野生动物;中国物种红色名录中,“NT”“VU”“EN”和“CR”分别表示《中国生物多样性红色名录》(2015)中列为“近危”“易危”“濒危”和“极危”的物种;IUCN(世界自然保护联盟)红皮书中,“NT”“VU”“EN”和“CR”分别表示IUCN红皮书列为“近危”“易危”“濒危”和“极危”的物种;CITES(濒危野生动植物种国际贸易公约)附录中,“Ⅰ”和“Ⅱ”和“Ⅲ”分别表示列入CITES附录Ⅰ、附录Ⅱ和附录Ⅲ的物种。

4.9.2.3 珍稀濒危鸟类分布

鸟类中，属于各类珍稀濒危保护物种的共有 126 种，占所调查鸟类物种总数的 86.9%。由于鸟类物种丰富，属于珍稀濒危保护类别的种类也是各动物类群中最多的，占全部珍稀濒危保护物种数的 68.9%。其中广东省重点保护物种 19 种，包括苍鹭、大白鹭、中白鹭、小白鹭、牛背鹭、池鹭、绿鹭、夜鹭、黄斑苇鳽、栗苇鳽、黑水鸡、中杓鹬、黑尾鸥、红嘴鸥、黑枕燕鸥、褐翅燕鸥、白翅浮鸥、红嘴相思鸟和黑尾蜡嘴雀；国家Ⅱ级重点保护野生动物 19 种，包括岩鹭、鹗、黑冠鹃隼、黑鸢、白腹海雕、蛇雕、赤腹鹰、松雀鹰、雀鹰、普通𫕡、红隼、燕隼、游隼、斑尾鹃鸠、褐翅鸦鹃、小鸦鹃、领角鸮、领鸺鹠和斑头鸺鹠，“三有”物种共有 105 种；中国物种红色名录收录物种 4 种，包括近危种 3 种，分别为斑尾鹃鸠、白颈鸦和画眉，以及易危种 1 种，即白腹海雕；IUCN 红皮书收录近危物种 1 种，即白颈鸦；CITES 附录收录物种共有 16 种，其中游隼为 CITES 附录Ⅰ收录物种，其余 15 种均属于 CITES 附录Ⅱ物种，包括有鹗、黑冠鹃隼、黑鸢、白腹海雕、蛇雕、赤腹鹰、松雀鹰、雀鹰、普通𫕡、红隼、燕隼、领角鸮、领鸺鹠、斑头鸺鹠和画眉。

4.9.2.4 珍稀濒危哺乳类分布

哺乳动物中，共有 11 种属于珍稀濒危保护动物，占总哺乳动物物种数的 44.4%。其中录得广东省重点保护物种 2 种，即豹猫和红颊獴；“三有”物种 6 种，分别为、鼠、银星竹鼠、豹猫、花面狸、红颊獴、黄腹鼬和野猪，没有国家重点保护野生动物；中国物种红色名录收录物种 5 种，包括 3 种近危种（中华鼠耳蝠、花面狸和黄腹鼬）和 2 种易危种（豹猫和红颊獴）；没有 IUCN 红皮书收录物种；CITES 附录收录物种共 4 种，其中豹猫为 CITES 附录Ⅱ物种，花面狸、红颊獴和黄腹鼬为 CITES 附录Ⅲ物种。

根据数据采集结果，大鹏半岛珍稀濒危动物及濒危评分如表 4-26 所示。

4.10 古树名木资源

大鹏半岛共有古树名木 524 株，其中古树 524 株，名木 0 株。分别隶属桃金娘科、樟科、马鞭草科、金缕梅科、冬青科、桑科、木麻黄科、无患子科、楝科、豆科、大戟科、榆科、山茶科、漆树科、梧桐科、山榄科、含羞草科、瑞香科、木犀科、大风子科、五加科、蔷薇科、茜草科、壳斗科等 24 科；蒲桃属、润楠属、牡荆属、枫香属、冬青属、榕属、木麻黄属、木姜子属、龙眼属、楝属、荔枝属、秋枫属、朴属、木荷属、水翁属、白颜树属、五月茶属、苹婆属、波罗蜜属、皂荚属、金叶树属、银叶树属、翅子树属、海红豆属、沉香属、木犀属、簕柊属、鹅掌柴属、金合欢属、乌桕属、臀果木属、毛茶属、青冈属、石笔木属、杧果属、黄桐属等 36 属；包括榕树、木麻黄、铁冬青、枫香、浙江润楠、白车、山牡荆、潺槁树、青果榕、龙眼、苦楝、龙眼、凤凰木、秋枫、荔枝、朴树、樟树、木荷、斜叶榕、水翁、光叶白颜树、五月茶、杧果、朴树、樟叶朴、假苹婆、笔管榕、白桂木、小果皂荚、金叶树、银叶树、翻白叶树、海红豆、土沉香、牛矢果、广东簕柊、华润楠、鸭嘴木、假柿木姜子、台湾相思、乌桕、臀形果、毛茶、岭南青冈、红车、石笔木、香蒲桃、黄桐等 48 个品种。其中，榕树 214 株，龙眼 39 株，银叶树 21 株，水翁 18 株，朴树 17 株，荔枝 14 株，其余 42 各树种均不超过 10 株。

从树种构成方面看，大鹏半岛古树名木的优势树种为榕树，其余各类树种占比均不超过10%，榕树作为本土树种，对环境的适应性强，对气候、土壤要求都较低，在大鹏半岛古树中明显占据较大的比例。

从分布状况看，半岛的古树名木分布在葵冲街道有193株，大鹏街道147株，南澳街道184株，三个街道的古树数量相差不多，其中葵冲街道最多，而大鹏街道最少。

从古树保护级别上看，一级保护类别古树（树龄500年以上）7株，二级保护类别古树（树龄300~500年）23株，三级保护类别古树（树龄100~300年）494株。

从古树权属上看，国有古树103株，占19.7%；集体所有古树420株，占80.1%；个人所有古树1株，占0.2%，几乎所有古树均为国家或集体所有。

从古树树种起源上看，有514株属原生树种，10株为移栽树种，分别占98.1%和1.9%。

（本章编写人员：韩振超、葛萍）

第5章

以成果评估为导向的大鹏半岛自然资源资产核算与负债表体系

大鹏半岛自然资源资产核算与负债表体系是粤港澳大湾区生态文明建设量化评估机制的重要组成和核心基础。体系通过自然资源资产价值核算,实现自然资源资产的经济属性转化;通过编制自然资源资产负债表,实现对自然资源资产的经济化管理;从而全面实现对生态文明建设成果的量化评估,奠定对生态文明建设过程与成果精细化管理的技术基础。为此,大鹏半岛自然资源资产核算与负债表体系依据生态文明建设量化评估机制相关理论,在实施主体、实施客体、自然资源资产负债表中的负债概念、自然资源生态服务价值转化为资产的路径、自然资源资产负债表平衡关系设定等方面关键问题进行了首创性的探索,并根据宏观与微观的不同层面,分别构建了宏观统计型和微观管理型自然资源资产负债表。明确了上述五方面的关键问题,探索构建了自然资源资产负债表的编制方法,确定了自然资源资产负债表在国民经济核算体系中的地位。

5.1 构建要点与依据、术语定义

5.1.1 构建要点

(1)国民经济体系中对生态文明建设成果实施量化评估

构建自然资源资产核算与负债表体系,目的是依托现行经济学评价体系,通过将生态系统供给和服务的价值化,并探索生态服务价值纳入国民经济核算体系(SNA)的转化模式,在传统经济学的框架下量化评估生态文明建设的成果,展示自然资源资产管理效益和效率,为宏观决策提供参考依据。

因此从短期来看,构建自然资源资产核算和负债表体系的目的是顺应国家生态文明治理观念的改变,落实政府环境审计和领导干部自然资源资产离任审计的需要。从中长期来看,通过构建自然资源资产核算和负债表体系对自然资源量化评估管理,实现对政府和自然资源资产管理单位自然资源资产绩效的量化评估考核,有利于国家建立资源节约利用的自然资源资产管理制度,改变以牺牲资源环境换取经济增长的资源消耗型发展模式,是建设生态文明,实现经济社会可持续发展、人与自然的和谐共存的重要技术储备和基础。

(2)以应用系统性和导向性为体系构建原则

为使大鹏半岛自然资源资产核算与负债表体系有机融入国民经济核算体系(SNA)。在体系构建时以生态系统和生物多样性经济学(TEEB)理论为指导,以国民经济核算体系和环境与经济综合核算体系(SEEA)为基础架构,在确定核算体系中的模式、指标、因子、基准以及核算方法时，充分考虑与国民经济核算体系的系统相容性，对不相容的指标预先进行修改完善，确保体系的系统性。在构建负债表体系框架时，依照自然资源资产负债表在国民资产负债表体系表中的作用与隶属关系，系统性确定自然资源资产负债表的体系和框架结构。

大鹏半岛自然资源资产核算与负债表体系，以客观量化评估大鹏半岛自然资源资产价值为导向。在构建指标体系时对无法量化核算的指标不纳入系统，对不能单独形成生态服务价值的，采用复合指标纳入系统。在确定核算因子时，只考虑整体生态系统对宏观经济体系输出的服务价值，不考虑生态系统内部的生物多样性保护依存及各子系统之间内部价值。在明确核算基准参数时，重点关注基准参数的不变性和稳定性。

(3)突出大鹏半岛特色，确保可操作性

大鹏半岛自然资源资产核算与负债表体系，针对粤港澳大湾区尤其是大鹏半岛层面的特色，在确定大鹏半岛自然资源资产核算指标时，将各类较为成熟普遍性的指标纳入体系的同时，注重将大鹏半岛的湾区特色要素，如沙滩资源、近岸海域等特色资源纳入体系，充分体现了湾区自然资源资产的特色性。

为确保体系的简明性和可操作性，在设计核算指标和核算因子时要简明扼要，确保每个指标和因子都内涵清楚、客观性强，同时相互独立，能够被明确地评估；各项指标数据应易于获得和更新，种类不宜过多过细，避免造成核算过于烦琐，同时指标分类又不能过少过简，避免指标信息遗漏，不能真实全面体现价值存在。

5.1.2 依据和术语定义

(1)构建依据

1)主要政策法规依据：①《中共中央关于全面深化改革若干重大问题的决定》；②《中共中央国务院关于加快推进生态文明建设的意见》；③《生态文明体制改革总体方案》；④《编制自然资源资产负债表试点方案》；⑤《关于印发编制自然资源资产负债表试点方案的通知》；⑥《开展领导干部自然资源资产离任审计试点方案》；⑦《关于推进生态文明、建设美丽深圳的决定》；⑧《深圳市大鹏半岛生态文明体制改革总体方案(2015—2020年)》；⑨《粤港澳大湾区发展规划纲要》。

2)主要技术规范依据：①国家统计局《自然资源资产负债表试编制度(编制指南)》；②System of National Accounts 2008；③System of Environmental Economic Accounting 2012；④《中国国民经济核算体系(2002)》；⑤《海洋生态资本评估技术导则》(GB/T 28058—2011)；⑥《森林生态系统服务功能评估规范》(LY/T 1721—2008)；⑦《生态环境状况评价技术规范(试行)》(HJ 192—2015)；⑧《地表水环境质量标准》(GB 3838—2002)；⑨《环境空气质量标准》(GB 3095—2015)；⑩《土地利用现状分类》(GB/T 21010—2007)；⑪《林地分类》(LY/T 1812—2009)；⑫《森林资源规划设计调查技术规程》(GB/T 26424—2010)；⑬《中国自然资源手册》；⑭《国家森林资源连续清查技术规定》；⑮《第二次全国土地调查技术规程》。

(2)术语定义

1)自然资源资产核算指标(nature resources accounting index)指用来衡量自然资源价值的自然资源类别。

2) 自然资源资产(nature resources capital),指自然资源自身及其服务所产生的价值。

3) 自然资源负债表中的负债(liabilities),指统计期内自然资源资产管理单位在自然资源资产的维护、治理和增值方面从外界所借贷的金融性负债。

4) 自然资源资产负债表(nature resources sheet balance),是用于自然资源资产管理的特定资产负债表,反映自然资源资产管理单位在某一特定时刻所管辖的自然资源全部资产、负债和净资产(权益)情况,表明该单位在某一特定时刻所控制的自然资源、所接受的外部耗用和对资产的拥有权情况,是揭示自然资源资产管理单位管辖的自然资源资产状况的静态报表。

5) 自然资源资产核算(nature resources accounting),指在确定核算基准术语、基准年份、基准核算指标、基准核算因子、基准核算方法、基准数据采集方法、基准价格的基础上,计算自然资源资产价值的过程。

6) 自然资源资产价格质量关系(the relationship between qualities and price),指通过研究单位自然资源资产的质量参数与价值之间的关系,构建的单位自然资源价值核算方法。

7) 林地(forest),指风景名胜区、水源保护区、郊野公园、森林公园、自然保护区、风景林地等地的天然林和人工林。

8) 城市绿地(urban green land),指用以栽植树木花草和布置配套设施,基本上由绿色植物所覆盖,并赋以一定的功能与用途的场地。包括公园绿地、防护绿地、社区绿地和附属绿地。

9) 湿地(wet land),指天然或人工形成的沼泽地等有静止或流动水体的成片浅水区,包括在低潮时水深不超过 6m 的水域。

10) 耕地(arable land),指以种植农作物、经济作物为主的土地。包括果园、苗圃场和菜地。

11) 可利用地(available land),指政府依据国家储备用地管理办法登记备案的尚未利用土地,含已临时复绿的土地和闲置土地。

12) 饮用水(drinking water),指饮用水源保护区内水库蓄水。

13) 景观水(landscape water),指高分辨率遥感影像能够分辨的天然形成或人工开挖的河流及干渠、坑塘中的达标水。

14) 沙滩(sandy beach),指可供人类休闲娱乐的沙质海岸。

15) 近岸海域(offshore area),指海岸线以外 2km 海洋区域。

16) 天然林(nature forest),指未经人为干扰、人为采伐或培育的天然森林。

17) 人工林(artificial forest),指用人工种植的方法营造和培育而成的林地。

18) 公园绿地(park green space),指城市中向公众开放的、以游憩为主要功能,有一定的游憩设施和服务设施,同时兼有健全生态、美化景观、防灾减灾等综合作用的绿化用地。

19) 防护绿地(protection green space),指城市中具有卫生、隔离和安全防护功能的绿化用地。

20) 社区绿地(community green space),指为一定居住用地范围内的居民服务,具有一定活动内容和设施的集中绿地。

21) 附属绿地(affiliated green space),指城市建筑物建设中配套的绿化用地。

22) 果园(orchard),指种植果树的园地。

23）苗圃（nursery field），指苗木培育基地。

24）菜地（vegetable field），指以蔬菜种植为主的耕地。

25）河流（rivers），指陆地表面上经常或间歇有水流动的线形天然水道。

26）坑塘（swag），指不在水源保护区的小型水库和天然形成或人工开挖的静止水面。

27）浴场沙滩（sand bench for bathing），指以海滨浴场为主导功能的沙滩。

28）观光沙滩（sand bench for leisure relaxation），指以休闲观光为主导功能的沙滩。

29）特色休憩沙滩（holiday resorts sand bench），指以企业管理的度假村为主导的沙滩。

30）闲置储备用地（unused reserve land），指地表裸露的闲置政府储备用地。

31）临时复绿储备用地（virescence reserve land），指已人工复绿的政府储备用地。

32）核算因子（accounting factor），指用来衡量自然资源价值的自然资源功能要素。大鹏半岛自然资源资产核算因子主要包括实物价值功能、涵养水源功能、保育土壤功能、固碳释氧功能、净化水质功能、净化大气功能、调节气候功能、生物多样性保护功能、维持营养物质循环功能、提供生物栖息地功能和休闲游憩因子等11类功能要素。

33）核算方法（accounting method），指用来核算自然资源资产价值的计算方法，包括市场价值法、费用支出法、替代工程法、机会成本法、恢复费用法和支付意愿法。

34）核算基准（accounting benchmark），指用来核算自然资源资产价值各种基准参数，包括基准术语、基准年份、基准核算指标、基准核算因子、基准核算方法、基准数据采集方法和基准价格。

35）市场价值法（market value method），对具有市场价值的生态产品和服务，通过市场价格进行评估。适合于有市场价格的生态服务功能价值评估，是目前应用最广泛的评价方法。

36）费用支出法（expenditure method），从消费者的角度来评价生态服务功能价值的方法，它以人们对某种生态服务功能的支出费用来表示其经济价值，该类方法的优点在于核算方法简洁明了，易于统计。

37）替代工程法（alternative engineering method），替代工程法是恢复费用的一种特殊形式。某一环节污染或破坏以后，人工建造一个工程来代替原来的环境功能，用建造该工程的费用来估计环境污染或破坏造成的经济损失的一种方法，新工程的投资就可以用来估算环境污染的最低经济损失。

38）机会成本法（opportunity cost method），指在无市场价格的情况下，资源使用的成本可以用所牺牲的替代用途的最大收入来估算。机会成本法具有计算简单，易于操作的优点。

39）恢复费用法（replacement cost method），指因为某项生态服务的存在而可以避免特定灾害的发生，如果没有这种生态服务灾害将无法避免，那么人为去恢复这种灾害造成的损害所需的费用就是这种生态服务的价值。该方法的优点在于简单方便，易于掌握。

40）支付意愿法（willingness to pay method，WTP），又称意愿调查价值评估法，是一种基于调查的评估生态系统服务价值方法。所获得的生态系统服务价值依赖于构建（假想或模拟）市场和调查方案所描述的物品或服务的性质。这种方法被普遍用于公共品的定价。但是支付意愿调查法必须建立在几个假设前提下：①环境要素要具有可支付性的特征；②被调查者知道自己的个人偏好；③有能力对环境物品或服务进行估价，并且愿意诚实地说出自己的支付意愿或受偿意愿。

41）自然资源实物资产（nature resources tangible assets），指自然资源实物和实物出售产生的当期货币资产。

42）自然资源生态服务价值转化资产（nature resources intangible assets），指自然资源的生态服务价值转化成的资产。

43）递延资产（defer assets），指由于自然资源资产维护、修复工程资金按年摊销形成的待摊销资产，称为递延资产。

5.2 关键问题探讨

构建自然资源资产核算与负债表体系，就是要通过自然资源资产核算与负债表编制完成对自然资源资产的量化评估，并将自然资源资产纳入国民经济核算体系，完善现有经济构架，更好地实现对自然资源资产规范化、精细化管理，为政府的重大决策提供量化依据，为有针对性地解决区域内存在的生态环境问题提供工作思路。因此大鹏半岛自然资源资产核算与负债表体系，必须解决以下关键问题。

5.2.1 与经济管理对应的实施主体确定

自然资源资产核算与负债表实施主体，从经济学角度看就是自然资源资产核算与负债表所反映的会计主体，确定自然资源资产核算与负债表体系的实施主体是量化评估工作开展的关键。

传统经济学中，国民资产核算与负债表编制的主体是国家行政机关（内设的统计部门），企业资产负债表的编制主体是开展经营活动的企业，但自然资源资产负债表的核算与编制主体究竟如何确定目前尚无定论。研究者从各自的视角出发，对自然资源资产核算与负债表编制主体给出了自己的看法。张友棠等（2014）提出了政府主体假设，认为我国从中华人民共和国成立开始就确立了自然资源的公有产权制度，国家依据宪法行使对绝大部分自然资源的所有权，自然资源的开发与利用离不开国家的统一规划和部署。因此，自然资源资产负债表所反映的会计主体为我国各级政府。杨海龙等（2015）认为首先需要健全自然资源资产产权制度，只有产权明晰，才能为进一步核算和编制自然资源资产负债表奠定基础。目前，我国自然资源资产产权制度还不完善，产权不明晰严重影响自然资源资产负债表的科学核算与编制工作。胡文龙和史丹（2015）建议自然资源资产表由统计部门根据汇总后的数据统一列示，具体自然资源资产按照自然资源的类型由相关自然资源管理部门填列，同时提议成立“国家自然资源管理委员会”履行自然资源所有权人职责，作为自然资源的产权主体，解决自然资源所有权虚置、所有者缺位问题。按照资产负债表权责发生制的要求，“国家自然资源管理委员会”有责任披露自然资源资产负债表反映其受托责任。陈玥等（2015）研究认为各国自然资源核算大多是政府主导的行为，开展自然资源的核算有助于经济社会与资源环境生态的协调发展。结合我国实际，目前我国自然资源具有公共产权属性，各级政府是大部分自然资源的所有者，而且，自然资源种类繁多、涉及部门广泛，自然资源统计是一项宏大的工程，所以自然资源资产负债表的核算与编制主体应该是各级政府。同时从自然资源资产负债表实现领导干部离任审计的目的看，核算与编制工作也应该由各级政府来完成。自然保护区、生态保护区、生态林区、水源涵养区等主体功能区或者国家公园也应是自然资源资产负债表的管理者,也是核算与编制主体。陈艳利等(2015)认为自然资源资产负债表是展示自然资源权益主体在某一地区自然资源状况的报表,自然资源的管理者是各级政府,因此提出各级政府下设的主权部门作为自然资源管理的具体执行者,是自然资源资产负债表的编制与核算主体。同一种自然资源由于其分类的多样性、涉及范围广泛性,应由多个部门进行管理,如环保部门、水利部门、地矿部门、林业部门、海洋管理部门、农业部门等。分散的责任主体不利于自然资源的统一管理,借鉴国际社会经验,如加拿大、德国、澳大利亚、挪威等国均由统计局负责,与环保部门合作,进行环境调查并统计环境数据,最终编制自然资源资产负债表。孙志梅等(2016)则认为自然资源资产负债表的信息质量特征说明,自然资源资产负债表不应是单一报表,至少包括实物量表和价值量表,而且应按照资源种类(如水资源、土地资源、矿产资源、森林资源等)提供分类的自然资源资产负债表。资源种类不同,提供信息的侧重点会略有不同。因此,自然资源资产负债表绝不是单一报表,而是一个完整的报表体系。

大多数研究者均认为政府(或其内设机构)应成为自然资源资产负债表的核算与编制主体,但这种主流意见的覆盖面不够全面,还存在一些需要完善的地方,特别是对政府授权管理的自然资源资产和居民、企业自身拥有的自然资源资产未能纳入体系。

为全面覆盖的产权主体,确切区分和展示自然资源资产管理责任,量化体现自然资源资产管理责任,实现与现状经济体系的无缝对接,大鹏半岛自然资源资产核算与负债表体系对应产权主体的不同分为政府和企业(居民)两类,同时针对自然资源资产普遍存在的委托管理情况,将受委托的自然资源资产管理单位也列入企业自然资源资产核算与负债表编制主体范畴。

大鹏半岛自然资源资产核算与负债表体系根据核算主体不同,分别核算并编制用于决策参考的统计型自然资源资产负债表和用于量化管理责任的管理型自然资源资产负债表。

5.2.2 基于大湾区特色的评估指标确定

确定自然资源资产核算与负债表体系中评估指标,实际上是确定自然资源资产核算与负债表编制的对象范围,也就是确定自然资源资产核算与负债表编制实施客体。由于各地区自然环境赋存的差异以及对自然资源的划分标准不一,在开展自然资源资产核算与负债表编制时,确定编制客体至关重要。

肖旭等(2015)参照国民经济行业分类标准及我国土地、林业、水利等部门根据国际上自然资源核算方面的实践经验及相应自然资源分类标准,对我国自然资源进行分类,将其分为土地资源、矿产资源、海洋资源、森林资源、能源资源和水资源六大类自然资源。他认为自然资源资产是指国家和政府拥有或控制,在现行情况下可取的或可探明存量的能够用货币进行计量,并且在开发使用过程中能够给政府带来经济利益流入的自然资源或者在使用自然资源过程中给政府带来经济流入的经济事项。它包括自然资源资产、政府拥有的自然资源资产再开发使用中获取的现金收入、收取的应收税费款项等。自然资源资产不同于其他资产,其产权归属于国家和政府,国家和政府拥有对自然资源资产的所有权、使用权、经营权、监督权和收益权。在自然资源资产核算范围内,并不是上述六大类自然资源都能被确认为自然资源资产。例如,土地资源资产按其用途可分为耕地资源、林地资源、牧草地、建筑用地、城镇工矿用地等,但未开发利用的土地由于未给政府带来经济利益流入而不予确认为土地资源资产。在矿产资源中已发现但未探明的资源由于实物价值不能确定,不能确认为矿产资源资产。在水资源中由于不能直接或间接带来经济利益而不能认定为水资源资产,如用于农田灌溉的水资源、已蒸发的水资源、受到污染的水资源等;对于生活用水,在产权明晰、市场价格明确的前提下可以被确认为资产。森林资源具有多种用途,但用于涵养水源、防风固沙、净化空气的那部分生态功能价值由于目前技术水平有限,其价值难以估计,因此不列入森林资源资产中;而林木资源资产、森林旅游资源资产等符合资产确认条件的列入森林资源资产账户中。能源资源资产中光能和太阳能等新能源由于产权难以界定,因此不包括在能源资源资产中。因此,他认为自然资源资产账户列报的内容有:自然资源资产一级科目,下设"土地资源资产""矿产资源资产"水资源资产"等二级科目,在"土地资源资产"二级科目下设"耕地资源资产""林地资源资产"等三级科目;其他二级科目依次类推。在现金收入资产项目下,包括水资源资产中排污权收入、矿产资源中碳排放收入等,还包括政府征收的各项自然资源税费收入。张友棠等(2014)将自然资源资产分为土地资源资产、森林资源资产、草地资源资产、水资源资产、气候资源资产、矿产资源资产、海洋资源资产、能源资源资产和其他资源资产等九大类资产。乔晓楠等(2015)综合总结了兰尔德的自然资源分为"储备资源"和"流动资源"分类、巴利·C. 菲尔德和玛莎·K. 菲尔德的"可再生资源"与"不可再生资源"分类、泰坦伯格的"可再生资源"与"可耗竭资源"分类、邓宏兵的"无限的自然资源"(如太阳能、潮汐能、气候等)与"有限的自然资源"(森林、草原、野生动植物和土壤、区域性水资源)分类的基础上,将自然资源区分为"可再生资源""可耗竭资源"以及"生态资源"三大类。其中,生态资源要考虑自然资源的生态环境属性,并且建议以污染物的浓度或总量来加以计量。其认为广义的三类自然资源均需纳入到自然资源资产负债表体系之内,进行核算、监测与管理。胡文龙和史丹(2015)则提出了自然资源资产负债表编制客体应该是生态环境的构思,认为生态环境通常包括自然生态环境(如水、河川、森林、山岭、草原、荒地、滩涂、栖息地等的自然状态)和人工生态环境(如名胜古迹、绿化带、防护林、生态保护区、城市、乡村、区域发展规划等),自然生态环境是大自然形成的、目前大多数供人们免费使用,人工生态环境是人类投入了一定的劳动之后形成的,也有一些是免费使用的。这两种生态环境的占有和使用,均存在经济价值和社会价值,并且社会价值常常大于经济价值。特别是生态环境价值的提升或破坏,具有很强的外部性,能够带来广泛的、长期的影响。这是建立生态环境损害责任终身追究制度的根本原因。建议对生态环境资产经济价值的计量,和自然资源资产的计量一样,也应当坚持增量原则,即使生态环境价值提升的部分可以作为资产计量,使生态环境价值破坏的部分可以作为负债计量,对于那些即没有增加价值也没有减少价值的生态环境,暂不在自然资源资产负债表中反映。这样可以用制度的办法鼓励发展有机农业、生态旅游、乡村休闲旅游,以及以风能、太阳能、地热能为资源的新能源产业,促进自然资源增值。陈玥等(2015)认为由于各地区自然环境享赋的差异,在开展自然资源资产核算时,确定核算范围至关重要。根据国际上自然资源核算方面的实践经验可知,对于自然资源极度依赖的国家常常把自然资源耗减作为核算重点,另外对于一些面临严重环境污染、生态破坏的国家,应更多地把核算重点放在环境与生态核算上,如排放造成的空气、水和土壤污染等。根据我国国情,资源耗减和生态环境形势同样严峻,由此,我国自然资源资产负债表的核算范围既应包括核算区域范围内所拥有的可为经济系统应用的一切自然资源,也包括与生态环境有关的内容，如环境保护支出、污染物排放、生态系统服务功能等。环境经济综合核算体系（SEEA2012）将自然资源资产分为土地资源、生物资源、水资源和矿产资源四大类，每类资源又细分为各小类：

1）土地资源资产。细分为农业用地、旅游用地和消费性用地三大类。农业用地是指直接或间接为农业生产所利用的土地，包括耕地、林地、牧草地等。旅游用地是指用于开展旅游业而占用的土地。消费性用地是指不具有直接的经济产出，但是作为其他生产生活保障的土地，包括住宅用地和商业用地。

2）生物资源资产。细分为植物资源、动物资源和微生物资源三大类。植物资源按其用途又可分为食用、药用、纤维等。动物资源按种类分为鸟类、爬行类、哺乳类等。

3）水资源资产。细分为地表水和地下水。地表水包括河流、湖泊、水库；地下水分为普通水、矿泉水。

4）矿产资源资产。细分为能源矿产、金属矿产和非金属矿产三大类。其中，能源矿产包括石油、煤、天然气等 10 种；金属矿产包括铁、铜等 54 种；非金属矿产包括金刚石、石墨等 91 种。

研究者及相关机构均从各自专业角度对自然资源资产核算与负债表编制评估指标进行了有益的探索，取得了相应的成果，但由于各成果之间差异较大，目前很难形成统一的观点。大鹏半岛自然资源资产核算与负债表体系基于客观量化评估大鹏半岛自然资源资产价值为导向，以粤港澳大湾区特色自然资源现状为基础，结合“两山论”关于“山水林田湖”作为有机整体的理念，参照《中国自然资源手册》对自然资源的分类方法，将大鹏半岛自然资源资产核算与负债表体系的评估指标（研究范围）确定为土地资源、生物资源、水资源、大气资源和特色资源（从前四个一级指标中选取具有大湾区特色的二、三级指标单列构成）五类一级指标。根据可操作性原则，为使生态系统服务价值得以完整体现，将一级指标中的土地资源与生物资源对应组合形成用于核算的十项二级复合指标，分别为林地资源、城市绿地资源、湿地资源、饮用水资源、景观水资源、大气资源、沙滩资源、近岸海域资源、珍稀濒危物种资源和古树名木资源。

5.2.3 明确自然资源资产负债表中负债概念

自然资源资产负债表中负债的概念，众多研究学者仍存在较大争议，是至今尚无明确结论的问题。而准确定义自然资源资产负债表中的负债概念又是涉及自然资源资产核算和负债表编制的核心问题，为此大鹏半岛自然资源资产核算与负债表体系予以了重点探索。

从国民资产经济核算体系总源头上看，SNA2008 国家资产负债表中资产负债账户是唯一的反映负债存量的账户，它反映了国家期初和期末的资产、负债及净资产存量。

从表 5-1 中可以看到，国家资产负债表的纵栏为各类资产、负债项目和净资产，依次为非金融资产、金融资产、金融负债和净资产（耿建新等，2015）。其中非金融资产又分为非金融生产性资产和非金融非生产性资产。金融资产和金融负债虽然性质截然相反，但包含的明细项目相同；非金融资产与金融资产之和超出金融负债的部分，即构成净资产。由此可见，在国家资产负债表中存在的是“资产＝负债+净资产”这样的恒等关系。特别需要强调的是,SNA2008 将自然资源明确地列为非金融非生产性资产中的一项资产,其明细项目包括土地、矿产和能源储备、非培育性生物资源、水资源和其他自然资源,而 SNA2008 中的非金融资产(其中包括自然资源资产)是不存在负债项的。因此从 SNA2008 体系结构看,国家层面的资产负债表中是不存在自然资源负债的。

表 5-1　SNA2008 体系国家资产负债表

各项目类型＼国民经济各部门	非金融公司部门	金融公司部门	政府部门	住户部门	为住户服务的非营利机构部门	经济总体	国外部门	总计
一、非金融资产								
(一)非金融生产性资产								
1. 固定资产								
2. 存货								
3. 贵重物品								
(二)非金融非生产性资产								
1. 自然资源								
土地								
矿产和能源储备								
非培育性生物资源								
水资源								
其他自然资源								
无线电频谱								
其他								
2. 合约、租约和许可								
3. 商誉和营销型资产								
二、金融资产								
1. 货币性黄金与特别提款权								
2. 通货与存款								
3. 债务性证券								
(其他略)								
三、金融负债								
1. 货币性黄金与特别提款权								
2. 通货与存款								
3. 债务性证券								
(其他略)								
四、净资产								

从负债的经济学定义上看,负债是经济主体过去的交易或者事项形成的、预期会导致经济利益流出该主体的现时义务。因此负债实质上是经济主体在一定时期之后必须偿还的经济债务,其偿还期或具体金额在它们发生或成立之时就已由合同、法规所规定与制约,是经济主体必须履行的一种义务。由此可见,负债是一项现时义务,除应符合负债的定义外,还要同时满足两个条件:第一,与该义务有关的经济利益很可能流出经济主体;第二,未来流出经济利益的金额能够进行可靠的计量。

由上述负债的定义可以看出,任何负债必须要有负债的主体(债务人)、债务的客体(债权人)和债权债务关系(发生或成立之时就已由合同、法规所规定与制约的现时义务)这三大要素构成,同时未来流出的经济利益的金额能够进行可靠的计量。因此,自然资源负债如果的确存在,那么作为一种特殊的负债形式也必须同时具备这三项要素。事实上,自然资源资产管理单位作为负债的主体(债务人)是很明确的,但是明确债务的客体和由相互借贷形成的债权债务关系,是非常困难的事情。有学者认为自然资源资产负债的对象为社会(或自然),但是社会(或自然)并不是一个明确的法人主体,难以成为经济学和法学意义上的负债客体(债权人),也难以通过借贷形成相应的债权债务关系,因此将自然资源负债对象明确为社会(或自然),是一件很牵强的事,因此从负债的经济学和法学定义上看,自然资源负债也是不存在的。

但也有不少研究者认为自然资源资产负债项是可以构建的。肖旭等(2015)认为自然资源资产存在负债项,并据此构建了自然资源资产负债表框架(表5-2)。表中纵列按自然资源分类来计算其在不同状态下的实物量,横列列示每类自然资源的期初、期末存量以及流量变化情况。其中流量变化情况按引起自然资源增加、减少的原因进行分类。自然资源增加量包括自然生长量、新发现量、经济因素引起的增加量、重估增加量等;自然资源减少量包括自然消亡量、经济因素引起的自然资源消耗量、重估减少量等。其中,重估调整主要是外界条件改变而对自然资源统计造成的影响,如技术、价格变化以及评估方法的改进。在满足“期初存量+本期期内增加量-本期期内减少量=期末存量”等式中得出自然资源资产的存量及其动态平衡关系。

肖序等(2015)认为从表5-2中可以看出自然资源资产负债是由应付政府补贴、应付过度损耗和应付环境治理三部分构成,基本反映了资产价值过度减少后需要补偿投入的情况。

胡文龙和史丹(2015)从自然资源资产保护的现时责任的角度出发,规避了负债客体的问题,提出自然资源负债从经济本质上看,就是会计主体在某一时点上应该承担的自然资源“现时义务”。该“现时义务”是人类在利用自然资源过程中所承担的能以货币计量、需以资产或劳务偿还的责任。在自然资源环境循环流动过程中,既要关注自然资源环境作为生产要素形成物质财富的“资产属性”,也要关注在这一过程中伴随而生的自然资源环境作为人类活动残余物所形成的“债务属性”。从资产负债表的内在逻辑看,无论是“资产=负债+所有权权益”这一会计恒等式,还是“资产来源=资产使用(占用)”这一传统会计平衡关系,反映的经济本质都是权力与责任、权利与义务之间的平衡关系(表5-3)。

他们认为自然资源负债(债务)是人类经济活动所产生负外部性对自然资源环境的破坏性影响,尤其是当这种影响无法通过自然生态系统自身作用予以恢复时,必须按照权责发生制原则核算相关主体的环境责任,导致“环境责任”产生的活动事项就是“环境负债”或“自然资源负债”。自然资源负债按照导致“环境责任”的活动类型分类列报,主要分为(应付)

环境保护负债、(应付)资源管理负债和(应付)自然现象负债。对于自然资源负债的核算范围,可优先核算经济社会活动向环境排放产生的责任(固体残余、废气排放、废水排放等)。该负债是经济社会发展对自然资源环境影响带来的现时义务,可按照一定程序和办法对其价值量进行确认。

表 5-2　自然资源资产负债表模式之一

项目	期初余额		期末余额		项目	期初余额		期末余额	
	实物量	价值量	实物量	价值量		实物量	价值量	实物量	价值量
一、自然资源资产					自然资源负债				
土地资源资产					一、应付政府补贴				
耕地资源资产					其中:土地资源				
…					森林资源				
土地资源资产合计					…				
森林资源资产					应付补贴款项合计				
林木资源资产					二、应付过度损耗				
…					其中:土地资源				
森林资源资产合计					森林资源				
矿产资源资产					…				
金属资源资产					应付过度损耗合计				
…					三、应付环境治理				
矿产资源资产合计					环保投入				
水资源资产					环境设备投入				
生活用水					环保技术投入				
…					环境资金投入				
水资源资产合计					环境管理费用				
能源资源资产					应付环境治理合计				
煤炭资源资产					自然资源负债合计				
…									
能源资源资产合计					自然资源净资产				
海洋资源资产					一、政府初始投入				
海洋生物资源									
…					二、剩余收益				
海洋资源资产合计									
其他自然资源资产					自然资源权益合计				
二、现金收入									
排放权收入									
排污权收入									
应收专项税费									
其他									
自然资源资产总计					自然资源负债和权益合计				

资料来源:肖序等,2015。

表 5-3 自然资源资产负债表模式之二

自然资源资产	实物量	价值量	自然资源负债和净资产	实物量	价值量
1. 能源资源			1.(应付)环境保护负债		
1.1 煤炭			1.1 废水排放负债		
1.2 油页岩			1.2 化学需氧量排放负债		
1.3 石油			1.3 氨氮排放负债		
1.4 天然气			1.4 废气排放负债		
1.5 煤层气			1.5 二氧化硫排放负债		
1.6 其他自然能源资源			1.6 氮氧化物排放负债		
2. 矿产资源			1.7 烟(粉)尘排放负债		
2.1 金属矿产资源			1.8 一般工业固体废物产生负债		
2.2 非金属矿产资源			1.9 二氧化碳排放负债		
3. 土地资源			2. 资源管理负债		
3.1 耕地			2.1 矿产和能源管理负债		
3.2 园地			2.2 木材资源管理负债		
3.3 林地			2.3 水生资源管理负债		
3.4 草地			2.4 其他生物资源管理负债		
3.5 商服用地			2.5 水资源管理负债		
3.6 工矿仓储用地			2.6 其他资源管理负债		
3.7 住宅用地			3. 自然气候负债		
3.8 公共管理与公共服务用地			3.1 因地震导致负债		
3.9 特殊用地			3.2 因海啸导致负债		
3.10 交通运输用地			3.3 因台风导致负债		
3.11 其他土地			…		
4. 林业资源(木材资源)					
4.1 森林					
4.2 林木					
4.3 其他林业资源			4. 自然资源净资产		
5. 水资源			4.1 生态价值		
5.1 地表水(陆地水)			4.2 经济价值		
5.2 地下水			4.3 文化价值		
5.3 土壤水			4.4 历史价值		
…	…				

资料来源:胡文龙和史丹,2015。

高敏雪(2016)认为自然资源资产负债的概念应该与自然资源资产的过载相结合,提出可以在以下三个层面上进行自然资源核算并形成一套核算体系。第一是自然资源实体层面,编制自然资源存量及其变化表,显示拥有的自然资源总存量,揭示当期存量发生变化的原因。第二是在自然资源经营权层面,基于经营权益编制资产存量及其变化核算表,显示已经进入经济体系的自然资源存量,揭示当期发生的增减变化。第三是在自然资源开采权层面,基于权益资产及实际开采使用编制自然资源资产负债表,显示某一时期可用于资源开采使用的权益资产、实际开采使用的自然资源及对应发生的“超采”，也就是我们要着力揭示的自然资源“负债”，其内涵为由于对自然资源资产的过度使用而形成的过载，其表现形式为治理这些过载的应付成本和自然资源过载后减少的价值以及环境恶化所引起的生活品质的损失价值。

对于自然资源资产负债表中负债的概念，耿建新等(2015)通过详细分析认为，在目前的技术水平下缺乏实际可行性。例如，若想确认“应付生态恢复成本和维护成本”，必然涉及对生态系统退化程度的计量，而这项工作的复杂性远远超过核算个别种类的自然资源资产。也正是因此，SEEA2012 没有讨论这一问题。从生态环境治理保护工作的实际情况来看，要准确估计未来应付的环境治理、恢复和保护成本也极为困难，从会计理论角度看也不可能将其确认为负债；相反，核算当期发生的环保支出却相对容易，且核算结果比较准确。此外，由于自然资源的过耗与自然资源资产价值减少有着更为直接的联系，将过耗作为负债项，负债的三大要素更难厘清，同时还势必造成与资产项概念冲突，破坏资产负债表的平衡关系。

基于负债的经济学定义和国家资产负债表的体系结构来看。首先自然资源负债不能满足经济学负债定义三大要素中的两项，一是无法满足具有借贷双方的存在要素，自然资源本身只是一种特殊的资产，不能成为独立的法人，同样自然界本身也不能成为独立的法人，如果说有自然资源负债，那么债权人是一件难以确定的事情。二是自然资源负债无法满足债权债务关系要素，其偿还期和具体金额无法在发生或成立之时由合同、法规进行规定和制约，其未来流出的经济利益也不能够实施可靠的计量。此外根据目前学者们提出的负债概念，负债的内容很难确定，如应付环境治理成本或开发过载等概念都很难获取定量数据。自然资源资产过载从逻辑链上看，更适合用于衡量自然资源资产的过度减值，而不是负债的概念。其次从国民资产经济核算体系(SNA2008)结构上看，在国家资产负债表的层面，由于非金融资产不存在相互借贷和债权债务关系，SNA2008 确定不存在任何形式的非金融负债，所以自然资源资产作为一类非金融资产不存在负债项。因此自然资源资产不具备负债的经济学属性，客观来说自然资源资产是不存在负债概念。

那么，究竟应该如何理解自然资源资产负债表中的负债概念呢。其实在宏观层面，自然资源资产作为国家资产负债表中的一项重要非金融性资产，可以编制相应的资产实物量表和资产价值表，形成自然资源资产总账账户，但不具备负债概念，不能编制资产负债表。在自然资源资产管理的微观层面，自然资源资产负债表只是一种特殊类型的企业资产负债表，是自然资源资产管理单位在某一特定时刻编制的、记录其所拥有的自然资源资产价值和承担相应负债的资产负债表，主要用来评估自然资源资产管理单位对其所管理的自然资源资产的管理效益。因此自然资源资产管理单位所编制的自然资源资产负债表实质上就是该单位的资产负债报表，而其中的负债就是自然资源资产管理单位的金融资产负债。

自然资源资产负债表中的负债包括自然资源资产管理单位为了修复自然资源资产损害使用的修复资金、自然资源资产管理单位创造生态系统服务价值的维护资金以及自然资源资产管理单位产生生态产品增值的管理资金的总金额。这些资金来源于管理单位以外的行政拨款或银行贷款，其中政府拨款从自然资源资产价值转移过程看，其实质也可以理解为自然资源资产管理单位从行政主管部门获得的贷款。

5.2.4 有机融入国民经济核算理论体系

将自然资源资产价值体现在国民经济核算体系之中，有机融入国民经济核算理论体系，从经济发展这一最根本的驱动力上推动生态文明建设，解决自然资源资产保护问题，是构建自然资源资产核算与负债表体系的最终目的。为实现这一目的，必须依据国民经济体系的架构特点合理设置自然资源资产负债表体系，明确自然资源资产负债表在国民经济核算体系资产负债表中的地位与层级关系，依照国民资产负债表体系的框架要求确定自然资源资产负债表的体系和框架结构，确保自然资源资产负债表系统有机融入国民经济核算体系。

对于自然资源资产负债表与国民核算体系之间的关系，封志明等(2014)认为编制自然资源资产负债表旨在提供一个连接经济活动和自然资源库内资源利用变化的信息系统，它可以避免一个国家陷入增长假象，即经济繁荣和严重的环境与健康危害相伴随，甚至造成经济"空心化"现象。环境核算旨在通过定量分析自然资源枯竭和退化来评估经济活动和经济增长的可持续性。自然资源核算将环境价值纳入传统核算范围之内，并与经济活动关联起来，以提示经济活动如何利用自然资源和影响环境。自然资源核算包括三部分内容：基于环境经济和经济分类的物理量核算；严格按照 SNA 数据连接物理量账户和经济(货币)流量的混合核算；考虑 SNA 核算准则差异的货币核算。而关键问题在于自然资源核算账户如何设计才能更好地与国民经济核算账户有机地联系在一起。他认为在物理量与价值量核算的基础上，账户设计是为了更好地指导国民经济正常健康运行，将其与现有国民账户体系统一对丰富其内涵和避免重复计量至关重要。

耿建新等(2015)从现行的国际规范角度提出，国家资产负债表从属于国民账户SNA2008，而 SNA2008 将自然资源明确地列为一项资产，其明细项目包括土地、矿产和能源储备、非培育性生物资源、水资源和其他自然资源。作为 SNA2008 重要补充的 SEEA2012，在明确各类自然资源定义和分类的基础上，设置了七组自然资源资产账户。这些资产账户包含实物量与价值量两大类核算表格，可以将自然资源的形成来源和用途配置以"资产来源(类别)= 资产运用(占用)"的形式反映出来。因此国家资产负债表与自然资源资产负债表(实质为资产平衡表)之间，有着类似于企业财务报表体系中资产负债表报表与各总账账户之间的关系。国家资产负债表即类似于企业的资产负债表，自然资源资产负债表则相当于一组名为"自然资源"的资产总账账户，受国家资产负债表的统驭和控制；土地、水等资产账户，则又是"自然资源"这组总账账户下的个别账户，受自然资源资产负债表和国家资产负债表的双重统驭和控制。从两种资产负债表之间的关系中也可以看出，编制自然资源资产负债表是编制国家资产负债表的前提；同理，编制自然资源资产账户又是编制自然资源资产负债表的基础。陈艳利等(2015)通过分析国家资产负债核算，提出了自然资源资产负债表在国民经济核算体系中所处的层级，认为自然资源资产负债表是我国国民经济核算体系的重要组成部分，国家资产负债表是借鉴企业资产负债表编制技术，以国家为特定经济主体，将其在特定时点所拥有的资产和承担的负债进行分类列示的表格。考察现行国际规范，国家资产负债表以《国民账户体系 2008》(SNA2008) 为编制依据，满足国家总资产等于国家总负债与净资产之和。加拿大、英国、澳大利亚等国定期编制和公布其国家资产负债表。按照要素性质的不同，国家资产负债表的纵向构成借鉴 SNA2008 将资产分为非金融资产和金融资产，自然资源在宪法中的公有产权属性决定了自然资源作为非金融资产在国家资产负债表中的重要地位，自然资源最终在国家资产负债表列示期末余额。按照编制主体所属经济部门的不同，国家资产负债表横向分为政府资产负债表、居民资产负债表、企业资产负债表和金融机构资产负债表四个子表，其中，政府资产负债表和企业资产负债表是国家资产负债表的重要子表，而自然资源是各子表中必不可缺的明细项目。自然资源资产负债表是国家资产负债表中关于自然资源存量的具体列示与反映，是编制国家资产负债表的基本前提和重要构成，两者存在包含与被包含、汇总与分类的关系，清晰地说明了自然资源资产负债表与国家资产负债表、政府资产负债表的层级关系。

为了设计一套完整的核算体系，建立一个适用于宏观经济分析的庞大数据库，联合国多年来对 SNA 进行了不断修订和完善，为区别于 SNA1993 中的"法定所有权"概念，在 SNA2008 的国民经济核算体系中首次引入了"经济所有权"这一新的核算术语，使 SNA2008 中资产定义与之前版本相比变得更精确、完整。在 SNA2008 之前的核算体系中，一般所提到的资产所有者，都是指其拥有该资产的法定所有权，即所有者不仅拥有货物服务、自然资源、金融资产和负债等实体在法律上所赋予的拥有权，而且还要能够持续从这些实体中获得相应的经济收益。因此，在 SNA2008 出台以前，核算以明确资产的法定所有权为起点，只有法定所有权无法确定时才考虑以经济所有权为起点进行核算。而 SNA2008 确定了经济所有权概念，削弱了法定所有权在 SNA 中的地位，扩大了 SNA 资产的核算范围，使资产核算都以经济所有权的确定为起点，代表"经济所有者"在一定时期内通过持有或者使用某经济实体所产生的一次性或连续性经济利益。

国家统计局在《自然资源资产负债表编制制度（征求意见稿）》中，依据国家资产负债表的概念，将自然资源作为国家资产负债表中的一项重要非金融性资产，编制了相应的资产实物量表，通过对土地资源、草地资源、森林资源、水资源和矿物资源的数量与质量的统计汇总，构建了自然资源资产实物量的账户体系（附表 2-1 ~ 附表 2-11）。

为使大鹏半岛自然资源资产核算与负债表体系能够有机融入国民经济核算体系理论体系，根据对自然资源资产负债的探讨，大鹏半岛自然资源资产核算与负债表体系明确认定自然资源不存在负债概念，在国家统计宏观层面上，不存在严格意义的自然资源资产负债表，自然资源资产作为国家资产负债表中的一项重要非金融性资产，可以编制相应的资产实物量表和资产价值表，形成自然资源资产总账账户。这与国家统计局编制的《自然资源资产负债表编制制度（征求意见稿）》也保持了理论体系上的一致。

另一方面，在自然资源资产管理的微观层面，由于 SNA2008 确定了经济所有权概念，扩大了 SNA 资产的核算范围，因此在自然资源资产核算与负债表编制过程中，可以将实际拥有自然资源资产经济所有权的自然资源资产管理单位作为自然资源资产核算与负债表编制主体，编制具有资产负债属性的、与国民经济核算体系中企业资产负债表相一致的、微观层面的自然资源资产负债表。从而与宏观层面的自然资源总账账户一起构建完整的、与国民经济核算体系（SNA）完全对应兼容的自然资源资产负债表体系。

因此，为了将自然资源资产负债表有机融入国民经济核算体系，真正实现理论与实践中的有效关联，自然资源资产负债表体系应该在宏观层面和微观层面分别构建。在国民经济宏观统计层面，应当依据国家统计局的规范要求，编制相应的资产实物量表和资产价值表，形成自然资源资产账户；在自然资源资产管理单位等微观层面，大鹏半岛自然资源资产负债表拟按照企业资产负债表的模式，针对自然资源资产管理单位对自然资源资产的经营管理情况，编制自然资源资产负债表。

总体上看，自然资源资产负债表实际上是用于衡量自然资源资产价值的特定资产负债表，是国民经济核算体系的有机组成部分，适用于政府宏观统计部门和自然资源资产产权所有部门、管理部门及自然资源资产管理企业等自然资源资产管理单位。

5.2.5 科学转换自然资源资产生态服务价值

在现有的自然资源资产货币化价值核算体系中，自然资源资产的实物价值得到了完整的体现，而生态服务价值则只能核算出其年度效益，无法直接获取完整价值，如何科学转换自然资源资产生态服务价值，成为自然资源资产核算与负债表编制的焦点问题，同时也是量化评估生态文明建设成果的重大难题。

1997 年，Costanza 在总结前人研究的基础上，首次系统设计了核算自然资源资产生态服务价值的“生态服务指标体系”(ESI)，评估了 16 个生物群落 17 类生态系统服务的年度价值，此后的自然资源资产生态服务价值核算基本沿用这一方法，但由于与自然资源资产实物价值核算的逻辑不一致，含义有差异，特别是生态服务功能的价值是按年度核算的，核算的是其变化的流量，其单位量纲中含有时间量纲，无法与实物量价值直接相加。因此如何将自然资源资产生态服务年度价值科学化成为自然资源资产的价值，一直是困扰着各位研究者的主要问题。

孟祥江(2015)在研究森林生态系统价值核算体系时，提出该核算体系主要包括森林资产价值核算和生态服务(产品与服务、社会效益)价值核算两个部分。森林资源资产价值反映森林资产存量的增减趋势，可揭示出森林资源经营的可持续性；森林生态系统的产品和服务核算以及森林社会效益核算是流量核算，可以用来评价森林生态系统的生产能力。两个部分结合在一起全面核算了森林生态系统价值，通过各部分总量分析和综合评价，可以用于宏观政策的评价与相关决策的制定。

在业已完成的自然资源资产试点核算城市中，2015 年由复旦大学包存宽课题组编制的《吴中区自然资源资产负债表研究成果报告》对自然资源实物量资产和生态服务增加值采用的直接相加的方法，同年由中国国科学院地理科学与资源研究所编制的《湖州市自然资源资产负债表(2003—2013)》未核算自然资源资产实物量价值，仅仅核算了生态系统服务的价值。而根据《生态文明体制改革总体方案》开展试点的内蒙古自治区呼伦贝尔市、浙江省湖州市、湖南省娄底市、贵州省赤水市和陕西省延安市 5 个地区，按照国家统计局自然资源资产编制制度要求，仅对自然资源资产的实物量和质量进行了统计核算，未开展价值量核算工作。

Robert Costanza 在《全球生态系统服务与自然资本的价值》中将生态服务分为大气调节、气候调节、干扰调节、水调节、水供应、水土保持、土壤形成、营养循环、废物处理、授粉、生物控制、栖息地、食物生产、提供原材料、遗传、文化和娱乐等 17 类核算因子。在上述 17 类核算因子中，食物生产、提供原材料和水供应 3 类自然资源生态服务可以通过产品市场交易直接将服务价值转换为自然资源资产管理单位账户的金融资产，计入自然资源资产负债表的资产项。但大气调节、气候调节、干扰调节、水调节、水土保持、土壤形成、营养循环、废物处理、授粉、生物控制、栖息地、遗传、文化和娱乐等其余 14 类服务价值，由于不存在显性的市场交易，无法直接转换为自然资源资产，从而造成自然资源资产不能得到完整的体现。

为此，我们对这些国计民生所必需的 14 类生态服务价值转换路径进行了科学的假设。根据 TEEB 理论关于生态系统服务是社会公共福利的理念，以及社会公共福利由政府负责提供的原则，假设政府提供了辖区内大气调节、气候调节、干扰调节、水调节、水土保持、废物处理、栖息地等 7 类生态服务的社会公共福利，这就意味着政府实质上是从自然资源资产管理单位购买了7类生态服务的价值，并作为公共福利提供给了社会，政府对上述7类自然资源资产管理单位的维护改造资金投入，实质上是政府对自然资源资产管理单位的贷款（自然资源资产管理单位的负债），而政府正是用了这笔贷款购买了全部或部分自然资源资产的生态服务价值，因此，每一年度政府对自然资源资产管理单位的贷款（自然资源资产管理单位的负债）与政府购买生态系统服务价值的欠款之间有一个相互抵扣的转换过程。

而土壤形成、营养循环、授粉、生物控制、遗传的生态安全责任等5类生态服务的价值，由于仅应用于生态系统内部，不是直接对外输出的价值，根据导向性原则，这5类价值在大鹏半岛自然资源资产核算与负债表体系中不予体现。

对于文化和娱乐两类生态服务价值，同样可以假设是被各级政府购买后，作为社会公共福利提供给广大市民或出让给经营单位的。当这两类生态服务价值作为社会公共福利提供给广大市民时，价值转换过程与前面的7类相同，当作为资产授予经营单位经营权时，应向经营单位按年收取文化和娱乐两类生态服务价值的等额资金，返还给自然资源资产管理单位。

5.2.6 合理设定自然资源资产负债表的平衡关系

合理设定自然资源资产负债表的平衡关系是开展自然资源资产量化评估的重要基石。

宏观统计层面的自然资源资产负债表表格框架体系相对比较简单，负债表中没有负债项，主要由自然资源存量及其变化量情况表征，必须满足“期初存量+本期期内增加量-本期期内减少量=期末存量”的四柱等式平衡关系。

微观管理层面的自然资源资产管理单位资产负债表除了必须满足资产负债表的所有钩稽关系外，还必须根据自然资源生态服务价值转化为资产的假设前提，同时满足以下平衡关系：

1）期初总资产=上期期末资产-上期期末生态服务价值。此平衡关系表明上期自然资源资产的生态服务价值，在期末被政府购买后，冲抵自然资源资产资产管理单位对政府的负债，该部分资产不再计入当期自然资源资产。

2）期初生态服务价值=0。此平衡关系表明上期期末生态服务价值在上期期末被政府购买后，冲抵了自然资源资产管理单位上期对政府的负债。当上期期末生态服务价值大于上期对政府的负债时，表明自然资源资产管理单位获得了管理收益，并且将收益上交了政府；当上期期末生态服务价值小于上期对政府的负债时，表明自然资源资产管理单位产生了管理亏损，并且在政府资金中核销了亏损。

3）期初负债=0。此平衡关系表明上期期末自然资源资产管理单位管理的生态服务价值被政府购买，并偿还了自然资源资产管理单位对政府的负债（不等额部分成为管理单位的当期损益）。

5.3 基于企业资产负债表技术的大鹏半岛自然资源资产负债表体系

依据目标导向原则，为实现自然资源资产负债表体系与现行的国民经济核算体系（SNA）的全面对接，大鹏半岛自然资源资产负债表分为宏观统计类型和微观管理类型，分别对应国家资产负债表和企业资产负债表。

（1）宏观统计类型自然资源资产负债表

宏观统计类型自然资源资产负债表主要体现自然资源资产的实物量和价值量，不涉及负债概念，用于与国家资产负债表中的自然资源资产总账账户相衔接，具体的编制体系在国家统计局《自然资源资产负债表编制制度(征求意见稿)》基础上增加价值量体系的表格。宏观统计类型自然资源资产负债表用来量化评估所管辖区域内自然资源实物量和价值量存量及其变化情况，不涉及管理效益评估。

(2)微观管理类型自然资源资产负债表

基于企业资产负债表技术的微观管理类型自然资源资产负债表，是大鹏半岛自然资源资产负债表体系的突破性研究，也是目前唯一具有真正资产负债概念的自然资源资产负债表体系。虽然从体系结构上看，它只是资产负债表在自然资源资产领域内的应用，但是由于有效衔接了自然资源资产管理单位负债与生态系统服务价值之间的转换关系，实现了自然资源资产与传统经济学资产之间的融合转换，为自然资源资产纳入国民资产管理体系提供了技术上的可行性。大鹏半岛自然资源资产负债表能够对自然资源资产管理单位的管理效益和管理效率进行量化评估，通过财务分析实现对自然资源资产管理单位的有效管控，是大鹏半岛生态文明建设量化评估机制有别于其他类似研究工作的另一特色。

5.3.1 大鹏半岛自然资源资产负债表总体框架

自然资源资产负债表作为国民经济核算体系中的重要组成，其框架结构理应与国民经济核算体系中的各类负债表保持一致。国民经济核算体系中的负债表按照编制主体所属经济部门的不同，横向可以分为政府资产负债表、居民资产负债表、企业资产负债表和金融机构资产负债表四个子表，其中，政府资产负债表和企业资产负债表是国家资产负债表的重要子表，而自然资源是各子表中必不可缺的明细项目。自然资源资产负债表是国家资产负债表中关于自然资源存量的具体列示与反映，是编制国家资产负债表的基本前提和重要构成。

作为国民经济核算体系(SNA)重要补充的综合环境与经济核算体系(SEEA2012)和国民经济核算体系应用案例的中国国民经济核算体系(2002)中都已的编制了相应的自然资源资产实物量表(表5-4)。

大鹏半岛自然资源资产负债表总体框架遵循国民经济核算体系各项规定和相关概念，并按照不同应用领域分为两种类型：一是用于政府宏观管理统计类型的自然资源资产负债表，二是用于自然资源资产管理单位管理类型的自然资源资产负债表。为全面反映各类自然资源资产总量的价值构成，并详尽反映单一类别自然资源资产的价值构成，大鹏半岛自然资源资产负债表根据企业资产负债表惯例，采用总表与分表相结合的体例。总表反映自然资源资产总量，分表反映单一类别自然资源资产的价值构成情况。

5.3.1.1 宏观统计类型自然资源资产负债表

编制大鹏半岛政府管理类型自然资源资产负债表时，按照国家资产负债表中编制非金融资产账户的要求，依据综合环境与经济核算体系(SEEA2012)及国家统计局《中国国民经济核算体系(2002)》中自然资源实物量核算表的相关内容和体例，结合国家统计局最新关于《自然资源资产负债表编制制度(征求意见稿)》的相关内容，分别编制大鹏半岛自然资源资产实物量表和大鹏半岛自然资源资产价值量表，形成自然资源资产总账账户，从而构建政府管理类型自然资源资产负债表总体框架(表5-5，表5-6)。

表 5-4　中国国民经济核算体系(2002)自然资源实物量核算表

项目	土地资源					森林资源				矿产资源				水资源			
	土地资产				非资产性土地资源	森林资产			非资产性森林资源	矿产资产			非资产性矿产资源	水资产			非资产性水资源
	农用土地		房屋及建筑物占地	其他		培育资产	非培育资产			能源矿藏	金属矿藏	非金属矿藏		初始利用量		重复利用量	
	耕地	牧草地					人工林	天然林						地表水	地下水		
一、期初存量																	
二、本期增加																	
(一)自然增加																	
(二)经济发现																	
(三)分类及结构变化引起的增加																	
(四)其他因素引起的增加																	
三、本期减少																	
(一)自然减少																	
(二)经济使用																	
(三)分类及结构变化引起的减少																	
(四)其他因素引起的减少																	
四、调整变化																	
(一)技术改进																	
(二)改进测算方法																	
(三)其他																	
五、期末存量																	

表 5-5　大鹏半岛自然资源资产实物量表

（20　年）

表号：　　　　　　　　　　制定机关：

文号：　　　　　　　　　　有效期至：

填报单位：　　　　　　　　计量单位：

项目	林地资源					城市绿地资源					湿地资源			景观水资源		饮用水资源		沙滩资源	近岸海域资源	珍稀濒危植物资源
	幼龄林	中龄林	近成熟林	成熟林	过成熟林	公园绿地	防护绿地	社区绿地	附属绿地	其他绿地	滨海湿地	河流湿地	人工湿地	河流	坑塘	大中型水库	小型水库			
一、期初存量																				
二、本期增加																				
（一）自然增加																				
（二）经济发现																				
（三）分类及结构变化引起的增加																				
（四）其他因素引起的增加																				
三、本期减少																				
（一）自然减少																				
（二）经济使用																				
（三）分类及结构变化引起的减少																				
（四）其他因素引起的减少																				
四、调整变化																				
（一）技术改进																				
（二）改进测算方法																				
（三）其他																				
五、期末存量																				

表 5-6　大鹏半岛自然资源资产价值量表
（20　年）

表号：　　　　　　　　制定机关：
文号：　　　　　　　　有效期至：
填报单位：　　　　　　计量单位：

项目	林地资源			城市绿地资源			湿地资源			景观水资源			饮用水资源			沙滩资源			近岸海域资源			大气资源			珍稀濒危物种资源			古树名木资源		
	实物量价值	生态系统服务价值	总价值	实物量价值	生态系统服务价值	总价值	实物量价值	生态系统服务价值	总价值	实物量价值	生态系统服务价值	总价值	实物量价值	生态系统服务价值	总价值	实物量价值	生态系统服务价值	总价值	实物量价值	生态系统服务价值	总价值	实物量价值	生态系统服务价值	总价值	实物量价值	生态系统服务价值	总价值	实物量价值	生态系统服务价值	总价值
一、期初存量																														
二、本期增加																														
（一）自然增加																														
（二）经济发现																														
（三）分类及结构变化引起的增加																														
（四）其他因素引起的增加																														
三、本期减少																														
（一）自然减少																														
（二）经济使用																														
（三）分类及结构变化引起的减少																														
（四）其他因素引起的减少																														
四、调整变化																														
（一）技术改进																														
（二）改进测算方法																														
（三）其他																														
五、期末存量																														

5.3.1.2 微观管理类型自然资源资产负债表

微观管理类型自然资源资产负债表包括自然资源资产负债表总表(含分类自然资源资产表)和自然资源实物量表(含数量表和质量表)两大部分构成。

为有效地将自然资源资产负债表融入国民经济核算体系,充分体现自然资源资产管理单位作为自然资源资产经营主体的经营状况和经营业绩,解决实物计量的自然资源资产存在无法横向比较、不能加总不同种类自然资源资产等问题。在编制大鹏半岛自然资源资产负债表时,借鉴企业负债表的模式,依照企业资产负债表总体框架构建自然资源资产负债表总表(表5-7)。

表5-7 大鹏半岛自然资源资产负债表总表

编制单位: 报告编号: 货币名称: 货币单位: 年 月 日

资产	行次	期末余额	期初余额	负债和所有者权益	行次	期初值	期末值
实物资产:	1			负债:	1		
林地	2			林地维护改造资金	2		
城市绿地	3			饮用水维护改造资金	3		
耕地	4			耕地保护改造资金	4		
湿地	5			湿地维护改造资金	5		
可利用地	6			饮用水源保护资金	6		
饮用水	7			水污染治理资金	7		
景观水	8			沙滩开发维护资金	8		
沙滩	9			近岸海域维护资金	9		
近岸海域	10			大气治理资金	10		
实物资产销售金额	11			其他自然资源维护改造资金	11		
	12			负债合计	12		
生态服务价值形成资产:	13			所有者权益:	13		
林地生态系统服务	14			期初权益	14		—
城市绿地生态系统服务	15			当期自然资源资产权益损益	15	—	
耕地生态系统服务	16			减:本期公众福利支出	16		
湿地生态系统服务	17			所有者权益合计	17	—	
饮用水生态系统服务	18						
景观水生态系统服务	19						
沙滩生态系统服务	20						
近岸海域生态系统服务	21						
大气生态系统服务	22						
递延资产	23						
自然资源资产总计	24			负债和所有者权益总计	18		

微观管理层面上将自然资源资产管理单位作为自然资源资产负债的主体,负债主体从外界获取的用于自然资源修复、维护和增值的费用(表现形式为行政部门拨款或银行贷款等金融项)作为自然资源资产负债表的负债,而资金贷方单位则是负债的客体即债权人。因此,在微观的自然资源资产管理单位层面,可以按照企业资产负债表的模式,针对自然资源资产管理单位对自然资源资产的经营管理情况,编制自然资源资产负债表。

由于自然资源种类繁多,如大气资源、水资源、森林资源、土地资源等在物理学意义上均有不同的实物计量单位。在构建大鹏半岛自然资源资产负债表体系时,为了明确地表现出单一类型自然资源资产的存量情况,采取对不同种类自然资源分类统计的方法进行实物计量。实物计量的自然资源资产负债表其优势在于能够通过分类管理,有效监控自然资源的使用情况,将人们生产生活的影响以自然资源的存量和流量变化的形式具体呈现出来,因此在大鹏半岛自然资源资产负债表总表之下,还编制了各类自然资源资产的分表。

同时由于现行的核算方法并不一定能适用于所有的自然资源,有些自然资源的价值很难进行货币化计量,只能进行实物量的核算。从20世纪70年代以来,国际上已有不少国家通过编制自然资源实物量表对自然资源的实物量进行核算。因此除自然资源资产总表外,还需要通过编制自然资源实物量表构建出一个完整的量化评估体系。

大鹏半岛自然资源资产实物量表由数量表和质量表共同构成,其中数量表同样由总表(表5-8)和各单项要素分表组成(详见附件),表中包括资源的期初存量、本期增加量、本期减少量、调整变化以及期末存量等内容,遵循"期初存量+本期增加量-本期减少量+/-调整变化=期末存量"这一基本平衡关系。总表反映自然资源资产实物总的数量存量和变化情况,自然资源资产实物量单项要素分表进一步反映了各单项自然资源资产实物数量的存量和变化情况。

自然资源资产实物量表中的质量表没有总表,仅由各要素的质量表构成,质量表反映了自然资源资产质量情况,是衡量自然资源价值的依据,是开展自然资源资产核算的先决条件。在进行自然资源资产核算时,需要首先要采集各要素质量状况,编制各要素的自然资源资产质量表,然后再通过质量价值关系将质量因素转化为价值因素,最终核算出自然资源资产价值。

表5-8　自然资源资产实物量数量样表

项目	期初存量	本期增加				本期减少				调查变化			期末存量
		自然增加	经济发现	分类及结构变化引起的增加	其他因素	自然减少	经济使用	分类及结构变化引起的减少	其他因素	技术改进	改变测算方法	其他因素	
一、水资源资产													
(一)地表水													
其中:河流													
湖泊													
水库													
(二)地下水													

续表

项目	期初存量	本期增加				本期减少				调查变化			期末存量
		自然增加	经济发现	分类及结构变化引起的增加	其他因素	自然减少	经济使用	分类及结构变化引起的减少	其他因素	技术改进	改变测算方法	其他因素	
二、生物资源资产													
(一)植物资源													
其中:药用													
食用													
纤维													
…													
(二)动物资源													
其中:鸟类													
爬行类													
哺乳类													
(三)微生物资源													
三、矿产资源资产													
(一)能源矿藏													
其中:石油													
煤炭													
天然气													
(二)金属矿藏													
其中:铁													
铜													
…													
(三)非金属矿藏													
四、土地资源资产													
农业用地													
其中:耕地													
林地													

5.3.2 大鹏半岛自然资源资产负债表主要功能

目前尚无文献对自然资源资产负债表的功能进行具体分析,本书根据大鹏半岛自然资源资产负债表编制目的和应用应用要求,结合资产负债表相应钩稽关系,初步归纳出七项自然资源资产负债表的主要功能,包括自然资源资产数据库功能、自然资源资产价值管理功能、自然资源资产管理效益评价功能、自然资源资产管理效率评价功能、自然资源资产达标管理评价功能、自然资源资产管理工作力度评价功能和自然资源资产责任管理功能等。

5.3.2.1 自然资源资产负债表相关概念应用内在联系

自然资源资产负债表反映自然资源的存量信息,自然资源的占有、使用、价值补偿等情况均在自然资源资产负债表中予以列示,从而为自然资源的管理提供有用信息。从信息质量特征来看,自然资源资产负债表提供的信息满足相关性、可靠性、可比性、明晰性等特征。相关性是指自然资源资产负债表反映的信息与自然资源资产负债表的使用者的决策需要相关;可靠性是指自然资源资产负债表中的数据是真实的,是基于对某一地区自然资源的实际状况而编制的;可比性要求各地区上报的自然资源资产负债表的编报口径一致,便于进行不同地区之间的比较和同一地区不同时期的比较;明晰性要求自然资源资产负债表的列报方式清晰,便于报表使用者阅读和理解。

自然资源资产负债表中概念关联性如下所示:

1)自然资源资产=负债+权益(净资产)。表明自然资源管理资产单位所拥有的全部自然资源资产等于当期管理单位所拥有的全部自然资源资产权益(净资产)与期内所耗用的自然资源资产维护、修复、增值管理资金之和。

2)自然资源期末资产=自然资源期末实物资产+自然资源期末生态服务资产+期末递延资产。表明自然资源资产由三部分构成,其中实物资产的价值具有累积性,而生态服务价值不具有累积性,由每年度的价值经年末转换而得到。

3)自然资源期末资产=各单项自然资源期末资产之和。表明各单项自然资源资产的价值具有可加和性。

5.3.2.2 自然资源资产数据库功能

自然资源资产家底不清,自然资源资产数据不全,是目前各地开展自然资源资产负债表编制所遇到的最大的同时也是最普遍的难题。

我国自然资源资产负债表数据统计对象包含了土地、林木、生物、水、海洋、能源、矿产和其他生态环境等多种类型,自然资源数量庞大,空间分散,数据统计工作难度很大。

而且由于自然资源资产资源管理分散,涉及部门众多,数据统计工作跨度大,协调管理困难,统计数据也很难汇总,加之长期以来的以GDP为主的价值导向,致使一些政府管理部门自然资源与生态环境统计数据体系尚不完备,数据质量、覆盖面与周期连续性都存在较大的完善空间。

根据国家自然资源资产负债表试点地区呼伦贝尔市2016年工作交流资料,该市负责自然资源资产数据统计的林业局、农牧业局、国土资源局、水利局和环保局等单位均存在自然资源资产数据不健全的问题,主要表现为数据缺失,各年度间数据之间不匹配、不合理,各部门对同一指标的统计数据重复统计、相互矛盾的问题,无法满足编制所需的自然资源、生态环境、社会经济相融合的信息要求。

通过编制自然资源资产负债表,在统计牵头,国土、环保、林业、水利、农业、海洋、能源等多部门共同积极参与的努力下,可以有效地完成自然资源资产数据收集与整理工作,建立完整、准确的自然资源资产数据库,做到摸清家底,为生态文明建设提供详细的数据库支持功能。

5.3.2.3 自然资源资产价值管理功能

自然资源资产负债表反映自然资源资产管理单位所管理的自然资源资产总量及自然资源资产的种类、数量及其质量情况,明确了自然资源资产的丰富程度和价值高低。

(1)评价自然资源资产的价值情况

自然资源资产总额越多,表示现有的自然资源资产质量好,价值高,反之,则表示现有的自然资源资产质量差,价值低。自然资源资产负债表通过总资产项揭示自然资源资产管理单位所管理自然资源资产的价值,通过实物量指标和质量指标反映自然资源资产数量多少与质量优劣;通过各单项资产价值量揭示所管理的各类资产的价值,通过各单项实物量和质量指标反映各类自然资源资产的数量多少与质量优劣。

(2)揭示自然资源资产的生态服务功能效益高低

从实物资产与生态服务所形成资产的比值,可了解所管辖自然资源资产的质量好坏和效益高低,通过对各单项指标的比值分析,可以找出生态服务功能效益最高的自然资源资产类别;通过对各相关单位同一指标的分析,可以确定各自然资源资产管理部门管理效益的高低,判别各自然资源资产管理部门的工作成效;通过对递延资产变化的分析,可以确定所实施的生态与环境保护投入的力度和产生效益的期限。

(3)界定自然资源资产来源及其构成

根据自然资源资产负债表中资产、负债、所有者权益之间的关系,能够清晰界定自然资源资产的来源与构成,所有者权益越高,说明自然资源资产主要来源与已有的存量资源,反之如果表中的负债比例越高,说明自然资源资产更多的来源于对自然资源维护、治理和修复所产生的增量资源。

通过对比自然资源资产负债表中各类自然资源资产价值,可以明确自然资源资产管理单位所管理的自然资源资产要素构成,以及主要的自然资源资产种类,查找出相对比较丰富或比较稀少的自然资源资产种类,并有针对性地改善自然资源的结构构成。

通过实物资产与生态服务价值所形成资产的对比,可以说明自然资源资产的属性,了解自然资源资产的质量好坏和效益高低;通过对各类的自然资源资产效益比值分析,可以确定生态服务价值最高的自然资源资产类别。

此外自然资源资产负债表还可以有效说明自然资源资产管理单位管理自然资源资产规模和盈利,显示自然资源的丰富程度、生态环境的优良程度。

5.3.2.4 自然资源资产效益管理功能

通过对自然资源资产负债表中自然资源资产变化分析,还可以展示自然资源资产数量与质量的变化趋势。

比对不同基期的自然资源总资产价值,可以反映出自然资源资产价值年度或当期变化情况,展示自然资源资产管理单位对自然资源资产管理的效益。通过比对不同年度或当期期初期末自然资源数量和质量,可以显示出自然资源资产的数量与质量变化情况,探究自然资源资产价值变化的主要影响因素,明确自然资源资产的价值量变化的主要原因是数量因素还是质量因素。

比对不同年度或当期期初期末各类自然资源资产价值,可以评价各类自然资源资产年度或当期变化情况,展示各类自然资源资产管理业绩;比对不同年度或当期期初期末各类自然资源资产数量与质量变化,可以评价各类自然资源资产管理效益高低。

比对自然资源不同年度或当期期初期末实物资产与生态服务价值所形成资产的价值,可以反映自然资源资产生态系统服务价值的变化,展现自然资源资产生态效益的变化情况;比对各类自然资源年度或当期期初期末的实物资产与生态服务所形成的资产,可以展现生态服务效益增长最快或降低最快的自然资源资产。

5.3.2.5 自然资源资产效率管理功能

通过比对自然资源资产负债表体系中所有者权益的变化,还可以衡量自然资源资产管理单位对自然资源资产的管理效率。

比对不同年度或当期期初期末自然资源所有者权益,可以评价自然资源所有者权益年度或当期变化情况,展现自然资源资产管理单位对自然资源资产管理的效率。当自然资源所有者权益净增量为正值时,说明自然资源资产管理单位通过高效的管理使自然资源所有者权益出现了升值,自然资源资产通过经营管理产生了利润;反之则说明自然资源资产管理单位所管理的自然资源净所有者权益价值下降了,自然资源所有者权益出现了减值,自然资源资产经营管理产生了亏损。

比对不同年度或当期期初期末各类自然资源所有者权益,可以评价各类自然资源所有者权益年度或当期变化情况,展示自然资源资产管理效率较高与较低的自然资源资产;比对不同年度或当期期初期末各类自然资源所有者权益变化,可以评价各类自然资源资产经营管理所产生的利润和管理效率的高低。

5.3.2.6 生态环境达标管理功能

通过对自然资源资产负债表中核定的总资产与各类资源环境达到标准状态下的总资产对比,还可以衡量自然资源资产的达标和“欠账”情况。

将现有自然资源资产总价值与达标状态(即各单项自然资源资产均处于达标状态)时的总价值比对,当现状自然资源资产总价值大于(或等于)达标状态的自然资源资产总价值时,现状自然生态环境优于(达到)标准要求,资源环境状况达标,对照资源环境质量标准不存在的“欠账”问题;当现状自然资源资产总价值小于达标状态的自然资源资产总价值时,现状自然生态环境劣于标准要求,自然环境状况不达标,出现了自然资源资产的对于标准状态下自然资源资产总价值的“欠账”[①]。

比对现有单项自然资源资产价值与相应各单项自然资源资产达标状态时的价值,可以明确地评价单项自然资源资产的达标情况。当现状单项自然资源资产价值大于或等于达标状态的单项自然资源资产价值时,现状单项自然生态环境优于资源环境标准要求,该项自然资源资产处于达标状况;当现状单项自然资源资产总价值小于达标状态的单项自然资源资产价值时,现状单项资源环境劣于资源环境标准要求,该项自然资源资产不达标,相对于标准状态自然资源资产出现了“欠账”。根据现状价值与标准价值的差距百分比,可以评价相应各项自然资源指标的达标情况排名,找出自然资源资产主要问题所在。

5.3.2.7 自然资源资产工作力度管理功能

通过对自然资源资产负债表中负债情况分析,可以衡量自然资源资产管理单位对自然资源资产管理工作力度。

从管理单位层面看,自然资源资产负债表中的负债反映了自然资源资产管理单位对自然资源资产维护、修复、增值管理所耗用资金,且来源为从外界获取。

---

① “欠账”与负债是完全不同的两个概念。

自然资源资产表中当期负债金额反映自然资源资产管理单位当期用于自然资源资产维护、修复、增值管理的费用，当期负债额越高，说明期内自然资源维护、修复、增值使用的资金量越大，显示期内自然生态环境的保护度、生态文明建设的工作力度越大。反之当期负债额越低，说明期内自然资源维护、修复、增值使用的资金量越小，显示期内自然生态环境的保护度、生态文明建设的工作力度越小。

各单项自然资源资产负债表中的负债反映该项自然资源资产的管理单位当期用于自然资源资产维护、修复、增值管理的费用高低，当期负债额越高，说明期内该类自然资源维护、修复、增值使用的资金量越大，期内自然生态环境的保护度、生态文明建设的工作力度越大。反之当期该单项自然资源资产负债额越低，说明期内自然资源维护、修复、增值使用的资金量越小，显示期内自然生态环境的保护度、生态文明建设的工作力度越小。

5.3.2.8 自然资源资产责任管理功能

通过对不同自然资源资产管理单位的统一自然资源资产单项指标的分析，可以评价各自然资源资产管理部门管理效益的高低，判别各自然资源资产管理部门的工作成效。

通过对递延资产变化的分析，可以确定所实施的生态与环境保护投入的力度和产生效益的期限，确定自然资源资产管理单位的责任期限划分。

自然资源资产负债表是领导干部自然资源资产离任审计的基础和依据。通过考察当期自然资源资产总价值的期末期初变化量，可以简单判别领导干部自然资源资产管理的政绩。如果这个变化是正值，说明当期的自然资源资产总价值是增值的，当期地方政府的生态政绩是正效的，对生态文明建设做出了贡献；反之则意味着当期的自然资源资产在贬值或下降，说明辖区政府的生态政绩是负效的，对生态文明做出了负贡献。

5.4 基于评估应用导向的大鹏半岛自然资源资产核算体系

自然资源资产核算体系是编制自然资源资产负债表的基础，也是构成自然资源资产核算与负债表体系的重要内容和开展各种生态文明建设量化评估活动的重要手段。该体系构建的主要内容包括构建核算指标、核算因子和核算方法，明确基准年份和基准价格等工作。

5.4.1 大鹏半岛自然资源资产核算指标体系

5.4.1.1 现有自然资源分类体系综述

《中华人民共和国环境保护法》第二条规定：自然资源包括土地资源、森林资源、草原资源、矿藏资源、海洋资源、湿地资源、水资源等七类。《中国自然资源手册》将自然资源分为土地资源、森林资源、草地资源、其他生物资源、水资源、气候资源、矿产资源、海洋资源和能源资源等九大类。在 SNA 体系中，国家资产负债表将自然资源分为土地资源、矿物和能源储备资源、非培育性生物资源、水资源、其他生物资源和无线电频谱等六类。

自然资源分类工作，也是学者们的研究热点。肖旭等(2015)、张友棠等(2014)、乔晓楠等(2015)、胡文龙和史丹(2015)等众多学者都进行了深入研究，5.2.2 节已有详细介绍，此处不再赘述。

SEEA2012 则将自然资源划分为矿产和能源资源、土地、土壤资源、木材资源、水生资源、其他生物资源、水资源七类(表 5-9)。

表 5-9 SEEA2012 中自然资源资产分类示例

编码	项目名称
EA1	矿产与能源资源
EA1.1	石油资源
EA1.2	天然气资源
EA1.3	煤层气资源
EA1.4	非金属矿产资源(不包含煤层气)
EA1.5	金属矿产资源
EA2	土地资源
EA3	土壤资源
EA4	木材资源
EA4.1	人工林木资源
EA4.2	自然林木资源
EA5	水生(产)资源
EA5.1	养殖水生资源
EA5.2	自然水生资源
EA6	其他生物资源(不包含木材资源和水生资源)
EA7	水资源
EA7.1	地表水资源
EA7.2	地下水资源
EA7.3	土壤水资源

5.4.1.2 自然资源指标体系构建案例[①]

(1)挪威

挪威国家环境部于 20 世纪 70 年代率先建立了自然资源环境核算体系,并逐步实施自然资源核算和环境核算。

挪威的自然资源环境核算体系将自然资源划分为两类:一是物质资源,包括矿物资源、生物资源、流入资源(太阳能、水文循环、风、海洋水流),二是环境资源,包括空气、水、土壤和空间。某些自然资源既是物质资源也是环境资源(如景观水、饮用水)。挪威自然资源核算采用实物量计量,价值量核算仅在分析时使用,在挪威自然资源核算总体方案中不包含价值量核算。在挪威,自然资源核算作为国民核算的延伸和扩展,核算的指标分类和产品、服务分类采用与国民经济核算相一致的分类原则与方法,以保持与国民经济核算体系的一致性和协调性。

(2)芬兰

1985 年芬兰参照挪威自然资源核算的模式,建立了自己的自然资源核算框架体系。其核算的内容主要指标包括:森林资源、环境保护支出费用核算和空气排放调查。

芬兰森林资源核算采用的是欧盟制定的欧洲森林核算框架体系,主要内容由三部分组成。第一部分是森林资源实物量核算,主要包括森林区域的开发、相关生态状况数据、木材

① 本小节主要内容来源于深圳市环境科学研究院的相关研究报告。

数量、碳化物的凝聚、空气污染和酸雨沉淀状况、人类享受森林资源娱乐信息；第二部分是森林质量指标，主要包括森林生态系统指标、一些特殊用途指标、娱乐指标，森林变化的数量、价格和质量指标；第三部分是森林资源价值量核算，主要包括木材使用、森林生长和碳化物形成、森林生产、森林生态保护、治理酸雨的成本费用、人们娱乐活动的价值估算、来自森林资源的持续收入等。

芬兰环境保护费用支出统计的主要内容有：对环境保护的投资和维护费用支出统计；22个产业部门总的费用支出和详细分类；制造业、采矿业、采石业和能源供给环境保护费用支出详细统计；空气污染控制、废水管理、废旧物利用和其他资源使用领域的环境保护费用支出的统计分类；根据现金流量计算原则，描述环境保护投资的时间序列；按年度出版发行有关报告和刊物；提供芬兰22个产业部门的年环境保护费用支出的统计数据。

(3)德国

德国统计局于20世纪80年代开始进行环境经济核算工作，采用了SEEA的基本理论和原则，由环境压力、环境状况和环境反应三部分组成，各部分由不同账户、指标、数据反映各种经济活动与环境之间的关系。其中，环境压力部分主要是反映经济活动对环境造成的影响和压力；环境状态部分主要是反映环境的总体状况，包括自然资源的拥有量和环境的质量情况；环境反应部分主要是反映人类为避免或减轻环境损害所作出的反应和所采取的举动。其基本框架如表5-10所示。

表5-10　德国环境经济核算的基本框架

环境压力	环境状态	环境反应
流量核算(实物量) 经济范围内原材料核算 能源核算 大气污染排放核算 废水核算 投入产出核算	自然资源存量核算(实物量) 建筑用地核算与交通用地核算 农业占地使用强度核算 森林资源核算 生态研究	环境保护价值量核算 环境保护支出核算 环境税费核算
部分分析报告： 交通与环境分析报告 农业与环境分析报告 私人、住户与环境分析报告		

德国对自然资源核算主要是土地核算和森林核算。

德国土地资源核算在环境经济核算框架中属于环境状态部分的核算内容，是环境资产存量账户的主要内容，一般按实物量(hm^2)进行核算。德国土地使用分为五类：建筑和交通运输用地、农业用地、森林占地、水域和其他用地。土地资源核算的重点是对建筑用地和交通运输用地进行核算。

德国的森林资源核算工作在环境经济核算框架中属于环境状态部分，由汉堡森林和林产品研究中心承担。德国森林资源核算采用的是由欧盟制定的《欧洲森林环境与经济综合核算框架》，森林核算分为用材林和非用材林两大类。主要核算的内容有：对森林资产和林木蓄积量进行存量核算(实物量和价值量)、建立与经济活动相关的森林价值量账户、编制林木和木材产品的供给表和使用表(实物量和价值量)、林木生态的碳平衡研究等，但没有对森林环境保护活动和其他森林生态系统的价值量进行研究和核算。森林资源核算所需要的主要数据有:按森林系统分类的农业与森林面积、各种林木与林龄、林木采伐量与出售量、各种林木及产品的收入、详细的林木支出成本构成与类型、劳动力的投入等。

(4)美国

美国自1992年起开始分阶段开发经济与环境一体化卫星账户。第一阶段是对账户框架进行总体设计,并对以矿产资源为代表的地下资产做详细的估算;第二阶段的核算对象是各种可再生资源;最后是环境资产的核算。

5.4.1.3 大鹏半岛自然资源指标体系构建

依据目标导向性原则,为全面准确核算大鹏半岛自然资源资产整体经济学价值,大鹏半岛自然资源指标体系在现状土地资源、水资源、大气资源和海洋资源四类一级指标的基础上,以生态服务输出的完整性为确定自然资源资产核算指标的标准,将相关自然资源单体进行对应组合,形成林地资源、城市绿地资源、湿地资源、景观水资源、饮用水资源、近岸海域资源和大气资源等7项二级指标,同时为突出粤港澳大湾区的自然资源特色,将沙滩资源、珍稀濒危物种资源和古树名木资源等3项三级指标单独列出,与7项二级指标共同形成大鹏半岛自然资源核算指标体系(表5-11)。

表5-11 大鹏半岛自然资源资产负债表指标体系

序号	一级指标	二级指标	释义	单位
1	土地资源	林地资源	指风景名胜区、水源保护区、郊野公园、森林公园、自然保护区、风景林地、果园、苗圃场等地的天然林和人工林复合	km^2
2		城市绿地资源	指公园绿地、植物园绿地、动物园绿地、绿化带、社区绿地等	km^2
3		湿地资源	指陆地和水域的交汇处,水位接近或处于地表面或有浅层积水,同时至少周期性地以水生植物为植物优势种且陆地底层土主要是湿土的生态区域	km^2
4	水资源	饮用水资源	指各类水库蓄水	m^3
5		景观水资源	指高分辨率遥感影像能够分辨的天然形成或人工开挖的河流及干渠;和天然湖泊、坑塘中的达标水	m^3
6	大气资源	大气资源	指可利用的空气	m^3
7	海洋资源	近岸海域资源	指海岸线以外2km海洋区域	km^2
8	特色资源	珍稀濒危物种	指生存于自然状态下、非人工种植驯养的、数量极其稀少和珍贵的、濒临灭绝或具有灭绝危险的野生动植物物种	只或株
9		古树名木	古树:指树龄在100年以上的树木 名木:指在历史上或社会上有重大影响的历代名人、领袖人物所植或者具有极其重要的历史、文化价值、纪念意义的树木	株
10		沙滩资源	指可供人类休闲娱乐的沙质海岸	km^2

①将沙滩资源改为第8项列入“特色资源”项内

②沙滩资源、珍稀濒危物种、古树名木加注、三级资源为突出特色单独列项

③特色资源注为本书的特定指标。

5.4.2 大鹏半岛自然资源资产质量评价体系

自然资源资产质量指标是表征自然资源生态服务功能强弱的重要依据,是开展自然资源资产价值核算的数据基础。

5.4.2.1 大鹏半岛林地资源质量指标体系

林地资源质量体现为林木的质量及其释放生态效益能力的高低,是分析林地质量价格体系的基础。

大鹏半岛林地资源质量指标体系包括自然属性及生态服务功能属性两项一级指标,以及优势树种、胸径、树高、郁闭度、水源涵养、固土保肥、固碳、释氧、降温、生产负离子、污染物吸收、生物多样性保护等17项二级指标(表5-12)。

表5-12 大鹏半岛林地资源质量指标表

	一级指标	二级指标	指标说明
林地资源质量指标体系	自然属性	林分起源	天然林、次生林、人工林
		优势树种	主要树种
		胸径	距离地面一米处的直径/cm
		树高	林分平均树高/m
		林龄	—
		郁闭度	乔木树冠在阳光直射下在地面的总投影面积与林地总面积之比
		林木蓄积量	—
		林冠结构	包括叶面粗糙度、枝叶量、枝叶空间分布
	生态功能属性	调节水量	林地保水量/mm,其中保水量=年降水量-林分蒸散量-地表径流量
		固土	土壤保持量/(t/hm^2)
		保肥	林分土壤平均N、P、K、有机质含量/%
		固碳	林分单位面积固碳量/(t/hm^2)
		释氧	林分净生产力/(t/hm^2)
		降温效果	单位面积林地降温效果折合能耗/($kW \cdot h/hm^2$)
		生产负离子	林分负离子浓度/(个/cm^2)
		污染物吸收	林分单位面积SO_2吸收量/(kg/hm^2)
			林分单位面积NO_x吸收量/(kg/hm^2)
			林分单位面积F吸收量/(kg/hm^2)
			林分单位面积重金属吸收量/(kg/hm^2)
			单位面积滞尘量/(kg/hm^2)
		生物多样性保护	生物多样性指数

注:表中涉及时间尺度的指标均采用年为时间单位。

5.4.2.2 大鹏半岛城市绿地资源质量指标体系

基于对影响城市绿地生态效益因子的分析以及对指标体系选取原则的考虑，在构建大鹏城市绿地质量评估指标体系时，沿用大鹏林地质量指标表的构建思路，结合相关数据采集项目内容，筛选出有关的生态功能指标，从影响绿地质量和功能的几大项特征因素中，列入各因素中数据可获取且具有代表性的14项指标，从而表征绿地大小、形态、结构及三维空间上的差异(表5-13)。

表5-13 大鹏城市绿地质量指标表

	一级指标	二级指标	指标说明
城市绿地质量评估指标体系	二维特征指标	绿地大小	绿化覆盖率
		绿地形态	绿地破碎度指数，指斑块数与平均斑块面积的比值
		绿地结构	绿化植被中乔灌木占比
		绿地绿量	有效叶面积指数
	生态功能指标	固土	绿化带土壤侵蚀模数/(t/hm^2)
		固碳	单位面积绿地固碳量/(t/hm^2)
		释氧	单位面积绿地释氧量/(t/hm^2)
		小气候调节效果	绿地降温效果折合能耗/(kW · h)
		生产负离子	绿地负离子浓度/(个/cm^2)
		吸收污染物	单位面积绿地污染物吸收量/(kg/hm^2)
		抑菌	年抑菌效果折合电能耗/(kW · h)
		滞尘	单位面积滞尘量/(kg/hm^2)
		降噪	绿地面积折合为隔音墙的长度/(km/hm^2)
		游憩	居民在城市绿地人均休闲时间/(h/周)

5.4.2.3 大鹏半岛湿地资源质量指标体系

大鹏半岛湿地资源质量指标体系综合现有研究成果，结合大鹏半岛湿地实际，通过分析湿地结构与功能的关系，确定质量评价指标选取的原则，筛选评价指标。参照相关湿地评价文献(孙毅等,2009;郑耀辉等,2010;郭菊兰等,2013;孙永光等,2013;李瑜等,2013)，结合自然资源资产数据采集项目中湿地采集指标的要求，构建由22项指标组成的大鹏半岛湿地资源质量指标体系，如表5-14所示。

表5-14 大鹏半岛湿地质量指标体系

总目标层	要素层	要素亚层	指标层
大鹏新区红树林湿地质量评价	生物状况	红树群落	红树物种多样性
			红树林材积量/(m^3/hm^2)
			成熟林类型及数量
			苗木类型及数量
			湿地植被平均高度/m

续表

总目标层	要素层	要素亚层	指标层
大鹏新区红树林湿地质量评价	生物状况	红树群落	湿地海岸线长度/km
		鸟类群落	鸟类种类及数量
			多样性指数
	非生物状况	水质	溶解氧/(mg/L)
			化学需氧量/(mg/L)
			无机氮/(mg/L)
			活性磷酸盐/(mg/L)
			盐度/‰
		土壤	土壤容重/(t/m^3)
			土壤含氮量/%
			土壤含磷量/%
			土壤含钾量/%
			红树林年保护土壤厚度/mm
	服务功能	单位面积红树林系统服务功能	单位面积红树林平均固碳量/[$kg/(hm^2 \cdot a)$]
			单位面积红树林年平均释氧量/[$kg/(hm^2 \cdot a)$]
			单位面积红树林年平均吸收污染物量/[$kg/(hm^2 \cdot a)$]
			单位面积湿地水鸟保育价值/(万元/hm^2)

在已确定大鹏半岛湿地质量指标体系的基础上,运用层次分析法,最终确定大鹏半岛湿地资源质量体系的各项指标所占权重(表5-15)。

表5-15 大鹏半岛湿地质量指标权重表

要素层(权重)	要素亚层	指标层	权重
生物状况(50%)	红树群落	红树物种多样性	10%
		红树林材积量/(m^3/hm^2)	8%
		成熟林类型及数量	6%
		苗木类型及数量	4%
		湿地植被平均高度/m	4%
		湿地海岸线长度/km	5%
	鸟类群落	鸟类种类及数量	7%
		多样性指数	6%
非生物状况(20%)	水质	溶解氧/(mg/L)	2%
		pH值	2%
		无机氮/(mg/L)	2%
		活性磷酸盐/(mg/L)	2%
		叶绿素a/(mg/L)	1%
		盐度/‰	1%

续表

要素层(权重)	要素亚层	指标层	权重
非生物状况(20%)	土壤	土壤容重/(t/m^3)	2%
		土壤含氮量/%	2%
		土壤含磷量/%	2%
		土壤含钾量/%	2%
		红树林年保护土壤厚/mm	2%
服务功能(30%)	单位面积红树林系统服务功能	单位面积红树林平均固碳量/[$kg/(hm^2 \cdot a)$]	8%
		单位面积红树林年平均释氧量/[$kg/(hm^2 \cdot a)$]	8%
		单位面积红树林年平均吸收污染物量/[$kg/(hm^2 \cdot a)$]	7%
		单位面积湿地水鸟保育价值/(万元/hm^2)	7%

5.4.2.4 大鹏半岛地表水资源质量指标体系

大鹏半岛地表水资源包括饮用水资源和景观水资源，根据近期研究成果，两类水体在构建质量指标体系时均采用综合污染指数模型，同时结合主成分分析法对单个指标权重赋值。

为完整准确地表征地表水各项重要指标，大鹏半岛地表水水质指数选用美国霍顿水质指数模型为质量评价模型。该模型是1965年美国人霍顿提出的一种评价地面水水质的方法，模型共选用10个参数，并根据各个参数的重要性，通过评分加权法赋值定出权重和评分尺度。

$$\mathrm{WQI}=\left[\frac{C_1W_1+C_2W_2+\cdots+C_8W_8}{W_1+W_2+W_3+\cdots+W_8}\right]M_1M_2$$

式中，WQI为霍顿质量综合指标值，$C_1\sim C_8$为各单项水质指标数值，$W_1\sim W_8$为各单项指标所占权重，M_1、M_2分别为水温影响因素和污染影响因素。水温<34℃时$M_1=1$，水温>34℃时$M_1=0.5$；水体无明显污染时$M_2=1$，明显污染时$M_2=0.5$。

根据国家《地表水环境质量标准》(GB3838—2002)，单项水质指标主要包括COD、BOD_5、TN、NH_3-N、TP和SS等6项，大鹏半岛地表水资源质量指标模型将该6项指标替代霍顿模型中的8项指标，并依据辖区内水温和污染影响实际状况，形成模型如下：

$$\mathrm{WQI}=\frac{W_1\mathrm{COD}+W_2\mathrm{BOD}+W_3\mathrm{TN}+W_4\mathrm{NH_3\text{-}N}+W_5\mathrm{TP}+W_6\mathrm{SS}}{W_1+W_2+W_3+W_4+W_5+W_6}$$

大鹏半岛地表水水质指数系统选用主成分分析法(Principal Component Analysis, PCA)对指标进行权重赋值。

主成分分析法利用降维思想，把多指标转化为少数几个综合指标(即主成分)，其中每个主成分都能够反映原始变量的大部分信息，且所含信息互不重复。这种方法通过多方面变量的同时将复杂因素归结为几个主成分，使问题简单化，同时得到的结果更加科学有效的数据信息。

依据以上步骤确定权重后，大鹏半岛地表水水质模型确定为：

$$\mathrm{WOI}=0.183\mathrm{COD}+0.186\mathrm{BOD_5}+0.197\mathrm{TN}+0.176\mathrm{NH_3\text{-}N}+0.130\mathrm{TP}+0.128\mathrm{SS}$$

式中，COD、BOD_5、TN、NH_3-N、TP和SS分别为各项指标实测数据与水质标准数据经无量纲化处理后的数值。

将国家《地表水环境质量标准》(GB3838—2002)中景观水(V类水)指标的标准数值代

入后,最终的地表水体水质指标计算公式为

$$WQI = 0.197\times\frac{2}{TN}+0.176\times\frac{2}{NH}+0.13\times\frac{0.4}{TP}+0.183\times\frac{40}{COD}+0.186\times\frac{10}{BOD}+0.128\times\frac{30}{SS}$$

式中,TN、NH、TP、COD、BOD 和 SS 水质指标参数为实测值。

大鹏半岛地表水水质指数系统通过设定所有监测数据中最劣水质指标参数,对应的综合水质指数为零,确定地表水水质指数的数据基点。

5.4.2.5 大鹏半岛近岸海域资源质量指标体系

大鹏半岛近岸海域资源质量指标体系在参考国内外近岸海域生态质量状况综合评价方法的基础上,结合大鹏半岛近岸海域特点,从非生物环境质量和生物环境质量两个层面选取 12 项指标构建了大鹏近岸海域质量指标体系(表 5-16)。指标的选取遵循了科学性、层次性、可比性、可操作性等原则。

表 5-16 大鹏近岸海域质量指标表

	一级指标	二级指标	指标说明
近岸海域质量评估指标体系	非生物环境质量	透明度	透明度/m
		污染因子	主要污染因子标准指数
		水蒸发量	年水面水汽蒸发量/(kg/m^2)
		海水盐度	盐度年际变化/‰
		海水酸碱度	pH 值
	生物环境质量	初级生产力	初级生产力/[mg/(m^2 · d)]
		游泳生物质量	鱼类丰度
		底栖动物质量	底栖动物生物多样性指数
		珊瑚礁	珊瑚礁面积占水域面积的比值
		赤潮	赤潮发生频率
		固碳量	单位面积海域固碳量/(t/km^2)
		释氧量	单位面积海域释氧量/(t/km^2)

5.4.2.6 大鹏半岛沙滩资源质量指标体系

在构建大鹏沙滩旅游资源质量评价体系时,以半岛 54 处沙滩为核心,考虑其周边重要环境要素,采用分层综合、定性定量相结合的方法,筛选出了以下共 16 项指标因子(表 5-17)。

表 5-17 大鹏沙滩质量评价指标因子

大类	亚类	指标
自然因子	地貌	沙色,沙质,平均平潮时滩面宽度(m),沙滩长度,沙滩侵蚀状况,海滩弯曲度,沙滩坡度
	水体	海水透明度,水色
	景观	后滨植被覆盖度,向陆景观
人文因子	基础设施	附近公共交通便利性,交通终点到沙滩距离
	安全	安全标志,急救设施与救生设备,垃圾箱数量

为计算各指标因子权重，大鹏新区自然资源资产核算与负债表体系针对沙滩各质量因子对于游客体验度的影响，以问卷的形式询问了大鹏半岛沙滩游客对于上述16项质量因子的重视程度，问卷设计如下表5-18所示。

表5-18 指标权重问卷

问题：根据以下各因子与沙滩质量的关联度，请您进行打分。若您觉得某因子对于您在沙滩的体验十分重要请给3分、若一般请给2分，不重要请给1分。

自然因子		得分	人文因子		得分
1	平均滩面宽度		9	水色	
2	沙滩长度		10	后滨植被覆盖度	
3	沙质		11	向陆景观	
4	沙色		12	公共交通便利性	
5	沙滩侵蚀状况		13	交通终点到沙滩距离	
6	沙滩平均坡度		14	安全标志	
7	海滩弯曲度		15	急救设施与救生设备	
8	水透明度		16	垃圾箱数量	

以该项调查有效问卷为基础，经统计分析，确定游客对沙质、水透明度、水色及急救设施的配备四个方面最为重视。其次是沙滩长度、宽度、沙色、后滨植被盖度、向陆景观、交通便利性等几个方面，拟以平均得分得结果作为权重值(表5-19)。

表5-19 指标权重问卷分析结果

因子	不重要/%	一般/%	重要/%	平均得分
平均滩面宽度	10.7	28.6	60.7	2.5
沙滩长度	7.1	35.7	57.2	2.5
沙质	7.1	10.7	82.2	2.8
沙色	3.6	39.3	57.1	2.5
沙滩侵蚀状况	17.9	32.1	50.0	2.3
沙滩平均坡度	28.6	50.0	21.4	1.9
海滩弯曲度	32.1	39.3	28.6	2.0
水透明度	0.0	3.6	96.4	3.0
水色	0.0	3.6	96.4	3.0
后滨植被覆盖	10.7	28.6	60.7	2.5
向陆景观	14.2	17.9	67.9	2.5
公共交通便利性	21.4	21.4	57.2	2.4
交通终点到沙滩距离	14.3	32.1	53.6	2.4
安全标志	10.7	21.4	67.9	2.6
急救设施与救生设备	10.7	7.1	82.2	2.7
垃圾箱数量	14.3	21.4	64.3	2.5

质量指标的评分采用四级制,得分范围1～4,分值越高意味着评价对象质量越好。参照国内外评分标准和有关规定,以及大鹏沙滩的实际表征值,对可量化因子评价标准进行了分级与调整,以便于突出大鹏半岛52处沙滩的差异性,使得计分更为科学实用。同时,遵循定量与定性评价相结合的原则,评价体系也选取了不可量化因子,通过采用模糊性评价方式进行评分,具体评价细则如表5-20所示。

表5-20 大鹏沙滩质量评价细则*

因子		权重	得分			
			1(--)	2(-)	3(+)	4(++)
1	平均滩面宽度/m	2.5	<10	10-30	30-50	>50
2	沙滩长度/m	2.5	<100	100-300	300-500	>500
3	沙质:<0.5mm粒径沙所占百分比	2.8	<20	20-50	50-80	>80
4	沙色	2.5	黑/暗灰	浅灰	土黄	浅黄/白
5	沙滩侵蚀状况	2.3	很严重	较严重	轻微	平衡
6	沙滩平均坡度	1.9	>20	10-20	5-10	<5
7	海滩弯曲度	2.0	平直	微弯	较弯	螺线型
8	水透明度/m	3.0	<2	2-3	3-4	>4
9	水色	3.0	浊黄	淡黄	淡蓝	深蓝
10	后滨植被覆盖度/%	2.5	0	0-15	15-30	>30
11	向陆景观	2.5	极差	较差	良好	很好
12	公共交通便利性	2.4	难以进入	仅可自驾	除自驾外,有1路公交线	有多辆公交可到达
13	交通终点到沙滩距离/m	2.4	>1500	900～1500	300～900	<300
14	安全标志	2.6	无	不健全	健全	很健全
15	急救设施与救生设备	2.7	无	少	充足	很充足
16	垃圾箱数量	2.5	无	较少	一般	充足

*该评分细则为初步建议细则,最终评分细则将经由专家咨询意见确定。

因子的权重采用1(不重要)到3(很重要)表示,反映其在评价体系中的重要性。

计算两类因子的最终得分为

$$\frac{\sum \text{因子得分} \times \text{各自权重}}{\sum \text{因子最高得分} \times \text{各自权重}} = \text{百分比得分}$$

5.4.2.7 大鹏半岛大气资源质量指标体系

大鹏半岛大气资源质量依据国家《环境空气质量标准》(GB 3095—2012),通过主要污染物浓度评价大气环境质量,质量指标体系如表5-21所示。

表5-21 质量指标体系

序号	质量指标	备注
1	二氧化硫(SO_2)	逆向指标,基本指标

序号	质量指标	备注
2	二氧化氮(NO_2)	逆向指标,基本指标
3	一氧化碳(CO)	逆向指标,基本指标
4	臭氧(O_3)	逆向指标,基本指标
5	颗粒物(粒径≤10μm)	逆向指标,基本指标
6	颗粒物(粒径≤2.5μm)	逆向指标,基本指标
7	总悬浮颗粒物(TSP)	逆向指标,其他指标
8	氮氧化物(NO_x)	逆向指标,其他指标
9	铅(Pb)	逆向指标,其他指标
10	苯并[a]芘(BaP)	逆向指标,其他指标

5.4.2.8 大鹏半岛珍稀物种质量指标体系

珍稀濒危物种的评价指标体系是指对物种稀有和受威胁的程度进行系统的评价。大鹏半岛珍稀濒危物种评价指标体系根据《IUCN 濒危物种红色名录》《濒危野生动植物种国际贸易公约附录(CITES)》及《国家重点保护野生动植物名录》相关内容,在总结研究成果的基础上,通过计算大鹏半岛珍稀濒危物种质量分,反映大鹏半岛珍稀濒危物种质量情况,构建珍稀濒危物种质量评价体系,分别由濒危程度、遗传状况、生长繁殖和物种价值四部分构成(表 5-22)。

表 5-22 大鹏半岛珍稀濒危物种质量评价指标体系

一级指标(权重)	二级指标	权重	赋分
濒危程度(0.3933)	名录濒危值	0.2950	30
	分布区	0.0983	9
遗传状况(0.2338)	属总数	0.1169	12
	种总数	0.1169	12
生长繁殖(0.2338)	生长形态	0.0779	8
	生长周期	0.0779	8
	繁殖方式	0.0779	8
物种价值(0.1390)	科研价值	0.0444	4
	生态价值	0.0544	5
	经济价值	0.0201	2
	观赏价值	0.0201	2

各项指标权重由层次分析法(Analytic Hierarchy Process,AHP)确定,该方法是将与决策总是有关的元素分解成目标、准则、方案等层次,在此基础之上进行定性和定量分析的决策手段。

根据权重分配,确定了体系指标的评价标准及分值。总分为 100 分,根据权重赋予各指标不同评价标准及分值(表 5-23)。

表 5-23　分类指标评价说明

指标	评价标准
名录濒危值	$C_{名录濒危}=7$,特危级别(30 分);$C_{名录濒危}\in[5,6]$,高危级别(20 分);$C_{名录濒危}\in[3,4]$中危级别(10 分);$C_{名录濒危}\in[1,2]$,低危级别(5 分)
分布省(自治区、直辖市)	广东省特有,濒危风险极高(9 分);2～5 个省分布,濒危风险高(6 分);6～10 个省分布,濒危风险中(3 分);10 个以上省分布,濒危风险低(1 分)
遗传状况	$G_i\times S_i\in[1,100]$,濒危风险极高(24 分);$G_i\times S_i\in[101,1000]$,濒危风险高(18 分);$G_i\times S_i\in[1001,10000]$,濒危风险中(12 分);$G_i\times S_i\in 10000$ 以上,濒危风险低(6 分)
生长形态	植物:草本,受威胁程度最高(8 分);藤本,受威胁程度高(5 分);灌木,受威胁程度中(3 分);乔木,受威胁程度小(1 分)。 动物:平均体长小于 10cm,受威胁程度最高(8 分);平均体长 10～50cm,受威胁程度高(5 分);平均体长 51～100cm,受威胁程度中(3 分);平均体长大于 100cm,受威胁程度小(1 分)
生长周期	植物:一年生植物,生长繁殖周期短,受威胁程度低(1 分);两年生植物,生长繁殖周期中等,受威胁程度中等(5 分);多年生植物,生长繁殖周期长,受威胁程度高(8 分)。 动物:6 个月内性成熟,繁殖周期短,受威胁程度低(1 分);6 个月到 12 个月内性成熟,繁殖周期中等,受威胁程度中等(3 分);12 个月到 36 个月内性成熟,繁殖周期长,受威胁程度高(5 分);大于 36 个月性成熟,繁殖周期超长,受威胁程度极高(8 分)
繁殖方式	植物:1 种繁殖方式,濒危风险高(8 分);2 种繁殖方式,濒危风险中(5 分);3 种繁殖方式,濒危风险低(3 分);3 种以上繁殖方式,濒危风险极低(1 分)。 动物:卵生,平均每窝 10 枚以上,濒危风险低(1 分);卵生,平均每窝 10 枚及以下,濒危风险中(3 分);胎生,每胎 2～4,濒危风险高(5 分);胎生,每胎 1,濒危风险极高(8 分)
科研价值	具有一定的科研价值(4 分);无明显科研价值(0 分)
生态价值	具有一定的生态价值,(5 分);无明显生态价值:(0 分)
经济价值	具有一定的经济价值,(2 分);无明显经济价值:(0 分)
观赏价值	具有一定的观赏价值,(2 分);无明显观赏价值:(0 分)

在上述质量评价体系中有几个概念需要界定。

(1)濒危程度

濒危程度反映物种在自然状态下生存受到威胁程度的大小。该项指标主要考虑两个二级指标,即名录濒危值和分布区。

1)名录濒危值。本书采用计算“名录濒危值”来表示大鹏半岛珍稀濒危物种的濒危总体情况。植物名录濒危值依据大鹏半岛珍稀濒危物种在《IUCN 濒危物种红色名录》、濒危野生动植物种国际贸易公约附录(CITES)及国家重点保护野生动植物名录中的濒危程度计算。动物名录濒危值依据大鹏半岛珍稀濒危动物在《IUCN 濒危物种红色名录》《濒危野生动植物种国际贸易公约附录(CITES)》《国家重点保护野生动植物名录》及《广东省重点保护陆生野生动物名录(第一批)》中的濒危程度计算。公式如下:

$$C_{植物}=C_{IUCN}+C_{CITES}+C_{国家}$$

$$C_{动物}=C_{IUCN}+C_{CITES}+C_{国家}+C_{广东}$$

赋值标准:①《IUCN 濒危物种红色名录》濒危物种级别赋分标准:CR(极危)= 4 分;EN(濒危)= 3 分;VU(易危)= 2 分;NT(近危)= 1 分。②CITES 附录濒危物种赋分标准:CITES 附录 I=3 分;CITES 附录 Ⅱ =2 分;CITES 附录 III=1 分。③国家重点保护野生物种赋分标准:

国家Ⅰ级=3分;国家Ⅱ级=2分[1993年4月14日,林业部发出通知,决定将《濒危野生动植物种国际贸易公约》(CITES)附录一和附录二所列非原产中国的所有野生动物分别核准为国家一级和国家二级保护野生动物]。④《广东省重点保护陆生野生动物名录(第一批)》赋分标准:2分。

2)分布区。物种灭绝与物种的分布区有着密切的关系,分布区的变化是一个物种绝灭、扩张过程的直接反映。人类活动直接和间接的干扰使得许多物种的分布区在迅速缩小,理论上说当一个物种的分布区缩小为零时,该物种就绝灭了,某一物种分布的范围越狭窄,则该物种濒危度越高。该指标主要考虑濒危物种在我国国内分布的省份数及是否为广东特有种作为赋分标准。

(2)遗传状况

遗传状况指某种植物所在科属所含种的数量的多少,即潜在遗传价值大小。在5-23第三行中 G_i 表示属总数指第 i 种物种所在科的总属数;S_i 表示种总数指第 i 种物种所在属的总种数。从分类学地位上来说 G_i、S_i 越小,物种的濒危度越高。

(3)生长繁殖

物种的生长形态、生长周期和繁殖方式是影响物种存续的重要因素。

1)生长形态。植物的生长形态不一样,其生存环境也会不同。不考虑因人类大量砍伐森林而造成物种生存环境受到威胁的因素(物种价值中考虑),一般来说,高大乔木的生存环境受到威胁程度最小,其次为小乔木,接下来依次为灌木藤本、多年生草本,一年生草本受到的威胁程度最大。动物的生长形态各不相同,这里我们以体长为评价指标,体长越长,物种面临威胁的程度相对越小。

2)生长周期。由于植物生长周期不同,成熟年龄也就有所不同,造成植物繁殖难易程度不同。高大乔木生长周期长,为多年生生长缓慢,开花结实所需的时间较长,繁殖比较困难。一年生草本生长周期短,当年就能开花结实,因此比较容易繁殖。动物的生长周期一般较长,性成熟年龄少则几个月,多则几年,性成熟年龄越长,繁殖的间隔约久,物种面临威胁的程度相对越大。

3)繁殖方式。我们在评价物种的繁殖属性时,不但要考虑不同物种的不同繁殖方法,还要考虑物种的生物学属性。一般认为,一个物种的繁殖方式越多,物种越不容易濒危。对都是利用种子来繁殖的物种,根据植物的生长特性,乔木的繁殖要比灌木的繁殖难,而灌木的繁殖又要比草本的繁殖难。动物的繁殖方式主要有卵生和胎生两种。其繁殖能力大小存在差异。总体来说,物种的繁殖能力越大,该物种面临威胁的程度就越小。

(4)物种价值

珍稀濒危物种的价值主要体现在四个方面:科研价值、生态价值、经济价值、观赏价值。

5.4.2.9 大鹏半岛古树名木质量评价

古树作为森林的特殊单元,在评价其质量时首先必须考虑其森林组成部分的特点。根据国家林业局《森林生态系统服务功能评估规范》(LY/T1721—2008),评价林地质量(含生态系统服务功能质量)一般考虑林木价值、涵养水源、保育土壤、固碳释氧、净化大气环境、生物多样性保护、森林游憩、积累营养物质和防风护沙等9项类指标,根据导向性的构建原则累营养物质的功能不纳入计算;此外由于深圳不存在防风固沙的需求,森林的防护功能也未纳入计算,但由于古树的特殊性具有较高的历史文化价值,因此,在森林生态服务功能评估中一般考虑以下 7 项指标具体如表 5-24 所示。

表 5-24　大鹏半岛古树名木质量评价体系

总目标层	要素层	要素亚层	指标层
古树名木质量评估	实物质量	林木价值	林木蓄积量价值
	生态系统服务	景观游憩	所处地段
			景观价值
			生长环境
			生长势
		历史文化	树龄
			保护级别

5.4.3　大鹏半岛自然资源资产核算因子

(1) 林地资源资产核算因子

大鹏半岛林地资产由实物量资产和生态服务资产两部分构成,相应的核算因子也由实物量资产核算因子和生态服务资产因子构成。其中,实物量为单一核算因子,即林木与产果依据原国家林业局颁布的《森林生态系统服务功能评估规范》(LY/T 1721—2008)》,林地资源资产生态服务核算因子包括涵养水源、固土保肥、固碳释氧、小气候调节、净化大气和生物多样性保护六类(表 5-25)。

表 5-25　林地资源资产核算因子表

序号	1	2	3	4	5	6	7
核算因子	林木与产果价值	涵养水源	固土保肥	固碳释氧	小气候调节	净化大气	生物多样性保护

(2) 城市绿地资源资产核算因子

城市绿地资源资产价值由城市绿地资源的实物价值和服务价值两个方面体现。城市绿地是城市生态系统中具有自净能力、自动调节能力和生命力的基础设施,在维持城市生态平衡和改善城市生态环境方面起着无法替代的作用,被视为维系城市可持续发展的重要因素之一。

目前国内外已经提出不少生态服务评估的指标或指标体系,为城市绿地生态服务功能价值综合评估奠定了一定的基础。在明确大鹏半岛城市绿地资产核算因子时,以林地资源资产核算因子为基础,结合相关专业研究成果,其中实物量为单一核算因子即林木与产果价值,确定城市绿地生态服务价值核算因子包括:涵养水源、固土保肥、固碳释氧、小气候调节、净化大气、生物多样性保护和景观游憩 7 项(表 5-26)。

表 5-26　城市绿地资源资产核算因子表

序号	1	2	3	4	5	6	7	8
核算因子	林木与产果价值	涵养水源	固土保肥	固碳释氧	小气候调节	净化大气	生物多样性保护	景观游憩

(3) 湿地资源资产核算因子

大鹏半岛湿地价值由实物量质量价值和生态服务价值组成,实物量质量价值体系主要考虑湿地生态系统各类产品的市场价值，为单一核算因子，包括木材和动物饵料。生态系统服务价值主要参照国家林业局《森林生态系统服务功能评估规范》（LY/T1721—2008），从中选取固土保肥、固碳释氧、净化大气、生物多样性保护 4 项指标，同时根据湿地价值研究成果结合粤港澳大湾区湿地生态服务现状，加入景观游憩、消浪护岸、净化水体、水鸟保育、历史文化 5 项指标（表 5-27）。其中前五项指标与城市绿地核算因子相同。

表 5-27　湿地资源资产核算因子表

序号	1	2	3	4	5	6	7	8	9	10
核算因子	林木与动物饵料价值	固土保肥	固碳释氧	净化大气	生物多样性保护	景观游憩	消浪护岸	净化水体	水鸟保育	历史文化

（4）景观水资源资产核算因子

大鹏半岛景观水资源价值核算包含景观水体实物量价值核算和生态服务价值核算两部分。实物量核算为单一核算因子，生态服务价值核算包含小气候调节和景观游憩两项核算因子（表 5-28）。

表 5-28　景观水资源资产核算因子表

序号	1	2	3
核算因子	实物量	小气候调节	景观游憩

（5）饮用水资源资产核算因子

大鹏半岛饮用水资源价值核算包含饮用水体实物量价值核算和生态服务价值核算两部分。实物量核算为单一核算因子，生态服务价值核算包含小气候调节和生物多样性保护两项核算因子（表 5-29）。

表 5-29　饮用水资源资产核算因子表

序号	1	2	3
核算因子	实物量	小气候调节	生物多样性保护

（6）近岸海域资产核算因子

参考相关分类经验，大鹏半岛近岸海域价值核算包含实物量价值核算和生态服务价值核算两部分，实物量为单一核算因子，包括各类海洋生物及其产品；生态服务价值核算因子包括：固碳释氧、小气候调节、污染物吸收、生物多样性保护、休闲娱乐、海岸防护六项（表 5-30）。

表 5-30　近岸海域价值核算方法汇总

核算因子	研究方法	所需数据、资料	数据获取方式
海洋生物	市场价值法	海洋生物存量	数据采集项目
		不同海洋生物市场价	市场调查
固碳释氧	替代工程法价值替代法	海域面积	数据采集项目
		固碳、释氧价值	查阅资料、市场调查
		单位面积海域固碳、释氧量	数据采集项目

续表

核算因子	研究方法	所需数据、资料	数据获取方式
小气候调节	替代工程法	水域面积	数据采集项目
		单位面积水域降温升温效果折合电能耗	数据采集项目
		居民用电价	市场调查
污染物吸收	替代工程法	水域面积	数据采集项目
		人工处理废水的单位成本	统计数据调查
		废水年产量	统计数据调查
		废水中污染物含量	统计数据调查
生物多样性保护	机会成本法支付意愿法	Shannon-Wiener 指数 WTP	采样调查问卷调查
休闲游憩	支付意愿法机会成本法	森林游憩用时	调查问卷文献调查
消浪护岸	替代工程法	单位面积防护价值	文献调查

(7)沙滩资源资产核算因子

大鹏半岛沙滩资源资产核算因子价值核算包含沙滩的实物量价值核算和生态服务价值核算,实物量核算和生态系统服务核算均为单一核算因子。其中实物量通过沙子的市场价格核算,休闲游憩为生态系统服务价值核算的单一核算因子,选用旅费法(TCM)核算(表5-31)。

表5-31 沙滩资源资产核算因子表

序号	1	2
核算因子	实物量	休闲游憩

(8)大气资源资产核算因子

由于大气资源实物量具有不可度量的特点,其实物量资产不具备价值核算的可行性,其生态服务价值依据其处在不同的质量区间,呈现不同的价值类型。研究成果表明,在 AQI≤50 时,大气环境是人们休闲、疗养的场所,休闲游憩成为单一核算因子;当 50<AQI≤200 时,基本不具备休闲游憩价值,大气环境的价值需要通过治理成本法进行核算;而当 AQI>200 时,由于大气环境对人体造成明显伤害,一般选用健康损害法,核算其逆向价值。

(9)珍稀濒危物种资源资产核算因子

珍稀濒危物种资源中的动物资源,由于其跨地域流动性极强,很难准确地获得区域数量与质量参数指标,缺乏相应的研究成果,大鹏半岛自然资源资产核算与负债表体系,拟暂予搁置,待今后条件成熟后再行研究。

珍稀濒危植物的实物量和基本的生态服务价值与林地及城市绿地相同,不做重复研究。仅对珍稀濒危植物特有的生物多样性价值单一核算因子进行研究,经参考研究成果,本书采用保护费用法核定其价值。

(10)古树名木资源资产核算因子

古树资源属林地资源的一部分,其实物量价值和绝大多数生态服务价值已合并在林地资源中一并核算,但由于古树名木资源在历史文化影响方面的特殊性,其历史文化影响作为特殊的核算因子,予以单独核算。

5.4.4 大鹏半岛自然资源资产核算方法

5.4.4.1 林地资源资产价值核算

在林地质量指标与生产能力分析的基础上,依据《森林生态系统服务功能评估规范》(LY/T 1721—2008),并结合文献资料、市场调查等方式,构建大鹏半岛林地价值核算公式如表 5-32 所示。

表 5-32 大鹏半岛林地价值核算公式

核算因子	核算公式	参数说明	备注
实物量	木材价值 $E_{木材}=XP_i$	$E_{木材}$表示第 i 种木材的价值(元);P_i 表示树种单位木材量的市场价(元/m³),X 为第 i 种木材的蓄积量(m³)	
	产果价值 $E_{产果}=SP_{i产果}$	$E_{产果}$表示第 i 种果林的价值;$P_{i产果}$为树种单位产果量的市场价(元/m³),S 为林果实物数量(m³)	
水源涵养	调节水量价值 $E_{调水}=\sum_i 10SC_{库}(P-E-C)$	$E_{调水}$表示林地资源调节水量价值(元/a);$C_{库}$为单位库容造价(元/m³);P 为年降水量(mm);E 为林分的年蒸散量(mm);C 为径流量(mm),S 为林地面积(m²)	
	净化水质价值 $E_{净水}=\sum_i 10SC_{净}(P-E-C)$	$E_{净水}$表示林地资源净化水量价值(元/a);$C_{净}$为水净化费用(元/t);P 为年降水量(mm);E 为林分的年蒸散量(mm);C 为径流量(mm),S 为林地面积(m²)	
固土保肥	固土价值 $E_{固土}=S\dfrac{(X_2-X_1)}{\rho}C$	$E_{固土}$表示林地资源固土价值(元/a);X_2、X_1 分别为无林地、林地土壤侵蚀模数(t/hm²);ρ 为林地土壤容重(t/m³);C 为土方挖运费用(元/m³),S 为林地面积(m²)	
	保氮肥价值 $E_{氮肥}=S(X_2-X_1)\dfrac{NC_{氮肥}}{R_{氮肥}}$	$E_{氮肥}$表示林地资源保氮肥价值(元/a);X_2、X_1 分别为无林地、林地土壤侵蚀模数(t/hm²);N 为林分土壤含氮量(%);$C_{氮肥}$为所参考氮肥的市场价(元/t);$R_{氮肥}$为所参考氮肥的含氮量(%),S 为林地面积(m²)	
	保磷肥价值 $E_{磷肥}=S(X_2-X_1)\dfrac{PC_{磷肥}}{R_{磷肥}}$	$E_{磷肥}$表示林地资源保磷肥价值(元/a);X_2、X_1 分别为无林地、林地土壤侵蚀模数(t/hm²);P 为林分土壤含磷量;$C_{磷肥}$为所参考磷肥的市场价(元/t);$R_{磷肥}$为所参考磷肥的含磷量(%),S 为林地面积(m²)	
	保钾肥价值 $E_{钾肥}=S(X_2-X_1)\dfrac{KC_{钾肥}}{R_{钾肥}}$	$E_{钾肥}$表示林地资源保钾肥价值(元/a);X_2、X_1 分别为无林地、林地土壤侵蚀模数(t/hm²);K 为林分土壤含钾量(%);$C_{钾肥}$为所参考钾肥的市场价(元/t);$R_{钾肥}$为所参考钾肥的含钾量(%),S 为林地面积(m²)	
	保有机肥价值 $E_{有机肥}=S(X_2-X_1)MC_{有机肥}$	$E_{有机肥}$表示林地资源保有机肥基准价值[元/(hm²·a)];X_2、X_1 分别为无林地、林地土壤侵蚀模数(t/hm²);M 为林分土壤有机质含量(%);$C_{有机肥}$为所参考有机肥的市场价(元/t),S 为林地面积(m²)	

续表

核算因子	核算公式	参数说明	备注
固碳释氧	固碳价值 $E_{固碳}=S(1.63R_{碳}B_n+F_{碳})C_{碳}$	$E_{固碳}$表示林地资源固碳价值(元/a);$R_{碳}$为二氧化碳中碳含量(%);B_n为林分年净生长力(t/hm²);$F_{碳}$为单位面积林分土壤年固碳量(t/hm²);$C_{碳}$为所参考人工固碳的市场价(元/t),S为林地面积(m²)	
	释氧价值 $E_{释氧}=1.19SB_nC_{氧}$	$E_{释氧}$表示林地资源释氧价值(元/a);B_n为林分年净生长力(t/hm²);$C_{氧}$为所参考人工产氧的市场价(元/t),S为林地面积(m²)	
小气候调节	小气候调节价值 $E_{小气候}=WC_{电}$	$E_{小气候}$表示小气候调节的价值(元/a);W为林地降温效果折合成电能耗(kW·h);$C_{电}$为电价[元/(kW·h)]	
净化大气	吸收二氧化硫价值 $E_{二氧化硫}=\sum_i K_{二氧化硫}Q_{二氧化硫}$	$E_{二氧化硫}$表示林地吸收二氧化硫的价值(元/a);$K_{二氧化硫}$为二氧化硫治理费用(元/kg);$Q_{二氧化硫}$为林分年二氧化硫吸收量(kg)	
	吸收氮氧化物价值 $E_{氮氧化物}=\sum_i K_{氮氧化物}Q_{氮氧化物}$	$E_{氮氧化物}$表示林地吸收氮氧化物的价值(元/a);$K_{氮氧化物}$为治理费用(元/kg);$Q_{氮氧化物}$为林分氮氧化物年吸收量(kg)	
	吸收氟化物价值 $E_{氟化物}=\sum_i K_{氟化物}Q_{氟化物}$	$E_{氟化物}$表示林地吸收氟化物的价值(元/a);$K_{氟化物}$为治理费用(元/kg);$Q_{氟化物}$为林分氟化物年吸收量(kg)	
	吸收重金属价值 $E_{重金属}=\sum_i K_{重金属}Q_{重金属}$	$E_{重金属}$表示林地吸收重金属的价值(元/a);$K_{重金属}$为治理费用(元/kg);$Q_{重金属}$为林分年重金属吸收量(kg)	
	负离子价值 $E_{负离子}=5.256\times10^{15}\times\frac{HSK_{负}(Q_{负}-600)}{L}$	$E_{负离子}$表示林地资源负离子价值(元/a);H为林分高度(m);L为负离子寿命(min);$K_{负}$为人工负离子生产费用(元/个);$Q_{负}$为林分负离子浓度(个/cm³),S为林地面积(m²)	
	滞尘价值 $E_{滞尘}=\sum_i K_{滞尘}Q_{滞尘}$	$E_{滞尘}$表示林地资源滞尘价值(元/a);$K_{滞尘}$为降尘清理费用(元/kg);$Q_{滞尘}$为林分年滞尘量(kg)	
	降噪价值 $E_{降噪}=\alpha K_{降噪}L_{降噪}$	$E_{降噪}$表示林地降噪价值(元/a);α为四旁树面积占林地面积的比;$K_{降噪}$为降噪费用(元/km);$L_{降噪}$为林地面积折合成隔音墙的长度(km)	
生物保护	生物多样性保护价值 $E_{生物}=ST$	$E_{生物}$表示林地生物多样性保护价值(元/a);T为单位面积年物种损失的成本(元/a),S①为林地面积(m²)	

①根据国家林业局发布的《森林生态系统服务功能评估规范》(LY/T172—2008)将该指数划分为7个等级,S在各个等级均有明确的数值。当指数<1时,S为3000元/(hm²·a);当1≤指数<2时,S为5000元/(hm²·a);当2≤指数<3时,S为10 000元/(hm²·a);当3≤指数<4时,S为20 000元/(hm²·a);当4≤指数<5时,S为30 000元/(hm²·a);当5≤指数<6时,S为40 000元/(hm²·a);当指数≤6时,S为50 000元/(hm²·a)。

5.4.4.2 城市绿地资源资产价值核算

根据绿地转换系数研究成果,结合大鹏半岛林地资源资产价值核算公式,构建大鹏半岛城市绿地资源资产价值核算公式,具体如表5-33所示。

表 5-33 大鹏半岛城市绿地价值核算体系

核算因子	核算公式	参数说明	备注
木材价值	木材价值 $E_{木材}=k_iP_iS$	$E_{木材}$表示第 i 种树种木材量的价值(元),P_i 表示第 i 树种单位木材量的价值(元/m^3),K_i 为第 i 种林木的市场价格调节系数,S 为绿地面积(m^2)	
	草皮价值 $E_{草皮}=k_iP_iS$	$E_{草皮}$表示第 i 种草皮价值;P_i 为单位面积基准草皮的市场价。K_i 为第 i 种草皮市场价格调节系数,S 为绿地面积(m^2)	
水源涵养	调节水量价值 $E_{调水}=10C_{库}\ b_1S(P-E-C)$	$E_{调水}$表示城市绿地调节水量价值(元/a);$C_{库}$ 为单位库容造价(元/m^3),b_1 为绿地转换系数;P 为年降水量(mm);E 为年蒸散量(mm);C 为径流量(mm),S 为绿地面积(m^2)	
	净化水质价值 $E_{净水}=10C_{净}\ b_1S(P-E-C)$	$E_{净水}$表示城市绿地调节水量价值(元/a);$C_{净}$ 为水净化费用(元/t);b_1 为绿地转换系数;P 为年降水量(mm);E 为年蒸散量(mm);C 为径流量(mm),S 为绿地面积(m^2)	
固土保肥	固土价值 $E_{固土}=S\frac{(X_2-X_1)}{\rho}C$	$E_{固土}$表示城市绿地固土价值(元/a);X_2、X_1 分别为裸地、绿地壤侵蚀模数(t/hm^2);ρ 为绿地土壤容重(t/m^3);C 为土方挖运费用(元/m^3),S 为绿地面积(m^2)	
	保氮肥价值 $E_{氮肥}=S(X_2-X_1)\frac{b_1NC_{氮肥}}{R_{氮肥}}$	$E_{氮肥}$表示城市绿地保氮肥价值(元/a);X_2、X_1 分别为裸地、绿地土壤侵蚀模数(t/m^2);b_1 为绿地转换系数;N 为林地土壤含氮量(%);$C_{氮肥}$为所参考氮肥的市场价(元/t);$R_{氮肥}$为所参考氮肥的含氮量(%),S 为绿地面积(m^2)	
	保磷肥价值 $E_{磷肥}=S(X_2-X_1)\frac{b_1PC_{磷肥}}{R_{磷肥}}$	$E_{磷肥}$表示保磷肥价值(元/a);X_2、X_1 分别为裸地、绿地土壤侵蚀模数(t/m^2);b_1 为绿地转换系数;P 为林地土壤含磷量;$C_{磷肥}$为所参考磷肥的市场价(元/t);$R_{磷肥}$为所参考磷肥的含磷量(%),S 为绿地面积(m^2)	
	保钾肥价值 $E_{钾肥}=S(X_2-X_1)\frac{b_1KC_{钾肥}}{R_{钾肥}}$	$E_{钾肥}$表示保钾肥价值(元/a);X_2、X_1 分别为裸地、绿地土壤侵蚀模数(t/hm^2);b_1 为绿地转换系数;K 为林地土壤含钾量(%);$C_{钾肥}$为所参考钾肥的市场价(元/t);$R_{钾肥}$为所参考钾肥的含钾量(%),S 为绿地面积(m^2)	
	保有机肥价值 $E_{有机肥}=S(X_2-X_1)b_1MC_{有机肥}$	$E_{有机}$表示林地资源保有机肥价值(元/a);X_2、X_1 分别为裸地、绿地土壤侵蚀模数(t/m^2);b_1 为绿地转换系数;M 为林地土壤有机质含量(%);C_M为所参考有机肥的市场价(元/t),S 为绿地面积(m^2)	
固碳释氧	固碳价值 $E_{固碳}=Q_{碳}\ C_{碳}$	$E_{固碳}$表示绿地固碳价值(元/a);$Q_{碳}$为绿地年固碳量(t);$C_{碳}$为所参考人工固碳的市场价(元/t)	
	释氧价值 $E_{释氧}=Q_{氧}\ C_{氧}$	$E_{释氧}$表示城市绿地释氧价值(元/a);$Q_{氧}$为绿地年释氧量(t);$C_{氧}$为所参考人工制氧的市场价(元/t)	

续表

核算因子	核算公式	参数说明	备注
气候调节净化大气	小气候调节价值 $E_{小气候}=WC_{电}$	$E_{小气候}$表示小气候调节的价值(元/a);W为绿地降温效果折合成电能耗(kW·h);$C_{电}$为用电价[元/(kW·h)]	
	吸收二氧化硫价值 $E_{二氧化硫}=K_{二氧化硫}Q_{二氧化硫}$	$E_{二氧化硫}$表示绿地吸收二氧化硫的价值(元/a);$K_{二氧化硫}$为二氧化硫治理费用(元/kg);$Q_{二氧化硫}$为绿地年二氧化硫吸收量(kg)	
	吸收氮氧化物价值 $E_{氮氧化物}=K_{氮氧化物}Q_{氮氧化物}$	$E_{氮氧化物}$表示绿地吸收氮氧化物的价值(元/a);$K_{氮氧化物}$为治理费用(元/kg);$Q_{氮氧化物}$为绿地年吸收量(kg)	
	吸收氟化物价值 $E_{氟化物}=K_{氟化物}Q_{氟化物}$	$E_{氟化物}$表示绿地吸收氟化物的价值(元/a);$K_{氟化物}$为治理费用(元/kg);$Q_{氟化物}$为绿地年吸收量(kg)	
	吸收重金属价值 $E_{重金属}=K_{重金属}Q_{重金属}$	$E_{重金属}$表示绿地吸收重金属的价值(元/a);$K_{重金属}$为治理费用(元/kg);$Q_{重金属}$为绿地年吸收量(kg)	
	负离子生产价值 $E_{负离子}=5.256\times10^{15}\times\frac{HSK_{负}(Q_{负}-600)}{L}$	$E_{负离子}$表示城市绿地负离子生产价值(元/a);H为绿化带平均高度(m);L为负离子寿命(min);$K_{负}$为人工负离子生产费用(元/个);$Q_{负}$为绿地负离子浓度(个/cm^3),S为绿地面积(m^2)	
	滞尘价值 $E_{滞尘}=K_{滞尘}Q_{滞尘}$	$E_{滞尘}$表示绿地资源滞尘价值(元/a);$K_{滞尘}$为降尘清理费用(元/kg);$Q_{滞尘}$为绿地年滞尘量(kg)	
	抑菌价值 $E_{抑菌}=W_iC_{电}$	$E_{抑菌}$表示绿地资源抑菌价值(元/a);W_i为绿地年抑菌效果折合成电能耗(kW·h);$C_{电}$为用电价[元/(kW·h)]	
	降噪价值 $E_{降噪}=K_{降噪}L_{降噪}$	$E_{降噪}$表示城市绿地降噪价值(元/a);$K_{降噪}$为降噪费用[元/(a·km)];$L_{降噪}$为绿地折合成隔音墙的长度(km)	
生物保护	生物多样性保护价值 $E_{生物}=ST$	$E_{生物}$表示城市绿地生物多样性保护价值(元/a);T为年物种损失的成本(元/a),S①为绿地面积(m^2)	

①根据国家林业局发布的《森林生态系统服务功能评估规范》(LY/T172—2008)将该指数划分为7个等级,S在各个等级均有明确的数值。当指数<1时,S为3000元/(hm^2·a);当1≤指数<2时,S为5000元/(hm^2·a);当2≤指数<3时,S为10 000元/(hm^2·a);当3≤指数<4时,S为20 000元/(hm^2·a);当4≤指数<5时,S为30 000元/(hm^2·a);当5≤指数<6时,S为40 000元/(hm^2·a);当指数≤6时,S为50 000元/(hm^2·a)。

5.4.4.3 湿地资源资产价值核算

由于湿地资源资产的生态服务价值与林地有较多相同之处,该部分内容不做详细研究,具体的核算因子体系如表5-34所示。

表5-34 大鹏半岛湿地价值核算体系

核算因子	核算公式	参数说明	备注
林木价值	材用价值 $E_{材用}=k_iC_i\times M_iS$	$E_{材用}$表示某类红树林木材用价值(元),M表示红树林材积量(m^3),C_i表示第i树种单位体积红树林活立木价值(元/m^3),k_i为第i种林木的市场价调节系数,S为湿地面积(m^2)	

续表

核算因子	核算公式	参数说明	备注
提供动物饵料	$E_{饵料}=kC_{饵料}\times M_{凋落物}$	$E_{饵料}$表示湿地提供鸟类、鱼、虾、蟹等动物的饵料价值(元)，$C_{饵料}$表示每吨饵料平均价值(元/t)，k 为针对 $C_{饵料}$的调整系数，$M_{凋落物}$表示红树林凋落物量(t)	
净化水质	海水水质已受污染湿地(水质Ⅲ～Ⅳ类) $E_{净水}=k_1 10C_{净}\ S(P-E-C)$ 海水水质未受污染湿地(水质Ⅰ～Ⅱ类) $E_{净水}=k_2 10C_{净}\ S(P-E-C)$	$E_{净水}$为湿地净化水质功能价值(元/a)，$C_{净}$为水净化费用(元/t)，P 为年降水量(mm/a)；E 为湿地年蒸散量(mm/a)，C 为地表径流量(mm)，k_1、k_2 为调整系数，S 为湿地面积(m^2)	
固土保肥	保肥价值 $E_f=A_c\times C_i\times kP_iS$	E_f 为湿地保护土壤肥力经济效益(元/a)，A_c 为土壤养分保持量 t/(m^2 · a)，C_i 为土壤中氮、磷、钾的纯含量，P_i 为化肥市场价值(元/t)，k 为针对 P_i 的调整系数，S 为湿地面积(m^2)	
	固土价值 a. 滩涂/河口湿地 $E_n=kC_{林}\times P$ b. 海岸内陆部分湿地，如银叶树群落 $E_{固土}=kC_{土}\times(X_2-X_1)/\rho$	E_n 为滩涂或河口红树林促淤固土价值(元/a)，$C_{林}$ 为林业年均收益(元/a)，k 为针对 $C_{林}$ 的调整系数，P 为红树林年保护土壤厚度所占比率 $E_{固土}$为海岸内陆红树林年固土价值(元/a)，X_1 为林地土壤侵蚀模数[t/(m · a)]，X_2 为无林地土壤侵蚀模数[t/(m · a)]，$C_{土}$为挖取和运输单位体积土方所需费用(元/m^3)，k 为针对 $C_{土}$的调整系数，ρ 为林地土壤容量，(t/m^3)，S 为湿地面积(m^2)	
固碳释氧	固碳价值 $E_{固碳}=Q_{碳}\times kC_{碳}$	$E_{固碳}$为湿地固碳价值(元/a)，$Q_{碳}$湿地平均固碳量(t/a)，$C_{碳}$为碳税率(元/t)，k 为针对的 $C_{碳}$调整系数	
	释氧价值 $E_{释氧}=Q_{氧}\times kC_{氧}$	$E_{氧}$为湿地产氧价值(元/a)，$Q_{碳}$为湿地植物年平均释氧量(t/a)，$C_{氧}$为氧气产生成本(元/t)，k 为针对 $C_{氧}$的调整系数	
净化大气	生产负离子价值 $E_{负离子}=5.256\times10^5\times H\times kK_{负离子}\times Q_{负离子}\times S/L$	E_A 为湿地生产的负离子价值(元/a)，H 为植被高度(m)，K_A 为负离子生产费用(元/个)，k 为针对 K_A 的调整系数，Q_A 为负离子浓度(个/m^3)，L 为负离子寿命(min)，S 为湿地面积(m^2)	
	吸收污染物价值 $E_{大气污染物}=kC_{大气污染物}\times Q_{大气污染}$	$E_{大气污染物}$为湿地吸收大气污染物功能价值(元/a)，$C_{大气污染物}$为降解大气污染物的投资成本(元/kg)，k 为针对 $C_{大气污染物}$的调整系数，$Q_{大气污染物}$为湿地吸收大气污染物量(kg)	
	滞尘价值 $E_{滞尘}=kC_{滞尘}\times Q_{滞尘}$	E_D 为湿地滞尘功能价值(元/a)，C_D 为降尘清理费用(元/kg)，k 为 C_D 调整系数，Q_D 为湿地年滞尘量(kg/a)	
生物多样性保护	$E_{生物}=kS_{生物}$	$E_{生物}$为湿地生物多样性保护功能价值(元/a)，$S_{生物}$为红树林年生物物种损失的机会成本(元)，k 为针对 $S_{生物}$的调整系数	

续表

核算因子	核算公式	参数说明	备注
消浪护岸	$E_{消浪}=(kC_{修护}\times L_{海岸})$	$E_{消浪}$为湿地消浪护岸、抵御风暴的价值(元/a),$L_{海岸}$为湿地海岸线长度(km),$C_{修护}$为海堤工程的养护费及修护费[元/(km·a)],k为针对$C_{修护}$的调整系数	
水鸟保育	$E_{鸟类}=\left(\sum_{i}^{n}(kc_i\times n_i)+P\right)$	$E_{鸟类}$为湿地水鸟保育功能价值(元/a),C_i为第i种湿地水鸟市场价值,k为其调整系数,n_i为第i种鸟类数量,P为湿地水鸟保护管理经费(元/a)	
文化科研	$E_{文化}=kC_{文化}$	$E_{文化}$为湿地文化科研价值(元/a),$C_{文化}$为湿地的平均文化科研价值(元/a),k为$C_{文化}$的调整系数	
旅游休闲	$E_{旅游}=(C_{旅游}P_{红树})$	$E_{旅游}$为湿地的休闲旅游价值(元/a),$C_{旅游}$为大鹏半岛旅游年均收入(元/a),$P_{红树}$为湿地旅游收益比例	

5.4.4.4 景观水资源资产价值核算

根据相关技术规范和地表水质量体系研究成果,初步确定景观水的价值核算因子后,构建价值核算因子体系如表5-35所示。

表5-35 大鹏半岛景观水价值核算表

核算因子	核算公式	参数说明	备注
实物量价值	$E_{水质}=CS(q-q_{最劣})$	$E_{水质}$表示景观水价值(元/t),C为单位水质提升的治污成本(元/t),S为景观水存量(t),q为景观水的综合水质指数WQI,$q_{最劣}$为最劣水质的综合水质指数	
小气候调节	$E_{小气候}=WC_{电}$	$E_{小气候}$为小气候调节价值(元/a),W为景观水降温升温效果折合成电能耗[(kW·h)/a],$C_{电}$为深圳电价[元/(kW·h)]	
景观休闲	$E_{游憩}=\sum_{i}\alpha R_i$	$E_{游憩}$为景观休闲价值(元/a),α为景观水对景区收益的贡献率,R_i为各流域风景区直接收入(元/a)	

5.4.4.5 饮用水资源资产价值核算

根据相关技术规范和地表水质量体系研究成果,确定各核算因子后,构建饮用水价值核算因子体系,具体如表5-36所示。

表5-36 大鹏半岛饮用水价值核算体系

核算因子	核算公式	参数说明	备注
实物量价值	$E_{水质}=C_1S(q_1-q_{最劣})+(C_2+C_{库})S(q_2-q_1)$	$E_{水质}$为达标饮用水价值(元),C_1为景观水单位水质提升的成本(元/t),q_1为景观水的综合水质指数WQI,$q_{最劣}$为最劣水质的综合水质指数,C_2为饮用水单位水质提升的成本(元/t),S为饮用水存量(t),$C_{库}$为水库的单位库容造价(元/t)q_2为饮用水的综合水质指数	

续表

核算因子	核算公式	参数说明	备注
小气候调节	$E_{小气候}=WC_{电}$	$E_{小气候}$为小气候调节价值(元),W为水库年降温升温效果折合成电能耗(kW·h),$C_{电}$为深圳电价[元/(kW·h)]	

5.4.4.6 近岸海域资源资产价值核算

大鹏半岛近岸海域资产由近岸海域资源的实物量资产和生态服务功能资产两部分组成。根据相关研究成果,确定各核算因子后构建近岸海域价值核算体系,具体如表5-37所示。

表5-37 大鹏半岛近岸海域价值核算体系

核算因子	核算公式	参数说明	备注
实物量	海洋生物价值 $E_{海产}=k_i\times P_i\times S$	$E_{海产}$表示海洋生物价值(元),k_i为第i种海洋生物市场价格调节系数,P_i为第i中海洋生物市场价值(元/t),S为第i中海产存量(t)	
固碳释氧	固碳价值 $E_{固碳}=P(1.63q_1+3.67q_2S\times 365\times 10^{-3}+\gamma qq_3)$	$E_{固碳}$为固碳价值(元/a),P为固碳价值(元/t),q_1为大型藻类的干重(t/a),q_2为浮游植物的初级生产力[mg/(m^2·d)],S为水域面积(km^2),γ为贝类干壳重系数,q为贝壳中总碳含量,q_3为贝壳产量(t/a)	
	释氧价值 $E_{释氧}=P(1.19q_1+2.67q_2S\times 365\times 10^{-3})$	$E_{释氧}$为释氧价值(元/a),P为人工生产氧气的单位成本(元/t);q_1为大型藻类的干重(t/a);q_2为浮游植物的初级生产力[mg/(m^2·d)];S为水域面积(km^2)	
小气候调节	小气候调节价值 $E_{小气候}=WC_{电}\times 10^6$	$E_{小气候}$为小气候调节价值(元/a);W为海域降温升温效果折合成电能耗(kW·h);$C_{电}$为用电价[元/(kW·h)]	
污染物吸收	废水处理价值 $E_{废}=PQ\omega\gamma$	$E_{废水}$为海域吸收污染物的价值(元/a),P为人工处理废水的单位成本(元/t),Q为地方工业和生活废水生产量(t/a),ω为废水中所含污染物的质量分数(%),γ为污染物的入海率	
生物多样性保护	生物多样性保护价值 $E_{生物}=E_{动物}+E_{植物}+E_{珊瑚}=\left(WTP\frac{H}{N}\beta+SA+P_1A\right)$	$E_{生物}$为生物多样性价值(元/a),WTP为生物多样性支付意愿(元/户·a),H为地方常住人口数(人),N为平均家庭人口数(人),β为被调查群体的支付率,S为单位面积年物种损失的成本(元/km^2),A为水域面积,P_1为单位面积珊瑚礁的生物多样性保护价值(元/km^2)	
休闲娱乐	休闲娱乐价值 $E_{休闲}=ST_2$	$E_{休闲}$为海域休闲娱乐价值(元/a),T_2为单位面积珊瑚礁的休闲娱乐价值(元/a),S为珊瑚礁面积(km^2)	
海岸防护	海岸防护价值 $E_{防护}=ST_3$	$E_{防护}$为珊瑚礁的海岸防护价值(元/a),T_3为单位面积珊瑚礁的海岸防护价值(元/km^2),S为珊瑚礁面积(km^2)	

5.4.4.7 沙滩资源资产价值核算

大鹏半岛沙滩资产由沙滩资源的实物量资产和生态服务价值两部分组成。沙滩的实物量价值采用市场估价法进行核算，核算对象主要为沙滩不同沙质的沙。沙滩的生态服务价值主要考虑游憩价值的核算。游憩价值的核算方法选用旅费法（TCM）（表5-38）。沙滩资源价值核算体系具体如表5-39所示。

表5-38 沙滩资源价值核算方法汇总

核算因子	研究方法	所需数据、资料	数据获取方式
沙	市场估价法	沙滩面积与平均深度	数据采集项目
		市场价	市场调查
游憩	旅费法	旅游率	问卷调查、数理统计
		旅游费用	问卷调查、数理统计

表5-39 大鹏半岛沙滩价值核算体系

核算因子	计算公式	参数说明	提供参考数据	数据采集项目
实物量	实物价值 $E_{沙}=K_iP_b$	$E_{沙}$表示第i质量沙子的价值（元/m^3）；P_b为基准沙子的价值K_i为第i类沙子市场价与基准类沙子市场价之比	粗沙价为50～200元/m^3；细沙价为200～800元/m^3	沙质
休闲游憩	游憩价值 $E_{旅游}=k_it_jP_i$	$E_{游憩}$为休闲游憩价值[元/(m^2·a)]，k_i为质量调整系数，$k_i=\frac{第i个沙滩的质量评价分}{主要沙滩平均质量评价分}$，$t_j$为旅游人数调整系数，$t_j=\frac{第j年的年旅游总人数}{2015年的年旅游总人数}$，$P_i$为单位面积沙滩的旅游价值（元/m^2）	单位面积沙滩的旅游价值为56 192元/m^2	沙滩质量分

（1）沙滩实物量价值核算

沙滩资源实物价值即为该处沙滩沙子的市场价值，将研究区域沙滩根据沙质的不同进行区分，分别调查不同类型沙子的市场价值，结合该区域沙滩沙子的总量，计算出不同区域沙滩的实物价值。具体计算式如下：

$$E_{沙}=K_iP_b$$

式中，$E_{沙}$为第i质量沙子的价值（元），P_b为基准沙子的价值（元），K_i为第i类沙子市场价与基准类沙子市场价之比。

（2）沙滩游憩价值核算

大鹏半岛沙滩生态服务价值主要体现为沙滩的游憩价值，游憩价值可通过旅费法来计算。大鹏半岛沙滩的游憩价值核算采用分区旅费法，核算过程包括问卷设计、问卷调查、价值计算三项。

分区旅行费用模型（zonal travel cost model，ZTCM）依据的游客旅行偏好相同、旅行费用相同，在各分区数据汇总的基础上，建立出游分区的出游率与旅行费用之间的函数关系，实现旅游景点游憩价值的评估。ZTCM比较适合评估旅游客源地较广、旅游市场比较成熟及知名度较大的旅游景点。其主要步骤分为：①游客出游小区划分；②旅游目的地游客调查；

③核算每个出游小区的平均旅游费用;④旅游率与相关变量的回归分析;⑤计算旅游目的地游憩价值。

5.4.4.8 大气资源质量价值核算①

大鹏半岛大气质量自有监测数据以来,未出现过 AQI>200 的现象,因此其价值核算公式由以下两部分构成:

1)在 AQI≤50 时,

$$Y_1 = M_1 \times pX + M_2$$

式中,Y_1 为大鹏半岛一级优质大气资源年度生态服务价值(元);X 为大鹏半岛年均旅游接待人数;p 为愿意个人支付金额的人群比例;M_1 为被调查者中愿意支付费用者的支付意愿年均值(元);M_2 为被调查者认为应由政府投入大气保护资金的金额(元)。

2)在 50<AQI≤200 时,

$$Y_2 = Y_1 - Y_c$$

式中,Y_1 为大鹏半岛一级优质大气资源年度生态服务价值(元);Y_2 为大鹏半岛当前 AOI(50<AQI≤200)时生态服务价值(元);Y_c 为大鹏半岛大气资源当前质量改善至一级标准需投入的治理成本(元)。

根据《2013 年大鹏半岛统计年鉴》数据显示,大鹏半岛 2012 年 AQI 为 16 ~ 179,均值为 60。大鹏半岛 2013 ~ 2015 年 AQI 每年均值分别为 57、55 和 51;根据 6.2 节治理成本法研究结果,大气质量变化与治理成本见表 5-40。

表 5-40 大鹏半岛 2012 ~ 2015 年大气 AQI 变化与治理成本 单位:元

	2012 ~ 2013 年	2013 ~ 2014 年	2014 ~ 2015 年
ΔAQI	3	2	4
治理成本	10.20	7.41	11.66

通过对数据回归拟合后得出大鹏半岛大气质量变化与治理成本之间的线性方程关系式:

$$Y_c = 21\ 250x + 31\ 820 \quad (R^2 = 0.9684)$$

式中,x = AQI 年均值−50。

5.4.4.9 珍稀濒危物种资源资产价值核算

对珍稀濒危物种进行价值评估,是自然资源资产核算工作及制定相关保护政策的前提。但是,由于野生生物资源本身具有公共属性,人们无法利用传统的经济学方法进行经济价值评估。目前国内广泛采用的评估方法为条件价值评估法(contingent valuation method,CVM),这种方法利用效用最大化原理,采用问卷调查,通过模拟市场来揭示消费者对环境物

① 本节是确定 2015 年度核算方法时的研究,因此均为 2015 年前的数据,大气污染治理成本数据由相关部门提供,严重偏低。

品和服务的偏好,推导消费者的支付意愿(willingness to pay,WTP),从而最终得到公共物品的非利用经济价值。

由于大鹏当地居民以原住村民居多,大多对珍稀濒危物种的情况了解程度不足,如果采用支付意愿调查法不能估算珍稀濒危物种的真实价值;此外,本研究针对珍稀濒危动植物进行价值核算,而珍稀物种作为保护物种不能进入市场买卖,没有确切的市场价值。因此不考虑通过上述两种价值核算方法进行价值核算。通过对大鹏半岛动植物资源实际情况的研究讨论,本研究采用间接市场法之中的保护费支出法进行濒危物种价值核算。

(1)国家对于野生动物资源保护管理费收费办法

1)《陆生野生动物资源保护管理费收费办法》(林护字〔1992〕72 号)(以下简称《办法》)和《捕捉、猎捕国家重点保护野生动物资源保护管理费收费标准》于 1992 年 12 月 19 日林业部、财政部、国家物价局公布,自 1993 年 1 月 1 日起施行。该《办法》对陆生野生动物资源保护管理费收费制定了详细的收费细则,同时制定了国家级保护动物的收费标准。例如,穿山甲保护管理费收费标准为 100 元/只,小灵猫 250 元/只,虎纹蛙 50 元/只。

2)《林业部关于在野生动物案件中如何确定国家重点保护野生动物及其产品价值标准的通知》(林策通字〔1996〕44 号)。1996 年,根据经国务院批准由林业部、财政部、国家物价局《关于发布<陆生野生动物资源保护管理费收费办法>的通知》(林护字〔1992〕72 号)和林业部、公安部《关于陆生野生动物刑事案件的管辖及其立案标准的规定》(林安字〔1994〕44 号)的有关规定,林业部发布了《林业部关于在野生动物案件中如何确定国家重点保护野生动物及其产品价值标准的通知》(林策通字〔1996〕44 号)(以下简称《通知》)。《通知》中将野生动物案件中确定国家重点保护陆生野生动物或其产品的价值标准规定如下:国家一级保护陆生野生动物价值标准,按照该种动物资源保护管理费的 12. 5 倍执行;国家二级保护陆生野生动物的价值标准,按照该种动物资源保护管理费的 16. 7 倍执行。

3)国家发展和改革委员会价值认证中心《关于印发〈野生动物及其产品(制品)价值认定规则〉的通知》(发改价证办〔2014〕246 号)。2014 年 12 月,为进一步规范野生动物及其产品(制品)价值认定工作,解决野生动物及其产品(制品)价值认定工作中的实际问题,国家发展和改革委员会价值认证中心制定了《野生动物及其产品(制品)价值认定规则》。该规则自 2015 年 1 月 1 日起执行。其中第六条规定,《濒危野生动植物种国际贸易公约》附录Ⅰ中非原产于我国的野生动物,比照与国家一级重点保护野生动物同一分类单元的野生动物进行价值认定;《濒危野生动植物种国际贸易公约》附录Ⅱ、Ⅲ中非原产于我国的野生动物,比照与国家二级重点保护野生动物同一分类单元的野生动物进行价值认定。

(2)大鹏半岛珍稀濒危物种价值

根据上述各类政府规范文件中对陆生野生动物价值标准的确定,本研究通过大鹏半岛珍稀濒危动植物资源保护管理费与不同濒危程度级别物种的价值倍数之积得到各物种的市场价值。表 5-41 为参照上述各类政府规范文件,设定的大鹏半岛珍稀濒危物种计算其市场价值时在管理保护费基础上的价值倍数。某一物种存在多个名录中的情况下以国家保护级别为参照标准进行价值倍数的确定,其次为 IUCN,再次为 CITES 附录。

表 5-41　珍稀濒危物种在其管理费基础计算时价值倍数设定

类群	国家保护级别	IUCN	CITES 附录	广东省
动物	一级:12.5 二级:16.7	CR&EN:12.5 VU&NT:16.7	CITES 附录 Ⅰ:12.5 CITES 附录 Ⅱ&Ⅲ:16.7	16.7
植物	一级:12.5 二级:16.7	CR&EN:12.5 VU&NT:16.7	CITES 附录 Ⅰ:12.5 CITES 附录 Ⅱ&Ⅲ:16.7	—

(3)大鹏半岛珍稀濒危物种质量价值体系

通过计算各物种的质量分($C_{质}$),珍稀濒危植物质量分均值为59($C_{植均}$),珍稀濒危动物质量分均值为58($C_{动均}$)。用大鹏半岛珍稀濒危动植物资源保护管理费(为大鹏半岛自然资源资产数据采集项目中采集指标),除以相应种类数,即得到濒危动植物的平均管理保护费$P_{均}$,由于珍稀濒危动物的保护管理与珍稀濒危植物难度不同,平均费用不同,因此设置系数k,可通过专家咨询设定。在此基础上,采用比例法计算出单一物种的保护管理费P;计算出某一类物种的保护管理费用P,除以该类物种数量(为大鹏半岛自然资源资产数据采集项目中采集指标),再乘以参照表5-42中的价值倍数M,即可计算出单个物种价值。具体公式如下

珍稀濒危植物:

$$P_{植}=\left(\frac{k_{植}\ P_{均}}{C_{植均}}\times C_{质}\right)/N\times M$$

珍稀濒危动物:

$$P_{动}=\left(\frac{k_{动}\ P_{均}}{C_{动均}}\times C_{质}\right)/N\times M$$

式中,$P_{植}$和$P_{动}$为单体珍稀濒危物种的价值;$P_{均}$为珍稀濒危动植物投入的保护管理费均值;$k_{植}$和$k_{动}$为调整系数;$C_{植均}$和$C_{动均}$分别为植物和动物的质量分均值;N为物种数量;M为价值倍数。

5.4.4.10　古树名木质量资源资产核算体系

由于大鹏半岛辖区内没有名木,本研究仅对大鹏半岛古树的质量进行评估并构建质量价值体系。古树属于林地系统内的特殊品种,因此在开展古树质量评价和质量价值体系构建时,需要在考虑古树本身各类价值的基础上,剔出其在林地质量评估时已涉及的因素,重点针对其特有属性进行评估。

将大鹏半岛古树名木的质量评价体系输入AHP层次分析法软件,建立"层次结构模型"。生成指标间两两比较的"判断矩阵"后,输入成对比较的结果,在满足一致性检验原则的前提下,确定目标层下各因素的判断矩阵。生成权重结果如表5-42所示。

表 5-42　权重结果(不含管理费)

要素层权重	要素亚层权重	指标层权重
实物量(0.03)	林木价值(0.03)	林木蓄积量(0.03)

续表

要素层权重	要素亚层权重	指标层权重
生态系统服务功能(0.97)	景观游憩(0.28)	所处地段(0.18)
		景观价值(0.04)
		生长环境(0.03)
		生长势(0.03)
	历史文化(0.69)	树龄(0.60)
		保护级别(0.09)

古树名木价值按下列公式评估:

$$V=V_s+V_f+T$$

$$V_s=AB$$

$$V_f=V_d+V_h+V_z+V_l+V_j+V_g$$

式中,$V_d=(X_d/6)V_{d_{max}}$,$V_{d_{max}}=0.18V$,X_d 为地段调整系数;$V_h=XhV_{h_{max}}$,$V_{h_{max}}=0.03V$,X_h 为环境调整系数;$V_z=X_zV_{z_{max}}$,$V_{z_{max}}=0.03V$,X_z 为生长势调整系数;$V_l=X_lV_{l_{max}}$,$V_{l_{max}}=0.60V$,X_l 为树龄调整系数;$V_j=X_jV_{j_{max}}$,$V_{j_{max}}=0.09V$,X_j 为保护级别调整系数。$V_g=X_gV_{g_{max}}$,$V_{g_{max}}=0.04V$,X_g 为景观价值调整系数。A 为每平方厘米树木横截面的工程造价,工程造价包括现行苗木指导价、施工费用(按苗木指导价的70%计算)和一年养护费用。B 为树木胸径或地径处的横截面积(cm^2):树干基部分叉的,胸径值为各枝干胸径之和;树干被毁无法计算胸径的,以地径进行计算;根干被毁的,以访查的数据值进行计算。T 为已投入的管理费用,是各级各部门投入古树名木管理费用的综合单价。X_d 为地段调整系数。该系数以深圳市最新公布的土地地段级别为依据,最低地段级别调整系数定为0.167,地段级别每升高一级则调整系数加0.167(大鹏半岛土地级别均为最低的六级系数,即 $X_d=0.167$)。X_h 为环境调整系数:该系数由专家现场探勘后给出评价,生长环境良好、一般和差的系数分别为1、0.5和0。X_z 为生长势调整系数:该系数由专家现场探勘后给出评价,生长势良好、一般、较差和差的系数分别为1、0.6、0.3和0。X_l 为树龄调整系数:树龄调整值=古树名木树龄/1000。X_j 为保护级别调整系数:国家一级保护的古树名木调整系数为1、二级为0.67,三级为0.5;国家一级保护的濒危、珍贵树种系数再乘2;国家二级保护的濒危、珍贵树种系数再乘1.5。X_g 为景观价值调整系数:树木景观价值调整系数。分成三类:第一类为公园绿地、道路和街旁绿地、广场绿地和对外交通附属绿地内的树木;第二类为居住、公用设施和市政设施等附属绿地内的树木;第三类为生产绿地、防护绿地和仓储、工业等附属绿地以及其他绿地内的树木。其系数分别为1、0.8和0.67。

为便于计算,以古树实物量权重为1,经转换后,古树价值质量关系公式可改写为

$$V=AB(1+0.167X_d+X_z+X_h+20X_l+3X_j+1.5X_g)+T$$

5.4.5 大鹏半岛自然资源资产基准价格①

5.4.5.1 实物量资产基准价格

(1)木材价格

目前木材交易市场上的木材售价主要受木材种类和规格两大因素影响。

1)杨木。杨木的交易一般针对的是2～6m长的原木。以长4m的杨木原木为例,其市场交易价随着径级的增加而增加,据可查询的公开资料,2012年内蒙古杨木10～20cm径级的木材,在638元/m^3的基础上,每增加3cm的径级,价格增加75元/m^3;而20cm径级以上的木材,其价格的增幅是20cm以下径级木材价格的两倍,此外交易价格与年度市场需求也有较大关系。总体来看20cm以下径级原木的价格约为600～800元/m^3,20cm以上径级的木材价格约为800～1500元/m^3。

2)云杉。云杉的交易一般针对的是4～8m长的原木。根据可查询的市场信息,小径材(20cm以下)的售价在700～1200元/m^3,20cm以上的径材售价为1000～2200元/m^3。

3)松木。根据市场信息,松木的售价在800～2750元/m^3浮动,主要是受松木品种的影响。

4)桦木。桦木的交易一般针对的是3～5m长的原木。小径材(20cm以下)的售价在900～1400元/m^3浮动,20cm以上的径材售价为1200～3000元/m^3。

5)橡木。橡木分红橡木和白橡木,由我国东北和俄罗斯输入的也叫柞木或栎木。两者都是优质硬木,强度和耐磨性能都很好。近几年其售价在3500～7500元/m^3浮动,白橡木价格比红橡木略高。

6)白蜡木。白蜡,又称水曲柳,其材木交易价在4000～6000元/m^3浮动。价格随着材质规格级别(普二级～特级)的提升增加,每提升一个级别,价格相应增加500～1000元/m^3。

7)其他木材。根据中国木业网、中国木业信息网以及各地木业企业的相关木材报价汇总,柚木、鸡翅木、榆木、桐木、桉木等木材的价格信息如表5-43所示。

表5-43 木材价格信息

序号	品种	大致价格区间/(元/m^3)
1	杨木	600～4 000
2	杉木	1 000～3 000
3	松木	800～2 800
4	桦木	900～3 000
5	樟木	3 000～7 800
6	楠木	2 000～6 000
7	榉木	3 500～5 000

① 本节所有数据均来源于《大鹏新区自然资源资产质量价格体系研究报告》。编制单位:深圳市环境科学研究院、深圳市自由度环保科技有限公司。

序号	品种	大致价格区间/(元/m^3)
8	白蜡木	4 000 ~ 6 000
9	桐木	1 000 ~ 5 000
10	榆木	1 400 ~ 4 600
11	柏木	3 000 ~ 6 000
12	椴木	2 000 ~ 5 000
13	桉木	1 000 ~ 5 000
14	椿木	1 000 ~ 2 800
15	胡桃木	1 100 ~ 5 500
16	柚木	3 000 ~ 20 000
17	橡木	1 000 ~ 7 000
18	鸡翅木	1 300 ~ 5 000

8)单株林木价格。通过上述木材价格信息,根据经济材的平均出材率,结合大鹏半岛树种类型和统计平均长度,进行反演推算,得出单株林木价格,具体如表 5-44 所示。

表 5-44　大鹏半岛单株林木价格表

序号	产品	单株林木价格/(元/棵)
1	幼龄林	250 ~ 350
2	中龄林	800 ~ 1200
3	近成熟林木	6 000 ~ 9 000
4	成熟林	15 000 ~ 25 000

(2)林果价格

参考广东省荔枝产业协会的数据,广东 2007 ~ 2010 年单位面积荔枝产量分别为 3600kg/hm^2、3310kg/hm^2、3406kg/hm^2、3692kg/hm^2,售价多为 10 ~ 30 元/kg,大鹏半岛自然资源资产核算体系取价格中值 20 元/kg 为荔枝的基准价格。根据广东省农业科学研究院数据,广东 2008 ~ 2010 年龙眼的单位面积产量分别为 4491kg/hm^2、4481kg/hm^2、4695kg/hm^2,售价多为 10 ~ 20 元/kg。大鹏半岛自然资源资产核算体系取价格中值 15 元/kg 为龙眼的基准价格。

(3)湿地红树林凋落物均值与均价

1)湿地红树林凋落物年均数量。根据林鹏(2001,2003)等的研究,中国红树林的年平均凋落物量约为 9. 42t/(hm^2 · a)。

2)湿地红树林凋落物价格。根据文献记载(王燕等,2010;林鹏,2001),各类水禽饲料价格约为 2500(元/t),水产养殖饵料价格约为 2000 元/t,湿地红树林凋落物均价取两者均值 2250 元/t。

(4)近岸海域海产品价格

根据中国水产网、中国水产养殖网、食品商务网、中国海洋食品网公布的水产交易行情信息,以及对深圳主要海鲜批发市场的走访调查,2015 年大鹏半岛主要水产的市场批发价见表 5-45。

表 5-45 2015 年主要水产的市场批发价

序号	种类	价格(元/kg)	序号	种类	价格(元/kg)
1	疣面关公蟹	60~150	36	柏氏四盘耳乌贼	30~100
2	伪装关公蟹	60~150	37	杜氏枪乌贼	40~120
3	红星梭子蟹	70~180	38	田乡枪乌贼	40~120
4	矛形梭子蟹	70~180	39	中国枪乌贼	40~120
5	三疣梭子蟹	70~180	40	短蛸	30~50
6	远海梭子蟹	70~180	41	太平洋牡蛎	30~50
7	秀丽长方蟹	40~100	42	滑顶薄壳乌蛤	30~100
8	斜方玉蟹	60~120	43	波纹巴非蛤	20~50
9	隆线强蟹	80~140	44	毛蚶	5~20
10	逍遥馒头蟹	80~180	45	前鳞骨鲻	15~40
11	黑斑口虾蛄	50~100	46	鲻鱼	15~40
12	断脊口虾蛄	50~100	47	长蛇鲻	8~20
13	口虾蛄	50~100	48	锐齿蟳	80~250
14	长叉口虾蛄	50~101	49	美人蟳	80~250
15	猛虾蛄	50~102	50	晶莹蟳	80~250
16	棘突猛虾蛄	50~100	51	锈斑蟳	80~250
17	长毛对虾	60~120	52	变态蟳	80~250
18	墨吉对虾	60~120	53	直额蟳	80~250
19	周氏新对虾	60~120	54	善泳蟳	80~250
20	细巧仿对虾	60~120	55	香港蟳	80~250
21	中型新对虾	60~120	56	疾进蟳	80~250
22	刀额新对虾	60~120	57	日本蟳	80~250
23	近缘新对虾	60~120	58	浅色黄姑鱼	6~21
24	短沟对虾	60~120	59	日本白姑鱼	10~30
25	宽突赤虾	60~120	60	大头白姑鱼	10~30
26	鹰爪虾	50~80	61	白姑鱼	10~30
27	中华管鞭虾	50~80	62	斑鳍白姑鱼	10~30
28	棒锥螺		63	皮氏叫姑鱼	6~21
29	西格织纹螺	30~80	64	杜氏叫姑鱼	6~21
30	文雅蛙螺	30~50*	65	四线天竺鲷	10~30
31	爪哇拟塔螺	30~50*	66	细条天竺鱼	10~30
32	黄短口螺	30~50*	67	斑鳍天竺鱼	10~30
33	浅缝骨螺	15~30*	68	中线天竺鲷	10~30
34	方斑东风螺	100~140	69	二长棘鲷	10~30
35	曼氏无针乌贼	30~100	70	平鲷	20~60

第5章 以成果评估为导向的大鹏半岛自然资源资产核算与负债表体系

序号	种类	价格(元/kg)	序号	种类	价格(元/kg)
71	黑鲷	20～60	89	纤羊舌鲆	20～50
72	真鲷	25～70	90	青石斑鱼	30～80
73	短尾大眼鲷	20～60	91	六带石斑鱼	30～80
74	圆鳞发光鲷	20～60	92	黄斑蓝子鱼	30～50
75	拟矛尾鰕虎鱼	10～40	93	日本金线鱼	30～80
76	长丝鰕虎鱼	10～40	94	长棘银鲈	20～40
77	矛尾鰕虎鱼	10～40	95	丽叶鲹	10～40
78	须鳗鰕虎鱼	10～40	96	列牙鯻	15～40
79	绿斑细棘鰕虎鱼	10～40	97	黄带绯鲤	10～20
80	艾氏蛇鳗	20～60	98	沙带鱼	20～40
81	鳗鲇	20～60	99	小带鱼	20～40
82	海鳗	30～90	100	多鳞鱚	50～90
83	鲬	40～70	101	少鳞鱚	50～90
84	大鳞鳞鲬	40～70	102	斑鰶	10～30
85	大眼鲬	40～70	103	卵鳎	120～400
86	四指马鲅	20～40	104	半滑舌鳎	120～400
87	六指马鲅	20～40	105	勒氏短须石首鱼	30～70
88	犬牙斑鲆	20～50	106	印度无齿鲳	70～150

* 表示价格单位为元/个

(5)沙子价格

根据市场调查的结果,2015年市场上沙子的批发价为60～170元/m^3,一般有近50%的价值差。根据中国制造网公布的数据,2015年深圳建筑材料所用的中砂价值约为150元/m^3。细沙在建材市场上应用少、价格也较低,所以不推荐用建材市场价作为细沙实物量价值的核算依据。但在沙滩进行养护或海岸线人工填沙时,细沙价格相对能够体现其实际价格,综合多项海岸工程有关造价计算,沙滩养护中的细沙价约为200～800元/m^3。

5.4.5.2 生态服务价值核算基准价格

1)水库库容造价。由于目前深圳市尚无官方统计的水库库容造价数据,大鹏半岛自然资源资产核算与负债表体系根据文献披露的水库造价数据作为参考,测算水库库容造价。

贵州省水利厅2016年12月27日的官网网页显示,在建的贵州省盘县出水洞水库的总投资为171 241万元,总库容约为6884万m^3,年供水量为7664.3万m^3,最大坝高为111m。阿尔塔什水利枢纽工程是目前新疆最大的水利工程,其坝高为162.8m、水库总库容为12.61亿m^3、装机规模为79万kW,建设投资为100.2338亿元。湖南省清江水库工程项目工程投资约为6930万元,水库总库容为467.1万m^3。湖北省随县丁家垭水库工程,设计总库容约为257.36万m^3,投资约为2860万元。山西张峰水库工程库容为3亿多m^3,工程总投资约为18亿。河南河口村水库工程总库容为3.17亿m^3,工程设计概算为277 467万元。江西安远县艾坝水库工程,项目工程投资约为8607.36万元,水库总库容为961万m^3。四川大寨水库总库容为1163万m^3,投建金额为12 098.74万元。四川关刀桥水库总库容为5995万m^3。工程投资为68 800万元。上海青草沙水库库容约为5亿m^3,总投资为170亿元。

根据以上各省(自治区、直辖市)近年水库工程相关信息的调查统计,可以得到目前各地的单位库容造价平均为14.1元/m^3。各省(自治区、直辖市)的单位库容造价不同,其中又以南方省(自治区、直辖市)的单位库容造价水平更高(表5-46)。

表5-46　各地的单位库容造价水平

水库	地区	工程投资/万元	总库容/万m^3	单位库容价/(元/m^3)
盘县出水洞水库	贵州	171 241	6 884	24.88
阿尔塔什水利枢纽	新疆	1 002 338	126 100	7.93
大寨水库	四川	12 098.74	1 163	10.4
关刀桥水库	四川	68 800	5 995	11.5
清江水库	湖南	6 930	467.1	14.8
随县丁家垭水库	湖北	2 860	257.36	11.1
张峰水库	山西	180 000	30 000	6.0
河口村水库	河南	277 467	31 700	8.8
艾坝水库	江西	8 607.36	961	9.0
青草沙水库	上海	1 700 000	50 000	34.0
平均	—			14.1

2)土石方造价。根据对各主要城市建设工程造价信息的统计调查,搜集了2015年第四季度各主要城市在土石方工程中的成本信息,从而获取各地人工挖土方的费用。如表5-47所示,人工挖土方的费用在18~50元/m^3浮动,平均单价为30.35元/m^3。

表5-47　2015年各地的土石方工程成本

地区		人工挖土方/(元/m^3)	人工回填土/(元/m^3)
1	北京市	38.61	—
2	天津市	47.08	23.54
3	石家庄市	28.00	15.00
4	太原市	18.50	12.75
5	呼和浩特市	26.08	27.52
6	沈阳市	35.00	25.00
7	长春市	—	—
8	哈尔滨市	30.00	20.00
9	上海市	33.30	24.93
10	南京市	26.75	—
11	杭州市	33.19	21.81
12	合肥市	28.32	19.75
13	福州市	50.00	30.00
14	南昌市	28.30	24.50

续表

地区		人工挖土方/(元/m^3)	人工回填土/(元/m^3)
15	济南市	29.00	24.00
16	郑州市	23.50	18.60
17	武汉市	43.12	28.66
18	长沙市	21.20	12.60
19	广州市	22.00	14.50
20	南宁市	35.00	29.00
21	海口市	24.70	20.00
22	重庆市	47.00	26.50
23	成都市	18.00	—
24	贵阳市	26.01	13.17
25	昆明市	26.00	20.00
26	拉萨市	—	—
27	西安市	24.00	32.00
28	兰州市	38.00	25.00
29	西宁市	23.91	14.96
30	银川市	24.00	19.00
31	乌鲁木齐市	31.66	26.66
平均		30.35	21.90

3)人工肥料价格。目前,市场上常用的人工无机肥有磷酸二铵、尿素、硫酸钾、氯化钾。根据市场调查结果,2016 年第一季度的磷酸二铵的市场交易价维持在 2600 ~ 2900 元/t(表 5-48)。氯化钾市场国内报价在 1800 ~ 1900 元/t。市场上有机肥中有机质的含量多在 40% ~70%。根据其有机质的含量,有机肥售价不一。根据表 5-49 中对部分地区有机质报价信息搜集,2015 年有机质的价格约为 150 ~ 320 元/t,平均价格为 219 元/t。依据我国林业行业标准,磷酸二铵含氮量为 14.0%、含磷量为 15.01%,氯化钾含钾量为 50%。

表 5-48　2015 年磷酸二铵市场交易价

地区	厂家	报价/(元/t)
贵州	瓮福集团	2 900
湖北	大峪口磷复肥	2 800
安徽	六国化工	2 600
天津	三环美盛	2 700
湖北	宜化集团	2 600
云南	云天化	2 850
北京	中农农资	2 600

表 5-49　2015 年部分地区有机质报价

地区	厂家	有机肥报价/(元/t)	有机质含量/%	有机质报价/(元/t)
河北	旭泽田有机肥厂	500	45	225
河北	藁城区粮田肥业	230	65	149.5
内蒙古	包头沃龙生物	450	70	315
广东	茂名万华	650	40	260
山东	景源生物科技	300	80	240
甘肃	苏地肥业	600	30	180
广西	科威生物	360	45	162

4)人工固碳释氧价。目前,人工固碳技术主要包括 3 种——造林固碳、藻类固碳、碳捕集(Carbon Capture and Storage,CCS)。根据仲伟周等(2012)对我国各省(自治区、直辖市)造林固碳成本收益分析的结果,其成本为 819.42 ~ 2042.62 元/t,平均成本约为 1200 元/t,其中,在六大区域当中,华东地区的固碳成本最高,约为 2042.62 元/t,西南地区的平均固碳成本最低,约为 819.42 元/t;华北、东北、华东、中南地区平均固碳成本都高于全国平均水平,西南、西北地区的平均固碳成本则低于全国平均水平(表 5-50)。根据对人工造林固碳成本效益的分析可知固碳价值为 820 ~ 2050 元/t;制造氧气价值为 37 600 ~ 38 800 元/t。

表 5-50　各省造林固碳成本收益

省(自治区、直辖市)	固碳成本/(元/t)	省(自治区、直辖市)	固碳成本/(元/t)
广东	19 935	重庆	1 389
北京	16 533	湖北	1 296
浙江	12 431	海南	1 253
上海	7 512	甘肃	1 135
福建	5 342	广西	1 128
天津	5 216	新疆	1 019
江苏	3 732	辽宁	1 014
吉林	2 878	陕西	982
河南	2 180	山西	975
黑龙江	1 972	江西	793
安徽	1 844	西藏	742
青海	1 825	贵州	658
湖南	1 744	内蒙古	597
山东	1 578	宁夏	549
河北	1 553	云南	257
四川	1 452		

5)电价成本。根据国家发展和改革委员会公布的消息,2015 年全国各地的电价在 0.37 ~ 0.62 元/(kW·h)浮动,平均电价为 0.52 元/(kW·h)(表 5-51)。现电价在发电标杆上网电价(电网向发电企业购买电力的电价)的基础上还纳入了电网公司变电、输电、配电等的成本,

即用户向电网公司购电的价格。2015 年深圳市工商业一般平均电价为 0.9748 元/(kW·h)(图 5-52)。

表 5-52　2015 年各地区电价　　单位:元/(kW·h)

省级电网	燃煤发电标杆上网价	电价
北京	0.3754	0.48
天津	0.3815	0.49
河北北网	0.3971	0.52
河北南网	0.3914	0.52
山西	0.3538	0.477
山东	0.4194	0.5469
内蒙古西部	0.2937	0.43
辽宁	0.3863	0.5
吉林	0.3803	0.525
黑龙江	0.3864	0.51
内蒙古东部	0.3068	0.43
上海	0.4359	0.617
江苏	0.4096	0.5283
浙江	0.4453	0.538
安徽	0.4069	0.56
福建	0.4075	0.4983
河南	0.3997	0.56
湖北	0.4416	0.57
湖南	0.4720	0.588
江西	0.4396	0.6
四川	0.4402	0.5244
重庆	0.4213	0.52
陕西	0.3796	0.3796
甘肃	0.3250	0.51
宁夏	0.2711	0.4486
青海	0.3370	0.4271
广东	0.4735	0.61
云南	0.3563	0.483
贵州	0.3709	0.4556
广西	0.4424	0.538
海南	0.4528	0.6083

表 5-52 深圳工商业普通电度电价　　单位:元/kW · h

行业	峰	平	谷
工业	1.1992	0.9120	0.3376
商业及其他	1.0357		

6)生物多样性损失机会成本。张颖和倪婧婕(2014)在总结国外研究经验的基础上,将机会成本法与支付意愿法相结合,对全国不同区域的森林生物多样性价值进行了核算。基于其核算结果,结合中国林业科学院与国家林业局森林物种多样性 Shannon-Wiener 指数定价(表 5-53),即可确定单位面积的生物多样性保护价格。

表 5-53 Shannon-Wiener 指数等级划分及其价格　　单位:元/hm^2

Shannon-Wiener 指数	单位面积损失机会成本
指数<1	3 000
1≤指数<2	5 000
2≤指数<3	10 000
3≤指数<4	20 000
4≤指数<5	30 000
5≤指数<6	40 000
指数≥6	50 000

王兵等(2008)根据各省(自治区、直辖市)的林地状况分类及生物多样性指数研究,进一步对各省(自治区、直辖市)生物多样性保护价格进行了研究分析,具体结果如表 5-54 表所示。

表 5-54 省级单元森林单位面积生物多样性保护价格　　单位:元/hm^2

省(自治区、直辖市)	单价	省(自治区、直辖市)	单价
北京	8 100.5	湖北	20 463.7
天津	7 443.9	湖南	12 158.9
河北	8 312.0	广东	23 436.7
山西	13 082.4	广西	19 050.8
内蒙古	10 244.8	海南	28 078.1
辽宁	18 461.2	重庆	741.6
吉林	19 638.9	四川	12 053.7
黑龙江	14 189.5	贵州	15 449.4
上海	16 825.4	云南	24 234.6
江苏	17 538.4	西藏	20 089.9
浙江	17 673.1	陕西	8 993.0
安徽	23 140.4	甘肃	8 751.9
福建	19 987.6	青海	19 567.8
江西	13 837.8	宁夏	8 498.3
山东	8 240.8	新疆	8 308.8
河南	13 048.5		

7)非居民生活用水价。深圳市自2012年以来的非居民生活用水价为3.35元/m^3,可作为水的净化费用。

8)污染物排放与治理费用。根据国家发展和改革委员会《排污费征收标准及计算方法》,每年排放的SO_2收费标准为1.2元/kg,每年排放氟化物的收费标准为0.69元/kg,排放氮氧化物的收费标准为0.63元/kg,粉尘的排放收费标准为0.15元/kg。铅、镉、镍、锡污染治理每年费用分别为30元/kg、20元/kg、4.62元/kg、2.22元/kg。

9)隔音墙建造成本。根据中国工程造价网的相关数据估算3~5m高的隔音墙的造价为350 000元/km。

10)Shannon-Wiener指数。基于中国林业科学研究院对深圳市主要植被群落类型物种多样性的研究(陈勇等,2013),深圳市常绿阔叶人工林、常绿阔叶次生林、常绿针阔混交林的Shannon-Wiener指数分别为:1.8~2.2、2.0~2.5、2.2~3.0。

11)负离子生产费用与寿命。负离子生产费用为5.8185(元10^{-18}/个);负离子寿命为10min。

12)海堤修复工程造价。王燕等(2010)根据张和钰等(2013)对漳江口红树林研究结果的文献记载,按照修复海堤的费用45万元/(km·a),养护费用64.7万元/(km·a),采用k取值范围为1~2,核算处深圳福田红树林鸟类保护区的鸟类保育价值为40.8万元/hm^2。

13)大鹏半岛地表水单位水质提升成本。经对大鹏半岛葵涌和水头污水处理厂单位水质提升成本进行全面分析,显示葵涌污水处理厂水处理价值基本维持在0.86元/m^3,水头污水处理厂污水处理价值波动较大,水处理均价为1.80元/m^3;而经处理后综合水质指标变化均在2~5波动,平均变化量为3.3,由此可以计算出提升一个单位水质的成本约为0.6元/m^3,即C=0.6元。

14)大鹏半岛林木除污滞尘基础数据。根据《中国生物多样性国情研究报告》,阔叶林、针叶林年平均吸收的SO_2分别为88.65kg/(hm^2·a)、215.60kg/(hm^2·a);阔叶林、针叶林年平均吸收的氟化物平均值为4.65kg/(hm^2·a)、0.50kg/(hm^2·a);森林每年平均吸收氮氧化物量为6.00kg/(hm^2·a);阔叶林、针叶林年平均滞尘量为10 110kg/(hm^2·a)、33 200kg/(hm^2·a)。大鹏半岛阔叶林和针叶林的占比分别约为96.4%、3.6%。所以大鹏半岛林地每年平均吸收二氧化硫、氟化物、氮氧化物和滞尘量分别为93.22kg/(hm^2·a)、4.50kg/(hm^2·a)、6.00kg/(hm^2·a)和10 941.24kg/(hm^2·a)(表5-55)。

表5-55　不同林分类型污染物吸收量　　单位:kg/(hm^2·a)

污染物	阔叶林	针叶林	大鹏半岛年均可能吸收量
二氧化硫	88.65	215.60	93.22
氟化物	4.65	0.50	4.50
氮氧化物	6.00		6.00
滞尘量	10110	33200	10941.24

(本章编著人员:张原)

第6章

自然资源的可持续利用与监督管理

自然资源的持续有效供给是社会、经济可持续发展的基础依托，是实现高质量发展的根本需求。保护生态环境就是保护自然资源和增值自然资本的过程，是保护经济社会发展潜力和后劲的过程。

根据大鹏半岛发展规划与定位，分析大鹏半岛资源禀赋、环境约束、产业结构和生产特征，构建自然资源开发使用成本评估和资源环境承载力评价预警机制，完善大鹏半岛资源环境管理机制。

6.1 自然资源开发使用成本评估

6.1.1 开展自然资源开发使用成本评估目的

(1)健全自然资源管理制度

健全自然资源用途管制制度，实行资源有偿使用制度和生态补偿制度，加强自然资源及其产品价格改革，全面反映市场供求、资源稀缺程度、生态环境损害成本和修复效益是生态文明制度体系建设的重要内容。大鹏半岛拥有丰富的海生、陆生各类资源，是深圳市自然生态景观最好、开发使用价值相对较高的地区。在自然资源资产负债表和核算体系构建基础上，作为明确自然资源价值、对自然资源实施有效管理与合理利用的关键步骤，开展自然资源开发使用成本的评估可满足合理有序开发使用自然资源的规划化、制度化要求，对于从制度上约束自然资源开发使用行为，具有重要的应用价值。

(2)为政府可持续发展决策提供依据

在生态环境保护与社会经济发展综合决策机制不完善的背景下，生态环保部门与经济部门间缺乏紧密有效的相互合作与对话机制。生态系统价值研究是区域环境管理科学化的基础。融合生态学、环境科学、经济学、社会学等多学科背景的自然资源开发使用成本评估机制，可为社会经济发展与生态环境保护的不同领域提供“协调”工作选项，是保证可持续发展的重要手段，可为生态保护和自然资源资产监管提供量化技术支持和科学决策支撑。

(3)精细化利用及管理自然资源的有效途径

我国自然资源在产权结构上表现为单一的公有制，社会经济发展过程中对自然资源的无偿占有以及低效利用，使得经济权益没有在自然资源使用过程中得到体现。在相关项目开发建设的有限资源核算中，往往重实物核算、轻价值核算，而在实物核算中，多以相应实物单位计量各类资源的存量，忽视其流量的核算。自然资源开发使用项目全生命周期的自然资源价值强化，有助于制订约束和激励措施，打造精细化资源利用及管理方式，降低资源消耗，严格生态环境保护，有利于建设资源节约、环境友好型社会。

(4)可进一步提高公众对生态环保的关注度

经济学范式是社会主流语言,价值取向引导人们的行为。人们对生态环境的价值观是具有行为学影响的意识形态。生态环境问题的根本原因在于人们的价值取向,长期以来正是"商品高价、资源低价、环境无价"的认识导致自然资源不合理的开发利用,使得资源被浪费、环境被污染、生态被破坏。通过具体项目尺度的自然资源开发使用成本评估,有助于社会大众全面了解生态环境的价值维度、价值量及与自身利益的关系,使政府、企业、公众等各利益攸关方更加直观、全面地认识生态环境资源的重要内涵,从而增强生态环境保护的主动意识。

6.1.2 自然资源开发使用成本评估的概念内涵

6.1.2.1 自然资源的开发使用内涵

自然资源的开发使用内涵目前在学术界暂未有统一界定,但开发使用类型的划分可依据产业类型、土地利用类型、海洋功能区类型等加以确定。

(1)产业类型

产业是社会分工和生产力不断发展的产物。根据我国《国民经济行业分类》国家标准(GB/T 4754—2017),我国产业分类情况如表6-1所示。

表6-1 国民经济行业分类

门类	类别名称	门类	类别名称
A	农、林、牧、渔业	K	房地产业
B	采矿业	L	租赁和商务服务业
C	制造业	M	科学研究和技术服务业
D	电力、热力、燃气及水生产和供应业	N	水利、环境和公共设施管理业
E	建筑业	O	居民服务、修理和其他服务业
F	批发和零售业	P	教育
G	交通运输、仓储和邮政业	Q	卫生和社会工作
H	住宿和餐饮业	R	文化、体育和娱乐业
I	信息传输、软件和信息技术服务业	S	公共管理、社会保障和社会组织
J	金融业	T	国际组织

(2)土地利用类型

土地利用类型指的是土地利用方式相同的土地资源单元,是根据土地利用的地域差异划分的,是反映土地用途、性质及其分布规律的基本地域单元。根据2017年11月1日国土资源部最新组织修订的《土地利用现状分类》国家标准(GB/T 21010—2017),我国土地资源共分12个一级类、73个二级类,具体如表6-2所示。

表 6-2　土地利用分类编码和名称

一级类名称	二级类名称	一级类名称	二级类名称
耕地	水田	园地	果园
	水浇地		茶园
	旱地		橡胶园
林地	乔木林地		其他园地
	竹林地	特殊用地	军事设施用地
	红树林地		使领馆用地
	森林沼泽		监教场所用地
	灌木林地		宗教用地
	灌丛沼泽		殡葬用地
	其他林地		风景名胜设施用地
草地	天然牧草地	交通运输用地	铁路用地
	沼泽草地		轨道交通用地
	人工牧草地		公路用地
	其他草地		城镇村道路用地
商服用地	零售商业用地		交通服务场站用地
	批发市场用地		农村道路
	餐饮用地		机场用地
	旅馆用地		港口码头用地
	商务金融用地		管道运输用地
	娱乐用地	水域及水利设施用地	河流水面
	其他商服用地		湖泊水面
工矿仓储用地	工业用地		水库水面
	采矿用地		坑塘水面
	盐田		沿海滩涂
	仓储用地		内陆滩涂
住宅用地	城镇住宅用地		沟渠
	农村宅基地		沼泽地
公共管理与公共服务用地	机关团体用地		水工建筑用地
	新闻出版用地		冰川及永久积雪
	教育用地	其他用地	空闲地
	科研用地		设施农用地
	医疗卫生用地		田坎
	社会福利用地		盐碱地
	文化设施用地		沙地
	体育用地		裸土地
	公用设施用地		裸岩石砾地
	公园与绿地		

(3) 海洋基本功能区

海洋功能区划是根据海域的地理位置、自然资源状况、自然环境条件和社会需求等因素划分的不同海洋功能类型区，是海域使用管理和海洋环境保护的重要制度，是海域资源开发、控制和综合管理的法定依据。根据《广东省海洋功能区划(2011—2020)》,广东省海洋功能区分类如表6-3所示。

表6-3 广东省海洋功能分区

一级类功能区	二级类功能区	一级类功能区	二级类功能区
农渔业区	养殖区	矿产与能源区	油气区
	增殖区		固体矿产区
	捕捞区		盐田区
	水产种质资源保护区		可再生能源区
	渔业基础设施区	旅游休闲娱乐区	风景旅游区
港口航运区	港口区		文体休闲娱乐区
	航道区	海洋保护区	海洋自然保护区
	锚地区		海洋特别保护区
工业与城镇用海区	工业用海区	特殊利用区	军事区等
	城镇用海区	保留区	—

其中,土地利用和海洋功能分区是产业发展分化的结果,又与产业结构具有密切联系。因此,可依托产业类型,根据土地利用类型变化及海洋功能区开发利用情况表征自然资源开发使用类型。

6.1.2.2 自然资源开发使用成本

“成本”作为经济学概念,原指从事一项投资计划所消耗的全部实有资源的总和。虽然自然资源开发使用成本的具体概念及内涵目前尚未有学界共识,但相关概念主要包括自然资源耗减成本、环境退化成本、生态损失成本和边际机会成本等。

其中,自然资源耗减成本、环境退化成本、生态损失成本的概念在一定程度上可以通用,主要源于“环境和经济综合核算体系”(SEEA)等研究成果,通过计算由人类生产、生活直接或间接导致的自然资源数量消耗和质量减退而造成的经济损失来进行成本度量。核算项目主要为矿产耗减、泥土流失、养分流失、土地资源损失、水源涵养功能损失、水环境污染、作物减产损失等相关成本(高敏雪等,2018)。

边际机会成本相当于利用一单位某种自然资源的全部成本,由三部分组成:边际生产成本、边际使用者成本和边际外部成本(Pearce and Markandya,1987)。边际使用者成本是指用某种方式利用一单位某一稀缺自然资源时放弃的以其他方式利用同一个自然资源可能获取的最大纯收益。边际外部成本是利用一单位某一自然资源时给他人造成的没有得到相应补偿的损失。对于环境自然而言,环境自净能力也具有边际使用者成本。

根据大鹏半岛实际情况及研究需求,开展自然资源开发使用成本核算的最终目的是“通过价值化表达,凝聚社会共识,服务于政府对自然资源开发使用条件的客观判断与科学决策”。

因此,自然资源开发使用成本评估研究及应用中,特别需要明确以下两点:①自然资源受相关开发使用活动影响而导致的价值减损量视为项目开展的直接自然资源成本;②只有将开发使用活动前后,评估区域的自然资源价值变化进行关联性分析,明确项目的净价值,才能有效服务于区域规划与项目评估。

基于以上内容,将自然资源开发使用项目净价值界定为:自然资源开发使用项目区域因开发使用活动导致的价值减损量,与开发使用后项目所产生的效益共同构成的总值。即

$$\mathrm{TC}=C+B$$

式中,TC 为自然资源开发使用项目净价值。需要说明的是:自然资源开发使成本评估是基于自然资源管理者视角、以自然资源为主体开展的,充分考量区域自然资源开发使用前后的综合价值量变化。C 为项目区域开发使用活动导致的价值减损量,通过计算项目开发直接影响区域和附属影响区域所损失生态系统服务、社会公共服务、(商业)生产活动经济产出的货币化价值获得。B 为开发使用后项目所产生的效益,对于陆域生态控制线内仅计算开发使用后生态系统服务价值和公用设施的社会公共服务价值,生态控制线外计算生态系统服务价值、(商业)生产活动经济产出和公用设施的社会公共服务价值,海域计算(商业)生产活动经济产出及生态系统服务价值。

另外,资源开发获取成本、人力资源成本、政策成本等间接成本虽然是项目会计中的传统成本核算类目,但因其缺乏对自然资源开发使用成本评估的具体针对性,因此不纳入成本评估核算体系。

6.1.3 自然资源开发使用成本评估指标体系

6.1.3.1 大鹏半岛自然资源分类指标

明确自然资源类别是确定自然资源开发使用评估指标的基础。既要将各种较为典型的自然资源种类,如林地、湿地、水资源等纳入评估体系;更要将大鹏半岛的一些特色要素,如沙滩资源、海岛资源等一并纳入,使构建的开发使用指标体系更能体现大鹏半岛这一评估区域的资源特点与资源优势。

《大鹏半岛自然资源资产资产负债表》中,将大鹏的自然资源分为林地、城市绿地、湿地、沙滩、近岸海域、洁净景观水(河流)、水库、洁净大气(大气环境)、珍稀濒危物种、古树名木共 10 项主要资产指标,并列入大鹏半岛自然资源资产核算范畴。然而,珍稀濒危物种和古树名木具有重要文化和科研价值,且有明确的法律、法规保护,禁止人为干扰和破坏,所以开发使用项目不会直接针对此两类自然资源,无须单独开展成本核算。

参考学术界对自然资源的通行分类方式及大鹏半岛自然资源资产资产负债表中应用的自然资源分类,补以实地勘察结果,结合《深圳市大鹏半岛国民经济和社会发展第十三个五年规划纲要》,最终采用三级指标体系对进行开发使用成本评估的自然资源进行类别划分(表 6-4)。其中,一级分类指标包括陆域自然资源和海域自然资源 2 项;陆域自然资源二级分类指标包括林地、城市绿地、湿地、水库、洁净景观水共 5 项;海域自然资源二级指标包括近岸海域、海岛、沙滩 3 项。

表 6-4　大鹏半岛自然资源分类指标

一级指标	二级分类编号	二级指标名称	类型释义	三级分类编号与指标名称
A 陆域自然资源	A1	林地	风景名胜区、水源保护区、郊野公园、森林公园、自然保护区、风景林地等地的原生林和人工林	A11 天然林 A12 人工林
	A2	城市绿地	指用以栽植树木花草和布置配套设施,基本上由绿色植物所覆盖,并赋以一定的功能与用途的场地	A21 公园绿地 A22 防护绿地 A23 社区绿地
	A3	湿地	指天然或人工形成的沼泽地等有静止或流动水体的成片浅水区,包括在低潮时水深不超过 6m 的水域	A31 湿地保护区 A32 其他湿地
	A4	水库	指拦洪蓄水和调节水流的水利工程建筑物,是水源涵养的重要区域	A41 主要供水水库 A42 其他水库
	A5	洁净景观水	指陆地表面成线形的自动流动的水体	A51 河流 A52 溪流
B 海域自然资源	B1	近岸海域	指海岸线以外 2km 海洋区域	B11 优美岸线 B12 珊瑚礁 B13 海洋生物 B14 海水资源
	B2	海岛	指海洋中面积不小于 $500m^2$ 的小块陆地	B21 海岛植被 B22 海岛动物
	B3	沙滩	指可供人类休闲娱乐的沙质海岸	B31 海水浴场 B32 观光沙滩

6.1.3.2　大鹏半岛自然资源开发使用类型指标

根据 6.1.2.1 节对开发使用内涵的界定,结合大鹏半岛实际条件与发展规划,以产业类别为一级指标,陆域采用土地利用类型作为二级指标,海域采用海洋功能区作为二级指标。筛选分析关键指标后,构建大鹏半岛自然资源未来开发使用类型指标,具体如表 6-5 所示。

表 6-5　大鹏半岛自然资源未来开发使用类型指标

产业类别	陆域开发使用类型(土地利用类型)	海域开发使用类型(海洋功能区)
农、林、渔业	耕地、园林、林地	养殖区、增殖区、捕捞区、水产种质资源保护区、渔业基础设施区
制造业	工业用地	—
电力、热力、燃气及水生产和供应业	工业用地、商服用地、公共管理与公共服务用地	工业与城镇用海区
建筑业	商服用地、工业用地、住宅用地	海洋风景旅游区、文体休闲娱乐区、工业与城镇用海区
批发和零售业	批发零售用地	—
交通运输、仓储和邮政业	交通运输用地	港口区、航道区、锚地区

续表

产业类别	陆域开发使用类型(土地利用类型)	海域开发使用类型(海洋功能区)
住宿和餐饮业	住宿餐饮用地	—
信息传输、软件和信息技术服务业	商服用地	—
金融业	商务金融用地	—
房地产业	商服用地、住宅用地	—
租赁和商务服务业	商服用地	—
科学研究和技术服务业	商服用地、科教用地	海洋自然保护区、海洋特别保护区
水利、环境和公共设施管理业	商服用地、公共管理与公共服务用地、水域及水利设施用地、林地、园地、草地	海洋自然保护区、海洋特别保护区
居民服务、修理和其他服务业	商服用地、公共管理与公共服务用地、特殊用地	—
教育	科教用地	海洋自然保护区、海洋特别保护区
卫生和社会工作	医卫慈善用地	—
文化、体育和娱乐业	园地、林地、草地、商服用地、公共管理与公共服务用地	海洋风景旅游区、文体休闲娱乐区
公共管理、社会保障和社会组织	公共管理与公共服务用地	工业与城镇用海区

6.1.3.3 自然资源开发使用成本评估量化指标

大鹏半岛自然资源开发使用评估量化指标包括生态系统服务指标、社会公共服务指标、生产活动经济产出三大类。

(1)生态系统服务

生态系统服务是指生态系统对人类福祉的直接和间接贡献,“生态系统产品和服务”与“生态系统服务”的含义相同。根据国内外自然资源资产研究领域包括千年生态系统评估(MA)、生态系统服务经济学(TEEB)、生态系统生产总值(GEP)和绿色GDP等相关研究在内的自然资源价值核算研究成果,并结合大鹏半岛已开展自然资源资产负债表的研究成果,本研究将生态系统服务界定为供给(产品)服务、调节服务和文化服务三类(Pushpam, 2010)。

供给服务指标如表6-6所示。

表6-6 供给服务指标

指标类别	指标	说明
供给服务	果蔬	从耕地、园地获得的果蔬产品
	水产品	从陆域水体和海域获得的可食用水产品
	淡水资源	可以直接使用的淡水资源,如农业用水、生活用水、工业用水、生态用水等
	普通木材	从林地获得的木材
	林副产品	林下产品以及与林地资源相关的初级产品,如食用林产品
	其他	装饰、观赏资源如苗木等

调节服务是指从生态系统过程的调节中获得的惠益,包括气候调节、水资源调节等。文化服务是指通过丰富精神生活、发展认知、思考、娱乐以及美学观赏等方式,使人类从生态系统获得非物质效益,包括知识体系、社会关系以及美学价值等方面。调节服务和文化服务指标如表 6-7 所示。

表 6-7 调节服务和文化服务指标

指标类别	指标	说明
调节服务	土壤保持	林地、园地等通过其生态结构和过程减少雨水侵蚀,发挥固土、保肥作用
	水源涵养	林地、园地、城市绿地等通过其生态结构和过程拦截蓄滞降水,增强土壤下渗,有效涵养土壤水分和补充地下水
	洪水调蓄	湿地等通过蓄积洪峰水量,削减洪峰,减轻洪水威胁的作用
	固碳	植物通过光合作用将二氧化碳转化为碳水化合物,并以有机碳的形式固定在植物体内或土壤中,有效减缓大气中二氧化碳浓度升高,减缓温室效应
	释氧	绿色植物通过光合作用将二氧化碳转化为有机物并产生氧气的功能,调节大气中氧气含量
	大气净化	生态系统吸收、阻滤和分解大气中的污染物,如二氧化硫、氮氧化物、粉尘等,有效净化空气,改善大气环境
	水质净化	水环境通过一系列物理和生化过程对进入其中的污染物进行吸附、转化以及生物吸收等,使水体得到净化的生态效应
	气候调节	生态系统通过蒸腾作用和水面蒸发过程使大气温度降低、湿度增加产生的生态效应
文化服务	景观游憩	为人类提供美学价值、灵感、教育、休闲娱乐等非物质惠益的自然景观,其承载的价值对社会具有重大意义

(2)社会公共服务和生产活动经济产出

社会公共服务是指社会公共设施等所提供的基本民生、公益事业等服务;经济生产活动是指实际的工商业产出和旅游娱乐活动经济产出,评估中所采用指标具体如表 6-8 所示。

表 6-8 社会公共服务和生产活动经济产出指标

指标类别	指标	说明
社会公共服务	基本民生服务	就业服务、社会救助、养老保障等机构设施
	公共事业服务	公共教育、公共卫生、公共文化、科学技术等服务设施
	公益基础服务	公共设施、生态维护、环境保护等机构设施
	公共安全服务	社会治安服务设施
经济生产活动	商业产出	开发成商业设施的经济产出
	工业产出	生产加工企业的经济产出
	旅游娱乐产出	开发旅游、休闲、娱乐设施带来的经济产出

6.1.4 大鹏半岛自然资源开发使用成本评估技术方法

6.1.4.1 筛选适应性量化评估方法

由于针对生态破坏和环境污染指标的经济损失计量方法在国内外学术界尚未完全达成

共识,核算的途径多种多样,不同的核算方法得出的结果往往存在较大差异,选择恰当估值方法是开展评估工作的重点内容。

在自然资源价值评估相关实际工作中,一般首推直接市场法。直接市场法直观、易于计算和调整,应用最为广泛。如果不具备采用直接市场法进行评估的条件,则采用替代市场法。只有当直接市场法和替代市场法可行性较低时,才考虑采用假想市场法。三大类评估方法选用的优先级顺序为:直接市场法>替代市场法>假想市场法。在当前的实际研究和应用当中,由于各方面条件的限制,例如数据资料的可获得性、技术的局限性等,资源环境价值的核算往往采用多种评估手段相结合的方法。

在大鹏半岛评估工作中,参考文献案例和相关自然资源资产核算项目成果,结合理论分析和技术运用限制条件,确定不同指标的评估方法,具体如表 6-9 所示。

表 6-9　大鹏半岛自然资源开发使用成本评估指标核算方法

评估指标		评估方法
供给服务	果蔬	市场价值法
	水产品	市场价值法
	淡水资源	市场价值法
	普通木材	市场价值法
	林副产品	市场价值法
	其他	市场价值法
调节服务	土壤保持	替代成本法
	水源涵养	替代工程法
	洪水调蓄	实际/替代成本法
	固碳	工业减排成本法
	释氧	影子工程法
	大气净化	替代成本法
	水质净化	替代成本法
	气候调节	替代成本法
文化服务	景观休憩	旅行费用法
社会公共服务	基本民生服务	条件估值法
	公共事业服务	条件估值法
	公益基础服务	条件估值法
	公共安全服务	条件估值法
经济生产活动	商业产出	效益统计法
	工业产出	效益统计法
	旅游娱乐产出	效益统计法

各指标所选用量化评估方法的指标因子在学术领域已形成研究共识,因此不再赘述。

6.1.4.2　评估技术路线

大鹏半岛自然资源开发使用成本评估包括制订技术指南和项目评估两部分,技术路线如图 6-1 和图 6-2 所示。

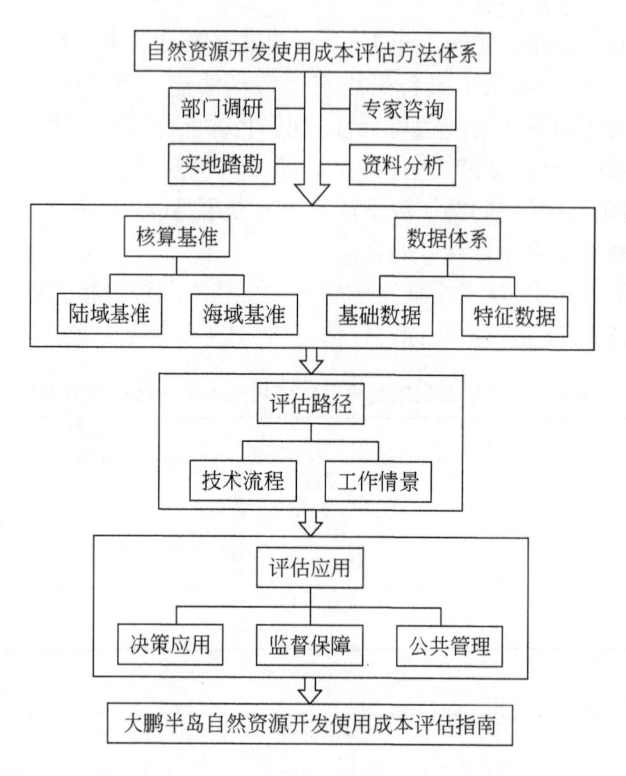

图 6-1　大鹏半岛自然资源开发使用成本评估指南

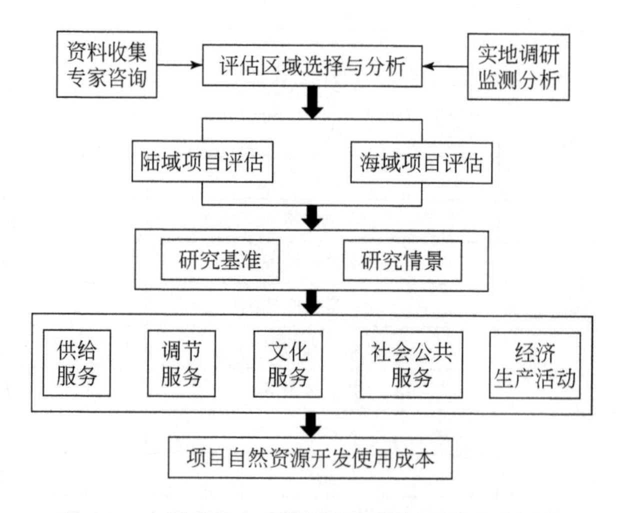

图 6-2　大鹏半岛自然资源开发使用项目成本评估

6.1.4.3　评估工作流程

在大鹏半岛开展自然资源开发使用成本评估工作流程如图 6-3 所示。

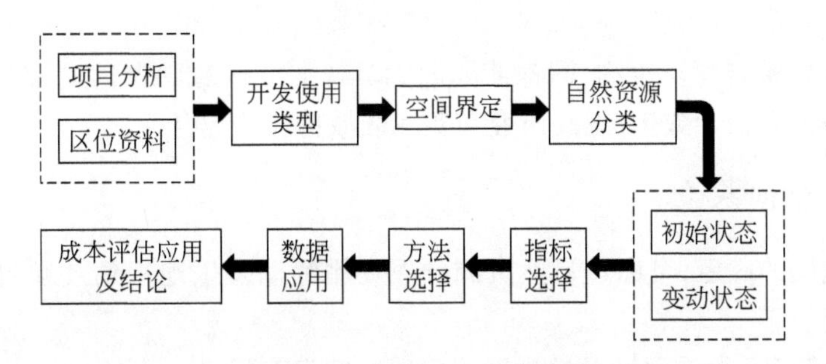

图 6-3 自然资源开发使用成本评估工作流程

6.1.5 确定评估基准

以大鹏半岛为代表的粤港澳大湾区具有丰富的海域和陆域自然资源,为提高自然资源开发使用项目成本评估工作的科学性、适用性和实用性,需要针对性核定海域和陆域相关项目评估的空间、时间和量化基准。

6.1.5.1 自然资源的开发使用特点

(1)陆域开发

针对陆域开发使用项目而言,自然资源具有如下几点特征。

1)自然资源空间分布边界不等同于行政边界,不同资源类别往往不具有明确的小尺度地理空间界限。例如,天然林、人工林往往存在空间交叉;海水浴场、沙滩部分空间往往重合。

2)所选定项目评估区域往往包括多种自然资源类别。例如,案例研究区域,存在天然林、人工林、湿地、公园绿地、河流等多种资源类型,且开发使用前后资源类别存在差异。

3)自然资源开发使用前后的状态变化与研究情景密切相关。资源状态变化的时间基准选择,直接关联于开发使用活动导致的自然资源变化量,研究过程中需要根据资源管理需求及自然环境历史变化情况,合理选择及模拟自然资源变化状态。

4)我国陆域广阔,气候条件多样性高,对陆域自然资源单位功能量研究不足。针对开发使用项目而言,研究区域较小,需要有针对性地筛选、引用相应自然资源因子数据。

对于空间范围的确定,可通过自然资源开发使用活动发生地视角及项目完成后环境影响视角加以界定。

(2)海域开发

针对海域开发使用项目而言,自然资源具有如下几点特征。

1)海岛、珊瑚礁具有明确的地理边界,海洋生物不具有小区域稳定活动空间,但年度平均活动强度具有空间相对稳定性。

2)项目研究区域与周边空间往往具有多重能量流、物质流、信息流互动,如海岛和海岸、岸线与沙滩、海洋生物与珊瑚礁等(Douvere,2008)。

3)海域资源的开发往往具有关联区域联动性影响。如案例研究中,海岛旅游的发展会带动沙滩旅游、餐饮消费、游船观光等(Seetanah B,2011),需要综合权衡进行因子及指标数据筛选。

4)对于海岛植被与海洋生物,同样需要明确具体研究区域的群落构成、生物种类特征,有针对性地选择研究因子数据,提高研究与实际区域特征的契合度。

6.1.5.2 空间基准

对于空间范围的确定,可通过自然资源开发使用活动发生地视角及项目完成后环境影响视角加以界定。

(1)以自然资源开发使用活动发生地确定研究空间范围

1)已确定选址区域。若某一项目已确定了开发建设选址区域,而区域内含有不同自然资源类别,则优先以选址边界作为研究区域边界。①以道路围合。选址区域以道路形成围合空间的,地理空间辨识度高,以围合道路为研究边界。②以河流为界。在选址区域边界为河流时,因河流属于自然资源基础类别,将研究边界由选址区域扩展为包括河流区域。③海岛。若选址区域为海岛,则将海岛岸线外围20~50m距离确定为研究区域主体边界,并考察码头区域的关联影响。④近岸海域。若选址区域为近岸海域,则以选址边界作为研究主体边界,并考察近岸海域与岸上空间的关联效应。⑤选址边界跨越自然资源区域。若选址区域边界贯穿自然资源区域,如横穿天然林、人工林、湿地、绿地、珊瑚礁、特定生物资源聚集区等,当选址区域占各自然资源实际面积超过自然资源面积1/2时,将全部自然资源纳入研究区域;当选址区域占各自然资源实际面积低于自然资源面积1/2时,将占地面积扩增2倍作为研究区域,核算因子为资源区域平均值。

2)待确定选址区域。若在项目仍处于选址阶段时开展自然资源开发使用成本评估研究,则需要综合考虑项目开发建设类型综合影响范围,如临时工程道路、施工设施占用区域等,根据潜力用地或潜力用海区分布情况,分别进行不同自然资源占用成本模拟,利用最低影响策略进行优化比对,为选址区域提供优先排序建议。

3)优化选址区域。若项目已初步确定选址区域,可通过自然资源开发使用成本评估进一步确定具体占地边界,通过规模效应分析,优化选址区域。

不同开发使用规划项目空间范围尺度不一致,研究区域可能是宏观的、也可能是微观的,采用上述途径结合实际情况对自然资源影响边界分类界定,明确研究的空间基准。

(2)以项目完成后环境影响视角确定研究范围

根据自然资源开发使用项目的具体环境影响,参考环境影响评价技术导则,如大气环境、地表水环境、生态影响、建设项目等环境影响评价导则,确定项目研究范围。

以自然资源开发使用相关建设项目为例,可参考《环境影响评价技术导则:生态影响》(HJ 19—2011)中对生态敏感区的划分和项目的占地范围,包括永久占地和临时占地,进行自然资源开发使用成本评估工作等级划分,进而确定评估的空间范围。

6.1.5.3 时间基准

(1)初始状态与变动状态

对于自然资源开发使用项目,以研究区域所有项目相关开发建设活动启动前自然资源状态作为初始状态,以开发活动完成后,区域内自然资源重新回归稳态作为开发使用完成后状态(变动状态)(冯剑丰等,2009),开发建设活动进行中的自然资源变化情况不予考虑。

(2) 数据时间跨度

研究区域自然资源开发使用前后价值量的变化,关联于自然资源初始状态与变动状态的功能量核算,而自然资源的功能量如固碳、释氧等,在一年不同季节具有显著变化。为充分体现研究数据及研究成果的时间可比性,以研究年各因子全年平均值/总值作为基础数据值,即以大鹏半岛所采集当年相关数据为研究基准数据。当年数据不可获得时,采用上一年数据。进行时间序列连续研究时,数据采集和结果产出均以年为开展研究的时间单位。

6.1.5.4 量化基准

(1) 产品实物因子基准

自然资源开发使用成本评估中,参考区域自然系统供给产品的实物量统计结果,以空间边界及单位因子量作为基础限定条件,通过实地调研、调查确定不同自然资源开发使用项目涉及的具体实物因子基准,取年度平均值进行核算。

(2) 调节服务因子基准

调节服务价值的量化核算过程中,所选用因子如固碳、释氧、初级生产力等往往具有较大资源类别、时间、空间差异性。研究中需要明确区分天然林、人工林、公园绿地、岸线植被、海岛植被等资源的物种构成、群落组分等内容,采用基本因子判定、监测研究等手段,通过基础数据校正进行指标评估。

(3) 货币化基准

1) 产品市场价值。对于供给服务的果蔬、水产品、淡水资源、木材、林副产品等采用研究当年产品的单位市场价值进行计算。

2) 政府规定价值。对于能源电力、环境税等政府定价因子,采用政府定价进行计算。

3) 功能量单位价值。对于采用替代成本法或影子工程法进行计算的因子,如采用固土保肥、水源涵养、固碳、大气净化、水质净化、气候调节等指标项目,可研究比较不同核算因子在大鹏半岛、深圳市、广东省甚至全国层面的“单位货币值”,并采用不同数据开展结果测算。选用大鹏半岛货币化基准可提高研究结果在大鹏半岛的实际应用指导性,选取深圳市或广东省乃至全国的货币化基准则有利于日后开展大鹏半岛与其他地区类似研究结果的横向对比。

4) 条件估值价值。采用调研问卷获取的价值信息,开展数理统计分析后,选取中位值或平均值进行核算应用。

5) 经济生产活动价值。对于商业产出、工业产出、旅游娱乐产出价值等,采用实际的效益统计法进行核算,在暂无效益产出条件下,可采用同类项目替代或单元扩增方式进行计算。

不同区域不同自然资源的开发使用成本评估过程中,需要细分自然资源类别,并针对初始状态和变动状态进行综合对比,明确区域发展现状及方向,并针对不确定情形进行发展情景模拟。当评估区域内存在多种开发利用方式时,需要进行不同发展情景的组合分析,以准确设定空间、时间和量化研究基准,全面评估自然资源开发使用成本。

6.1.6 自然资源开发使用成本评估应用

自然资源开发使用成本评估研究成果的应用,主要包括规划决策、监督保障、公共管理三方面。

6.1.6.1 规划决策

发展规划是区域发展的蓝图，具有指导和规范区域发展的重要作用。当前，在区域国民经济和社会发展规划、城市规划、生态文明建设规划等的应用过程中，对小尺度具体自然资源要素的定量考量仍显不足，建议进一步提高自然资源开发使用成本研究成果在具体项目规划和区域发展决策中的应用，充分贯彻生态优先、可持续发展理念。

(1)纳入项目审批

在具体项目的选址及审批过程中，严格实行自然资源开发使用成本评估，并将评估结果作为基本限制条件之一。以建设项目审批为例，项目审批文件清单如表6-10所示。

表6-10 建设项目审批文件清单

序号	内容	部门	标志
1	建设用地预审意见	规划国土委	《土地预审意见书》
2	选址初审意见	城市管理局	《项目规划选址意见书》
3	环保审查意见	环境保护和水务局	环保部门对项目《环境影响报告书》或《环境影响报告表》进行批复
4	自筹资金筹措说明	财政或金融部门	只要能证明企业有自筹资金的能力或足够的企业存款即可
5	银行贷款意向书	相关商业银行	如提供《项目贷款承诺书》
6	取水许可手续	环境保护和水务局	《水资源论证报告》得到批复或取得取水许可证
7	水土保持许可手续	环境保护和水务局	水土保持方案完成编制、审查
8	文物许可文件	文物保护部门	提交文物勘探报告并完成发掘工作
9	地震许可文件	地震局	《地震安全性评价报告》得到批复
10	地质灾害评价	地质部门	《地执行灾害评价报告》得到批复
11	矿产压覆许可文件	地质矿产部门	《矿产压覆报告》得到批复
12	安全许可文件	安监局	《安全评价报告》得到批复

根据建设项目审批文件清单可知，项目审批过程缺乏对自然资源占用、利用或损耗的定量价值评估，这是项目开发建设过程造成资源环境损害的重要原因。可从制订审批阈值、选址优化、成本权衡方面研究制定《项目自然资源开发使用成本评估意见书》制度，将研究成果推广应用于项目审批。

1)自然资源开发使用成本审批阈值。探索研究大鹏半岛不同自然资源不同开发使用条件的成本许可阈值，设置项目许可阈值梯度。如将自然资源开发使用成本研究成果进行阶段细分，采用开发完成后效益与资源价值减损量的比值形式，同时充分考量自然资源及开发使用项目的动态变化特征，进行年度累加、年际贴现，以综合考量包括自然资源价值在内的项目效益，并针对性提出项目意见(表6-11)。

表6-11 阈值与审批意见示例

阈值(z)	≥1.5	$1 \leq z < 1.5$	<1
意见	建议批准	建议优化	否决

2)进行项目选址优化。在项目规划阶段，通过选址区域预研，对项目空间需求进行多圈

层划分，分析比较不同选址区域的自然资源构成以及资源开发使用项目成本，进行同一项目不同选址区域优劣排序，优化项目选址空间，对于自然资源开发使用高成本地区的项目规划，不予批准。

3）成本权衡。基于"降低同资源类别成本、提高开发使用综合效益"视角进行项目成本权衡，同步进行预期资源损害评估和自然资源恢复规划，以实现自然资源"单要素收支平衡"为目标，使得项目经济效益、社会效益的产出与生态效益有机协调。

（2）纳入土地利用和海洋功能规划

土地利用总体规划是在一定区域内，根据国家社会经济可持续发展的要求和当地自然、经济、社会条件，对土地的开发、利用、治理、保护在空间上、时间上所做的总体安排和布局，是施行土地用途管制的基础，核心是确定和调整土地利用结构和用地布局。海洋功能规划是对海洋保护和利用的总体指引，更加宏观且具有更强指导性。大鹏半岛的土地利用空间体系、用地管控要求、土地用途分区和空间管制要求、海洋功能区划等均由深圳市统一规划并实行管理。

1）规划编制前。在实际土地利用总体规划或海洋功能区划编制、修订前期阶段，大鹏半岛可以自然资源开发使用成本研究建议的形式充分介入。就区域内现状形势和未来模拟情景进行分析，基于成本研究成果，提出土地利用和海洋功能区划的差别化政策建议，供深圳市在规划编制阶段充分吸收采纳。

2）规划编制阶段。规划编制过程中，要多次征求区内职能部门意见。建议在征询意见过程中，以资源开发使用成本这一量化指标，将土地利用和海洋功能区划与自然资源开发使用成本相结合，针对具体规划条目提出降低大鹏半岛资源开发使用成本、提高开发使用效益的建议。

3）规划实施阶段。在规划执行过程中，定期监测不同区域具体项目自然资源开发使用成本的变化，对规划执行过程中的影响要素、制约因子进行深入分析，根据发展与保护需求，提出规划调整方案建议，以便在规划修订和年度计划中采纳吸收。

6.1.6.2 监督保障

自然资源开发使用成本研究是在大鹏半岛探索生态文明机制体制改革的背景下，针对新区发展规划和具体项目应用，提出的具体衡量半岛规划开发与相关自然资源价值变化的综合指标。

（1）约束机制

1）制定监督管理程序。制定相关监督管理办法，明确自然资源成本各项工作环节，提出重点监督内容，对于不遵照自然资源成本工作计划和工作纪律的责任单位或个人，追究其相应责任。围绕新区自然资源成本相关工作，探索以生态文明建设考核为依托实行自然资源成本专项附加考核，并将考核结果与单位绩效考核和干部勤政考核挂钩，以考核来约束政府工作。

2）加强自然资源成本宣传教育，以内部自律作为约束的必要补充。加强自然资源成本维护重要性的宣传和教育，运用合理的传播工具和科学的传播方式，对自然资源开发使用成本的理念、作用、意义进行广泛宣传，在政府、企业、居民等利益相关者之间树立"人与自然和谐发展"的思想观念并通过自我实现、自我纠错等内部约束机制不断发挥作用，将"自然资源成本提升”逐步内化为自身的行动目标和行为导则。

(2)激励机制

在生态建设、环境保护领域,构建一套实用有效的激励机制,对强化政府和企业环境责任有重要推动作用。自然资源开发使用项目低成本激励机制是生态环境与经济增长双向刺激、良性互动、循环共生的资源环境管理模式创新的体现,以主动地生态环境保护及建设行为为前提,以激励性政策为手段,鼓励全社会积极参与生态系统保护,从制度层面实现经济增长生态化和城市发展可持续化。

自然资源成本激励机制不仅针对政府部门,更是从实际行动上对辖区内相关企业和辖区居民在自然资源成本方面所做努力的一种肯定、鼓励和嘉奖。针对不同的对象,制定对应的激励策略。

1)对于辖区内直接管理部门和相关单位及领导干部,为调动其对自然资源成本提升等相关工作的积极性和主动性,可以制定一系列激励措施,包括给予精神激励、荣誉激励、工作激励以及物质奖励。

2)对于辖区内相关企业,一是加大贷款、税费政策优惠力度。制定一系列的贷款优惠政策,加大对降低自然资源开发使用成本等相关产业的补贴,对于相关企业在贷款和担保上给予一定优惠。二是对引入新能源和可再生能源、资源高效利用、绿色节能生产、环境综合治理等方面技术和人才的企业,给予适当奖励。除此之外,还可以设立相关税收减免政策,当企业建设能够满足“社会经济效益和自然资源价值双提升”条件时,可对其所得税、设备销售税及财产税实行一定程度的减免。

(3)损害惩罚机制

1)推进自然资源价值损害相关开发使用活动惩罚法制化。建立自然资源价值损害相关开发使用活动惩罚制度,根据自然资源成本各项指标评估结果,对相关责任部门和个人进行监督、评价和鉴证,探索多样化责任承担方式,对造成自然资源价值损害相关开发使用活动负有审批、监管职责的领导干部进行责任追究。

2)建立自然资源开发使用成本评估鉴定机制。加快推进自然资源损害调查、成本鉴定评估、提升方案编制、效用措施评估等业务工作。与具有专业自然资源开发使用成本评估能力的第三方技术单位开展合作,对项目或区域自然资源开发利用行为进行常态化鉴定,鉴定结果可作为相应的惩罚依据。

研究制定鉴定评估管理制度和工作程序,保障独立开展自然资源开发使用成本鉴定评估,并做好与司法程序的衔接。提供鉴定意见的第三方鉴定评估机构应当遵守司法行政机关等的相关规定规范。

6.1.6.3 公共管理

自然资源开发使用成本评估可以充当一种有效宣传工具,推动不同利益攸关方增强对自然资源的价值化认知,提升保护资源环境的内生动力。

让利益相关方参与进自然资源开发使用管理工作中十分重要。因自然资源价值受损而受影响的人群往往无法获得对称信息。通过在大鹏半岛构建公众参与框架与决策咨询机制,可以在设定政策目标和实施具体方案时兼顾各方利益,提高社会治理能力和公众感知满意度。

开展环保志愿服务活动,组建环保志愿队伍,形成生态文明建设全社会参与机制。设立线上公众参与平台,充分发挥民主决策和监督作用,鼓励大家为大鹏半岛自然资源开发使用活动管理工作建言献策,每年评选出一定数量评价到位、意见中肯、有建设性的评论或建议,对发出者给予一定物质奖励。

创新公众参与方式,邀请专家和利益相关的公民、法人和其他组织参加自然资源开发使用活动监督工作。依法公开自然资源开发使用成本评估数据、鉴定评估结论、审批报告等信息,保障公众知情权。

开设生态环境公益诉讼专线,实时接收居民对生态破坏、环境污染事件的投诉和举报,倡导全社会加入生态环境和资源开发监督,提高居民对生态建设的积极性和参与度。以资源开发成本理念引导公众价值取向、生活方式和消费行为的转型,在全社会形成维持自然生态效益、保护生态环境的强大合力。

6.2 大鹏半岛资源环境承载力评估与预警

6.2.1 资源环境承载力的概念内涵

6.2.1.1 基本概念

资源环境承载能力,是指在自然生态环境不受危害并维系良好生态系统的前体下,一定地域空间可以承载的最大资源开发强度与环境污染物排放量以及可以提供的生态系统服务能力。资源环境承载能力评估的基础是资源最大可开发阈值、自然环境的环境容量和生态系统的生态服务功能量的确定(Monte-Luna et al.,2010;樊杰等,2017)。

资源环境承载能力监测预警,是指通过对资源环境超载状况的监测和评价,对区域可持续发展状态进行诊断和预判,为制定差异化、可操作的限制性措施奠定基础。

资源环境承载能力监测预警技术方法,旨在明确资源环境预警类型与评价指标体系,确定预警指标的算法和超载阈值,提出资源环境承载状态解析与政策预研的分析方法,为开展大鹏半岛的资源环境承载能力评价提供技术指南。

6.2.1.2 名词解释

短板效应:又称“木桶效应”,指木桶盛水量的限制性因素。应用于资源环境承载力,表示某一限制性因素对区域环境承载力大小的决定性作用。

游泳动物:指在水层中能克服水流阻力自由游动的水生动物生态类群,绝大多数游泳动物是水域生产力中的终级生产品,产量占世界水产品总量的90%左右。

营养级:指生物在食物链中所占的位置。在生态系统的食物网中,凡是以相同的方式获取相同性质食物的植物类群和动物类群可分别称作一个营养级。在食物网中从生产者植物起到顶部肉食动物止,即在食物链上凡属同一级环节上的所有生物种就是一个营养级。

鱼卵仔稚鱼:是鱼类生活史的不同发育期,根据形态构造、生态习性以及与环境的联系划分。鱼卵的仔胚发育仅限于卵膜内,完全依靠卵黄的营养。仔鱼期仔胚孵化出膜,卵黄囊消失,眼、鳍、口和消化道功能逐渐形成,鳃发育开始,巡游模式建立,开始转向外界摄食,一般营浮游生活。稚鱼期各鳍条基本形成,鳞片开始形成,早期仍营浮游生活方式,摄食浮游生物,后期才形成自己固有的生活方式。经过鱼卵仔稚鱼时期后,进入幼鱼期。

浮游动物:一类经常在水中浮游,本身不能制造有机物的异养型无脊椎动物和脊索动物幼体的总称,在水中营浮游性生活的动物类群。

大型底栖动物:底栖动物是指生活史的全部或大部分时间生活于水体底部的水生动物群。根据个体大小可划分为大型底栖动物、中型底栖动物和小型底栖动物。一般将个体体长≥1mm、不能通过0.5mm(约40目)孔径筛网的无脊椎动物称为大型底栖动物,主要包括扁形动物(涡虫)、部分环节动物(寡毛类和水蛭)、部分线形动物(线虫)、软体动物和甲壳动物。

无居民海岛:不属于居民户籍管理的住址登记地的海岛。2011年4月12日,中国公布首批无居民海岛开发名录,这些无居民海岛最长开发使用年限为50年。

植被覆盖度:植被(包括叶、茎、枝)在地面的垂直投影面积占统计区总面积的百分比,是指示生态环境变化的重要指标之一。

水产种质资源:根据农业部的定义,是指具有较高经济价值和遗传育种价值,可为捕捞、养殖等渔业生产以及其他人类活动所开发利用和科学研究的水生生物资源。从广义上讲,包括上述水生生物的群落、种群、物种、细胞、基因等内容。

银叶树:银叶树隶属梧桐科银叶树属,是热带、亚热带海岸红树林植物,多分布于高潮线附近的海滩内缘以及大潮或特大潮水才能淹及的滩地或海岸陆地。

珊瑚礁:珊瑚礁是石珊瑚目的动物形成的一种结构,这个结构可以大到影响其周围环境的物理和生态条件。在深海和浅海中均有珊瑚礁存在,它们是成千上万的由碳酸钙组成的珊瑚虫的骨骼在数百年至数千年的生长过程中形成的。珊瑚礁为许多动植物提供了生活环境,其中包括蠕虫、软体动物、海绵、棘皮动物和甲壳动物,此外珊瑚礁还是大洋带的鱼类的幼鱼生长地。

Mann-Kendall检验法:是一种趋势检验法,能有效区分某一自然过程是处于自然波动还是存在确定的变化趋势。对于非正态分布的水文气象数据,Mann-Kendall秩次相关检验具有更加突出的适用性。Mann-Kendall也经常用于气候变化影响下的降水、干旱频次趋势检测。

赤潮:在特定的环境条件下,海水中某些浮游植物、原生动物或细菌爆发性增殖或高度聚集而引起水体变色的一种有害生态现象。赤潮并不一定都是红色,主要包括淡水系统中的水华,海洋中的一般赤潮,近几年新定义的褐潮(抑食金球藻类),绿潮(浒苔类)等。

因子分析法:用少数几个因子去描述许多指标或因素之间的联系,即将相关比较密切的几个变量归在同一类中,每一类变量就成为一个因子,以较少的几个因子反映原资料的大部分信息。

层次分析法:将与决策总是有关的元素分解成目标、准则、方案等层次,在此基础之上进行定性和定量分析的决策方法。

主成分分析法:也称主分量分析,旨在利用降维的思想,把多指标转化为少数几个综合指标(即主成分),其中每个主成分都能够反映原始变量的大部分信息,且所含信息互不重复。这种方法在引进多方面变量的同时将复杂因素归结为几个主成分,使问题简单化,同时得到的结果更加科学有效的数据信息。

多因素叠加分析法:叠加分析是 GIS 中的一项非常重要的空间分析功能。是指在统一空间参考系统下,通过对两个数据进行的一系列集合运算,产生新数据的过程。这里提到的数据可以是图层对应的数据集,也可以是地物对象。叠置分析的目标是分析在空间位置上有一定关联的空间对象的空间特征和专属属性之间的相互关系。多层数据的叠置分析,不仅仅产生了新的空间关系,还可以产生新的属性特征关系,能够发现多层数据间的相互差异、联系和变化等特征。

6.2.2 资源环境承载力监测预警原则与技术路线

6.2.2.1 监测预警原则

(1)立足区域功能,兼顾发展阶段

结合大鹏半岛的主体功能定位,确立监测预警技术方法、关键阈值和技术路线;针对大鹏半岛的经济社会发展阶段和生态环境系统演变阶段的特征,修订和完善关键参数,调整和优化技术方法。

(2)注重海陆统筹,突出过程调控

大鹏半岛海陆面积大,根据海陆间资源环境影响效应,确定预警参数和统筹方法;综合比照资源利用效率和生态环境损耗变化趋势,确定超载预警区间和监测路线图。

(3)服从总量约束,满足管控要求

坚持以同一生态地理单元或开发功能单元的水土资源、环境容量的总量控制为前提;同时,满足有关部门对水土资源、生态环境等要素的基本管控要求。

(4)预警目标引导,完善监测体系

坚持预警需求引导监测体系建设,大鹏半岛建区仅数年,各项指标数据不甚完善,应健全监测体系的顶层设计和统筹研究,根据大鹏半岛的指标体系特色,逐步完善监测预警的数据支撑体系。

6.2.2.2 工作技术路线

依托国家发展和改革委员会等十三部委印发的《资源环境承载能力监测预警技术方法(试行)》(发改规划[2016]2043 号),根据大鹏半岛特色资源环境条件进行适应性优化调整后开展大鹏半岛资源环境承载力监测预警。大鹏半岛资源环境承载力监测预警工作需要不同资源环境管理部门的协调与配合,所需数据量庞大,工作路线如图 6-4 所示。

6.2.3 指标体系与评估方法

6.2.3.1 基础和专项评价指标体系

(1)陆域基础评价

对大鹏半岛的土地资源、水资源、环境和生态四项基础要素进行全覆盖评价,分别采用土地压力指数、水资源开发利用量、污染物浓度超标指数和生态系统健康度来测定(表 6-12)。

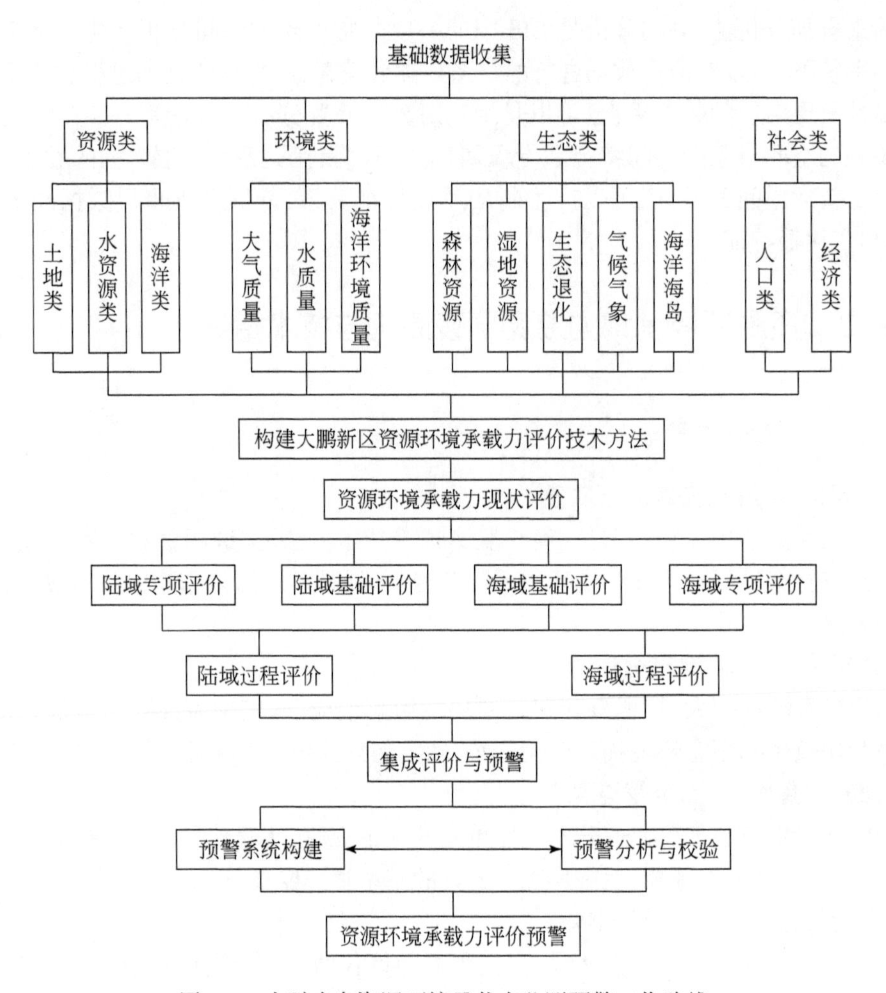

图 6-4　大鹏半岛资源环境承载力监测预警工作路线

表 6-12　陆域基础评价的要素及指标内涵

基础要素	具体指标	指标内涵
土地资源	土地压力指数	表征区域内土地资源对人口集聚和城镇化发展的支撑能力
水资源	水资源开发利用量	表征水资源可支撑经济社会发展的最大负荷
环境	污染物浓度超标指数	表征区域环境系统对经济社会活动产生的各类污染物的承受与自净能力
生态	生态系统健康度	表征生态系统的水源涵养与水土流失等健康度

(2)陆域专项评价

深圳市为《全国主体功能区规划》中的“优化开发区域”,2017 年常住人口规模为 1252.83 万[①],是人口规模超过 1000 万的经济特区,属于“核心城市”。深圳市具有多中心发展的特点,大鹏半岛符合“城市人口集中分布”特征。因此,本评价指标体系以“优化开发区

① 深圳市 2017 年国民经济和社会发展统计公报,http://www.sz.gov.cn/cn/xxgk/zfxxgj/tjsj/tjgb/201804/t20180416_11765330.htm。

域”的“核心城市主城区”标准对大鹏半岛开展陆域专项评价(表6-13)。

表6-13　陆域专项评价指标一览表

功能区划	特征指标	指标内涵
城市化地区	水气环境黑灰指数	由城市黑臭水体污染程度和$PM_{2.5}$超标情况集成获得,“优化开发区域”和“重点开发区域”阈值具差异性

(3)海域基础评价

海域基础评价实行所辖海域全覆盖评价,包括海洋空间资源、海洋渔业资源、海洋生态环境和海岛资源环境四项基础要素。测定指标及其内涵具体如表6-14所示。

表6-14　海域基础评价指标一览表

基础要素	测定指标	指标内涵
海洋空间资源	海岸线开发强度(海岸线)	表征海岸线和近岸海域空间资源承载状况
	海域开发强度(近岸海域)	
海洋渔业资源	渔业资源综合承载指数(游泳动物 & 鱼卵仔稚鱼)	表征近岸海洋渔业资源的承载状况
海洋生态环境	海洋功能区水质达标率	表征包括海洋环境承载状况和海洋生态承载状况
	浮游动物 & 大型底栖动物变化情况	
海岛资源环境	无居民海岛开发强度	表征无居民海岛资源环境的承载状况
	无居民海岛生态状况	

(4)海域专项评价

据《全国海洋主体功能区划》划定的重点开发、限制开发和禁止开发的海域,选取有针对性的要素指标开展评价。鉴于现阶段省级海洋主体功能区规划尚未编制完成,大鹏半岛暂时采用海洋功能区划确定的海洋功能区域作为评价对象。表6-15是大鹏半岛海域专项评价指标一览表。

表6-15　大鹏半岛海域专项评价指标一览表

评价区域	评价指标	指标内涵
重点开发用海区评价	围填海强度指数	表征海洋功能区内重点开发建设用海区的围填海规模和强度
海洋渔业保障区评价	渔业资源密度指数	表征以提供海洋水产品为主要功能的海洋渔业保障区的渔业资源状况
重要海洋生态功能区评价	生态系统变化指数	表征海洋主体功能区划中对维护海洋生物多样性、保护典型海洋生态系统具有重要作用的海域的生态系统变化情况

6.2.3.2　确定单指标超载类型

(1)集成指标遴选

集成指标是资源环境超载类型划分的基本依据,包括7个陆域评价指标和13个海域评价指标。指标项具体如表6-16所示。

表 6-16　超载类型划分中的集成指标及参考来源

目标层		要素层指标	指标层
陆域基础	土地资源	土地资源压力指数	土地资源压力指数
	水资源	水资源压力指数	水资源压力指数
	环境	污染物浓度综合超标指数	大气污染物浓度超标指数
			水污染物浓度超标指数
	生态	生态系统健康度	生态系统健康度
陆域专项	城市化地区	水气环境灰黑指数	城市水环境质量
			城市环境空气质量
海域基础	海洋空间资源	岸线开发强度	岸线开发强度
		海域开发强度	海域开发强度
	海洋渔业资源	渔业资源综合承载指数	游泳动物指数
			鱼卵仔稚鱼指数
	海洋生态环境	海洋环境承载状况	海洋环境承载状况
		海洋生态承载状况	海洋生态综合承载指数
	海岛资源环境	无居民海岛开发强度	无居民海岛人工岸线比例
			无居民海岛开发用岛规模指数
		无居民海岛生态状况	无居民海岛植被覆盖度变化率
海域专项	重点开发用海区	围填海强度指数	围填海强度指数
	海洋渔业保障区	渔业资源密度指数	渔业资源密度指数
	重要海洋生态功能区	生态系统变化指数	典型生境植被覆盖度变化率
			海洋生态保护对象变化率

(2)超载类型确定

在陆域和海域开展基础评价、专项评价的基础上综合集成指标。需要合并部分指标结果以进一步集成要素层结论。遵循“短板效应”进行指标合并。“短板效应”集成准则可归纳为:集成指标中任意 1 个超载或 2 个以上临界超载,确定为“超载类型”;任意 1 个临界超载,确定为“临界超载类型”;其余为“不超载类型”。

(3)超载类型校验

在海域评价基础上,将海岸线开发强度、海洋环境承载状况和海洋生态承载状况这三个指标的评价结果,分别与对应的陆域沿海区县基础评价中的土地资源、环境和生态评价的结果进行复合,调整沿海区县对应指标的评价结论,统筹陆域和海域超载类型。

1)空间资源海陆统筹校验。基于海洋空间资源评价,选取岸线开发强度指标,同陆域的土地资源压力指数进行复合,若海域基础评价的岸线开发强度高于陆域基础评价的土地资源压力,将大鹏半岛的土地压力等级上调一级作为最终实际土地资源压力。其余情况,陆域超载等级不调整。

2)环境评价海陆统筹校验。基于海洋环境评价,选取海洋环境承载状况指标,若海洋环境超载情况高于陆域环境超载情况,将大鹏半岛的陆域污染物超标指数等级上调一级。其余情况,陆域超载等级不调整。

3)生态评价海陆统筹校验。基于海洋生态评价,选择海洋生态承载状况指标,同大鹏半岛的生态系统健康度进行复合,当海域生态超载程度高于陆域生态超载程度时,大鹏半岛的实际生态评价等级为陆域生态系统超载等级上调一级。其余情况,陆域超载等级不调整。

6.2.3.3 过程评价

陆域过程评价通过资源环境损耗指数反映。该指数由资源利用效率变化、污染物排放强度变化和生态质量变化3 项指标集合而成(表6-17)。陆域资源环境耗损指数是人类生产生活过程中的资源利用效率变化(包含土地资源和水资源利用效率变化)、污染排放强度变化(包含水污染和大气污染物排放强度变化)以及生态质量变化(林草覆盖面积变化)过程特征的集合,是反映陆域资源环境承载状态变化及可持续性的重要指标。

表6-17 陆域资源环境耗损指数测度指标集

概念层	类别层	指标层(关键指标)	数据层
资源环境损耗指数	资源利用效率变化	土地资源利用效率变化 L_e(建设用地)	5 年年均增速
		水资源利用效率变化 W_e(用水量)	5 年年均增速
	污染物排放强度变化	水污染物排放强度变化(化学需氧量 C_e、氨氮 A_e)	5 年年均增速
		大气污染物排放强度变化(二氧化硫 S_e、氮氧化物 D_e)	5 年年均增速
	生态质量变化	林草覆盖率变化 E_e	5 年年均增速

海域过程评价通过海洋资源环境耗损指数反映,是人类生产生活过程中海洋资源消耗、环境损害及生态质量变化过程特征的集合,是反映海洋资源环境承载状态变化及可持续性的重要指标。该指数由海域或海岛开发强度变化(海域开发效率变化、无居民海岛开发强度变化)、环境污染程度变化(优良水质比例变化)和生态灾害风险变化(赤潮灾害频次变化)3 项指标集成(表6-18)。

表6-18 海洋资源环境耗损指数测度指标

概念层	类别层	指标层(关键指标)	数据层
海洋资源环境损耗指数	海域/海岛开发效率变化	海域开发效率变化;无居民海岛开发强度变化	5 年变化趋势
	环境污染程度变化	优良水质比例变化	5 年变化趋势
	生态灾害风险变化	赤潮灾害频次变化	5 年变化趋势

6.2.4 预警等级划分

按照陆域、海域资源环境损耗过程评价结果,对超载类型进行预警等级划分。将资源环境损耗加剧的超载区域定为红色预警区(极重警),资源环境损耗趋缓的超载区域定为橙色预警区(重警),资源环境损耗加剧的临界超载区域定为黄色预警区(中警),资源环境损耗趋缓的临界超载区域定位蓝色预警区(轻警)。不超载区域为绿色无警区(无警)(图6-5)。

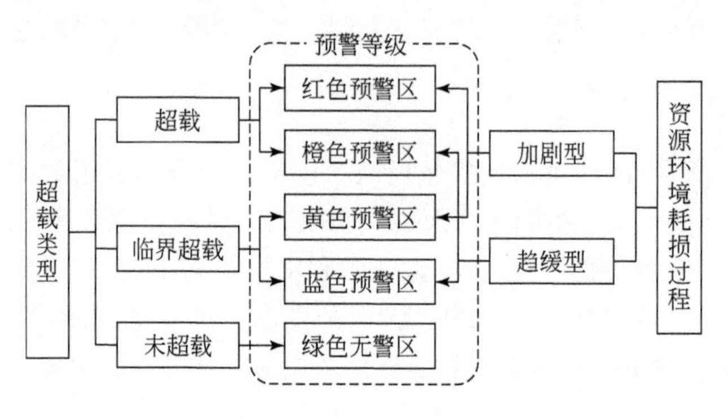

图6-5　预警等级的划分

大鹏半岛资源环境承载能力监测预警技术体系的最终预警结果由两方面共同决定:一是校验后的超载等级,包括陆域基础评价、陆域专项评价、海域基础评价、海域专项评价四部分。二是未校验的过程评价,包括陆域过程评价、海域过程评价。如图6-5所示,左侧的超载等级划分为三类:“超载”“临界超载”“不超载”,各项指标评价结论(如强度类指标、健康度类指标)最终转化为超载程度的表达方式;右侧的资源环境耗损过程分为两种:“加剧型”和“趋缓型”,这两大类因素形成了2乘3的矩阵,将预警等级划分为六类。表6-19总结了两类因素所有搭配时的预警结论。

表6-19　预警等级一览表

等级 \ 过程评价超载	未超载	临界超载	超载
过程趋缓型	绿色无警区	蓝色轻警区	橙色重警区
过程加剧型	绿色无警区	黄色中警区	红色极重警区

6.2.5　工作特色

大鹏半岛资源环境承载力评价预警工作具有以下几个特点。

(1)科学支撑

技术方法根据相关领域专家、学者在资源环境承载力研究内涵及技术思路方面的研究共识,以国家发展和改革委员会等13部委建议的资源环境承载力评价预警方案为蓝本,结合大鹏半岛之前的承载力监测预警实践经验以及当前主体功能定位,对大鹏半岛海域和陆域资源均按照基础评价、专项评价、过程评价3部分内容设计技术路线,确定关键阈值,修订和完善关键参数。

(2)系统完整

大鹏半岛资源环境承载力评价预警指标体系由12项概念类别、21项要素、33项指标构成。评价体系全面涵盖了大鹏半岛资源环境类型,包括对陆域土地资源、水资源、环境、生态和城市化的评价,以及对海域海洋空间资源、渔业资源、海洋生态、海岛资源、重点开发用海区、海洋渔业保障区、重要海洋生态功能区的评价。在陆域、海域基础和专项评价基础上，施行陆海统筹校验，制订了完整的集成评价及大鹏半岛资源环境承载力预警方案，采用红色预警(极重警)、橙色预警(重警)、黄色预警(中警)、蓝色预警(轻警)、绿色无警(无警)5 级警区。

(3)注重应用

创建了大鹏半岛工作应用数据库和网络信息操作平台，实现了方法应用与规范管理的有机统一，并搭建了大鹏半岛资源环境评价预警的长效应用框架(图 6-6)。通过工作流程优化和相关部门信息化管理，提高了工作的时效性、系统化、规范化水平。

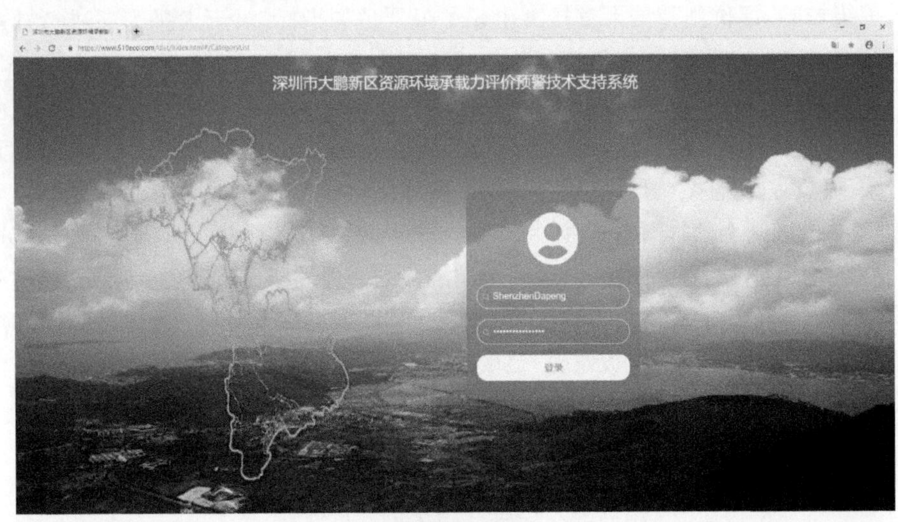

(a) 系统登录界面

(b) 系统菜单界面

图 6-6　大鹏半岛资源环境承载力评价预警系统

(4)特色鲜明

充分重视大鹏半岛海域资源承载能力，设定 7 项海域评价要素，并将之前重视程度不足的银叶树、珊瑚礁等纳入评价，为无居民海岛制定了较为严格的“短板效应”集成评价准则，提高海岛岸线开发强度认定标准，调整渔获物、鱼卵仔稚鱼评价阈值和等级划分标准，体现了大鹏海域特色，服务于大鹏半岛的“全球海洋中心城市建设”目标。因地制宜筛选、优化、调整“生态控制用地”“森林覆盖率”等针对性指标，预留“突发地质灾害”接口。预警等级划分中调整评价年限为5年，以契合大鹏半岛建设实际条件。

(5)重点突出

以大鹏半岛水土资源、环境容量的总量控制为前提，采用“短板效应”原理对单项评价结果进行集成，将大鹏海岸线开发强度、海洋环境承载状况和海洋生态承载状况评价结果，分别与陆域基础评价中的土地资源、环境和生态评价的结果进行统筹校验，并对陆域和海域的预警进行等级校验，评价预警结果直接突出超载最严重的指标，对于大鹏半岛进行针对性管理和政策制订具有十分重要的应用价值。

大鹏半岛资源环境承载力评价技术方法与十三部委颁布的《资源环境承载能力监测预警技术方法(试行)》的对比，具体可归纳为以下几点：第一，在指标体系的构建上，因地制宜筛选针对性指标、纳入特色指标、调整评价年限，以调整和优化技术方法、实现指标体系本土化。第二，在关键参数的准则上，修订和完善评判准则，根据大鹏半岛实际情况具体问题具体分析，升高、降低、调整阈值与等级划分标准，以实现指标参数的合理性与可应用性。第三，在超载等级的集成校验上，协调和灵活运用国家颁布的技术方法与“短板效应”原则，发挥“短板效应”的解释与补充作用，同时适度避免“短板效应”过度应用，在实现大鹏半岛指标体系与国家技术方法充分对接的同时，为大鹏半岛提供更加合理、可持续的发展环境(表6-20)。

表6-20 大鹏半岛指标体系特色

特色	具体内容
因地制宜	专项评价中，根据实际情况选取针对性指标，如删除“农产品主产区”“重点生态功能区”评价；但将“重点生态功能区”评价的“水土保持”“水源涵养”指标并入陆域基础评价的“生态系统健康度”中，反映生态系统服务功能
	根据实际情况进行具体指标筛选，如陆域基础评价的土地资源压力评价、生态系统健康度
准则调整	个别指标更加严格，如陆域基础评价的生态系统健康度、海域基础评价的海岛岸线开发强度的评判准则
	个别指标要求放宽，如海域基础评价的岸线开发强度、海洋环境承载状况，海域专项评价的渔业资源密度指数，陆域过程评价的林草覆盖率变化的评判准则
	个别指标更加全面、合理、本土化。不单纯以变化幅度判断，如海洋渔业的渔获物经济种类比例E_S、渔获物营养级状况T_L、鱼卵密度F_E、仔稚鱼密度F_L的评判准则
年限变动	评价指标的年限范围缩短，如海洋基础评价的海岛植被覆盖率变化、海洋专项评价的渔业资源密度指数、陆域过程评价的各项指标、海域过程评价的各项指标
特色指标	纳入具有“大鹏特色”的评价指标，如银叶树的覆盖度变化、珊瑚礁的覆盖度变化
集成校验	超载集成过程中，灵活运用“短板效应”，如无居民海岛开发强度
	海陆校验过程中，适当升高环境指标的等级上调门槛。为避免“短板效应”过度利用，在超载类型的等级校验上，放宽校验规则，海域等级超过陆域等级时将陆域等级上调一级。例如，陆域基础评价的环境要素“污染物浓度综合超标指数”与海洋基础评价的环境要素“海洋环境承载状况”的海陆统筹等级校验情况

注：指标变化及应用依据主要为根据大鹏资源环境实际条件进行筛选或修正，以提高对大鹏新区资源环境特色的反馈度，详见各指标描述。

6.2.6 监测预警机制构建

(1)逐步建立常态化协同工作机制

大鹏半岛资源环境承载力监测预警工作,不但包括环境和水务部门的主体工作内容,还涉及发展改革、财政、城管、经服、规划、公安等多个部门,所需数据量庞大,数据时效要求高,有必要建立以环境和水务部门为主导、多部门协同的常态工作联系机制。

(2)实现资源环境承载力成果的实时呈现

通过构建资源环境承载力研究数据库,应用具有大鹏半岛适应性的资源环境承载力监测预警信息系统,实现数据更新与监测预警结果的及时产出,以当前的资源环境承载力年度综合评估为基础,构建形成系统完整的信息平台。

(3)推动建立大鹏半岛资源环境承载力约束机制

建立资源环境承载力约束机制,是为了减少或防止不合理的资源环境开发或其他社会、经济发展事件使得海域、陆域资源环境质量降低行为的发生。从全区视角出发,平衡区域内海域及陆域资源环境要素,避免极端环境事件或特定区域资源环境退化导致区域内资源环境水平的整体降低。

(4)构建资源环境承载力损害赔偿制度

根据资源环境承载力各评估要素研究结果,开展资源环境承载力影响因素溯源研究,追究导致资源环境损害发生的主体责任,明确责任主体的赔偿范围、义务人、权利人,制定系统的赔偿磋商程序及规则,加强资源环境承载力的日常监管。建立资源环境承载力损害专项资金,专款专用,不断优化提升大鹏半岛资源环境承载力水平,服务于自然资源的可持续利用和监督管理。

(本章编写人员:翟生强、葛萍)

第7章

大鹏半岛生态文明建设量化评估机制应用案例

7.1 自然资源资产核算与负债表编制实例

大鹏半岛年度自然资源资产负债表依据大鹏半岛自然资源资产核算和负债表研究成果,通过对各年度自然资源资产数据采集、现场问卷调查和专家咨询打分,获取各项参数后,经系统核算后编制而成。反映各年度自然资源资产实物量、价值量和资产负债的情况,是揭示各年度自然资源资产状况和管理效益的静态报表。

大鹏半岛年度自然资源资产负债表由自然资源资产负债表总表和林地、城市绿地、湿地、饮用水、景观水、沙滩、近岸海域、大气、古树名木、珍稀濒危物种等10类自然资源资产的实物量表、价值量表构成,全面反映大鹏半岛自然资源资产总资产和各类资产数量与价值量的存量情况,集中体现大鹏半岛自然资源资产的管理效益与管理效率。

年度自然资源资产负债表可以为开展生态文明建设考核、领导干部自然资源资产离任审计、生态转移支付制度构建和自然资源资产开发成本评估等工作奠定基础。

7.1.1 2016年度自然资源资产核算与负债表

大鹏半岛2016年自然资源资产负债表如表7-1所示。

表7-1 大鹏半岛2016年度自然资源资产负债表

编制单位:大鹏新区环境保护和水务局　　单位:万元　　制表日期2016年12月31日

资产	行次	资产价值		负债和所有者权益	行次	负债	
		期末值	期初值			期末值	期初值
自然资源资产	1			负债:	1		
实物资产	2				2		
林地	3	2 718 076	2 275 066	林地资源维护改造投入	3	828.84	0
城市绿地	4	331 278	331 278	城市绿地资源维护改造投入	4	1 740.50	0
湿地	5	762.41	—	湿地资源维护改造投入	5	—	0
沙滩	6	51 749	51 749	沙滩资源维护改造投入	6	349.00	0
近岸海域	7	6 898	6 898	近岸海域资源维护改造投入	7	55.60	0
景观水	8	68 582	36 615	景观水资源维护改造投入	8	1 579.06	0
饮用水	9	17 908	—	饮用水资源维护改造投入	9	234.10	0

续表

资产	行次	资产价值		负债和所有者权益	行次	负债	
		期末值	期初值			期末值	期初值
大气环境	10	—	—	大气环境资源维护改造投入	10	2 046.89	0
珍稀濒危物种	11	14 727	18 970	珍稀濒危物种资源维护改造投入	11	71.10	0
古树名木	12	—	—	古树名木资源维护改造投入	12	162.50	0
其他	14	—	—	其他资源维护改造投入	14	—	—
实物资产总计	15	3 209 980	—	负债总计	15	7 067.59	0
递延资产	16				16		
无形资产	17			所有者权益	17		
林地生态服务价值	18	1 812 672	0	期初权益	18	—	—
城市绿地生态服务价值	19	152 191	0	上期负债转入	19	—	—
湿地生态服务价值	20	851	0	当期自然资源资产损益	20	—	—
沙滩生态服务价值	21	196 299	0	减:当期无形资产消费			
(含负债转出)	21	—	4 459 576				
近岸海域生态服务价值	22	1 441 646	0	期末所有者权益总计	22	7 662 489	—
景观水生态服务价值	23	6 242.05	0		23		0
饮用水生态服务价值	24	327 715	0		24		0
大气环境生态服务价值	25	325 005	0		25		0
珍稀濒危物种生态服务价值	26	—	—		26		0
古树名木生态服务价值	27	196 956	0		27		0
其他系统生态服务价值	29	—	0		29		0
无形资产总计	30	4 459 575.05	0		30		0
自然资源资产总计	31	7 669 557.46	—	负债和所有者权益总计	31	7 669 557.46	—

说明:1. 大气环境资源因其资源特殊性,无实物量价值;

2 古树名木的实物量价值已包含在林地资源中进行计算,不再重复计算;

3. 珍稀濒危动植物的生态系统服务价值由于核算技术不够成熟,暂不纳入核算;

2016 年度核算结果分析

2016 年大鹏半岛自然资源总资产为 766.96 亿元,总负债为 0.71 亿元,期末所有者权益为 766.25 亿元。总资产中实物量资产 321.00 亿元,生态服务资产 445.96 亿元(表 7-1)。在实物量资产中,林地资源资产占比高达 83.53%,其次是城市绿地、景观水和沙滩资源,价值占比分别为 11.83%、1.95%和 1.56%,其他资源占比均小于1%。生态服务资产中,林地资源的占比也同样是最大的,为 44.97%,其次是近岸海域和大气资源,价值占比分别为 29.75%、7.43%,其余资源生态系统服务价值占比均小于 5%。

7.1.2 2017 年度自然资源资产核算与负债表

大鹏半岛 2017 年度自然资源资产负债表如表 7-2 所示。

表 7-2　大鹏半岛 2017 年度自然资源资产负债表

编制单位:大鹏半岛环境保护和水务局　　　　单位:万元　　　　制表日期: 2017 年 12 月 31 日

资产	行次	资产价值		负债和所有者权益	行次	负债	
		期末值	期初值			期末值	期初值
自然资源资产:	1			负债:	1		
实物资产:	2				2		
林地	3	2 773 087	2 718 076	林地资源维护改造投入	3	465.06	0
城市绿地	4	392 896	331 278	城市绿地资源维护改造投入	4	375.15	0
湿地	5	783.59	762.41	湿地资源维护改造投入	5	—	0
沙滩	6	51 749	51 749	沙滩资源维护改造投入	6	—	0
近岸海域	7	6 898	6 898	近岸海域资源维护改造投入	7	—	0
景观水	8	64 708	68 582	景观水资源维护改造投入	8	1579.06	0
饮用水	9	17 894	17 908	饮用水资源维护改造投入	9	234.10	0
大气环境	10	—	—	大气环境资源维护改造投入	10	1 432.7	0
珍稀濒危物种	11	11 897	14 727	珍稀濒危物种资源维护改造投入	11	536.06	0
古树名木	12	—	—	古树名木资源维护改造投入	12	62	0
其他	14	—	—	其他资源维护改造投入	14	—	—
实物资产总计	15	3 319 912.59	3 209 980.41	负债总计	15	4684.13	0
递延资产	16				16		
无形资产:	17				17		
林地生态服务	18	2 195 306	0	期初权益	18	—	—
城市绿地生态服务	19	219 661	0	上期负债转入	19	—	—
湿地生态服务	20	816	0	当期自然资源资产损益	20	—	—
沙滩生态服务	21	214 481	0	减:当期无形资产消费(含负债转出)	21	—	—
近岸海域生态服务	22	1 441 645	0	期末所有者权益总计:	22	8 161 757	—
景观水生态服务	23	7 352	0		23		
饮用水生态服务	24	226 357	0		24		
大气环境生态服务	25	360 130	0		25		
珍稀濒危物种生态服务	26	—	—		26		
古树名木生态服务	27	196 843	0		27		
其他系统生态服务	29	—	—		29		
无形资产总计	30	4 865 591	0		30		
自然资源资产总计	31	8 182 504	—	负债和所有者权益总计	31	8 182 504	—

说明:1. 大气环境资源因其资源特殊性,无实物量价值;

2 古树名木的实物量价值已包含在林地资源中进行计算,不再重复计算;

3. 珍稀濒危动植物的生态系统服务价值由于核算技术不够成熟,暂不纳入核算;

(1)**2017 年度核算结果分析**

2017 年大鹏半岛自然资源总资产为 818.25 亿元，总负债为 0.47 亿元，期末所有者权益为 817.78 亿元。总资产中实物量资产为 331.99 亿元，生态服务形成的资产为 486.26 亿元(表 7-2)。在实物量资产中，林地资源资产占比高达 83.53%，其次是城市绿地、景观水和沙滩资源，价值占比分别为 11.83%、1.95% 和 1.56%，其它资源占比均小于 1%。生态服务资产中，林地资源的占比也同样是最大的，为 45.14%，其次是近岸海域和大气资源，价值占比分别为 29.65%、7.41%，其余资源生态系统服务价值占比均小于 5%。

(2)与上年度对比分析及变化原因分析

1)主要指标变化分析。与上年度相比，自然资源总资产增加 49.69 亿元，增幅 6.48%。其中，实物量资产增加 10.20 亿元，增幅 3.34%，主要为林地、城市绿地和湿地实物量资产增加；生态服务资产增加 38.69 亿元，增幅 8.68%，主要为林地、城市绿地、景观水、沙滩和大气生态服务资产增加。

2)林地生态服务资产变化原因

2017 年林地生态系统服务价值为 219.53 亿元，比 2016 年的 181.27 亿元增加了 21.11%，主要原因为气象部门发布的 2017 年林地蒸散量数据与 2016 年相比降幅较大。2016 年的林地蒸散量为 1875.37mm，2017 年的林地蒸散量为 788.4mm。林地蒸散量的大幅下降导致林地水源涵养价值大幅升高，最终导致林地生态系统服务价值大幅升高。

表 7-3　2017 年自然资源各单项资产与 2016 年值对比表　　单位：万元

资源	资产	2017 年	2016 年	变化量	变化率
林地资源	实物量资产	2 773 087	2 718 053	55 034	2.02%
	生态服务资产	2 195 306	1 812 672	382 634	21.11%
城市绿地资源	实物量资产	392 896	331 278	61 618	18.60%
	生态服务资产	219 661	152 191	67 470	44.33%
湿地资源	实物量资产	784	762	22	2.78%
	生态服务资产	816	851	−35	−4.11%
饮用水资源	实物量资产	17 894	17 908	−14	−0.08%
	生态服务资产	226 357	327 715	−101 358	−30.93%
景观水资源	实物量资产	64 708	68 583	−3 875	−5.65%
	生态系统服务资产	7 352	6 242	1 110	17.79%
沙滩资源	实物量资产	51 749	51 749	0	0%
	生态系统服务资产	214 481	196 299	18 182	9.26%
近岸海域资源	实物量资产	6 898	6 898	0	0%
	生态系统服务资产	1 441 646	1 441 646	0	0%
大气资源	实物量资产	—	—	—	—
	生态系统服务资产	360 130	325 005	35 125	10.81%
珍稀濒危物种资源	实物量资产	11 897	14 727	−2 830	−19.22%
	生态系统服务资产	—	—	—	—

续表

资源	资产	2017 年	2016 年	变化量	变化率
古树名木资源	实物量资产	—	—	—	—
	生态系统服务资产	196 843	196 956	-113	-0.06%
实物量资产总计		3 319 913	3 209 959	109 954	3.43%
生态系统服务资产总计		4 862 591	4 459 576	403 015	9.04%
自然资源资产总计		8 182 504	7 669 535	512 969	6.69%

3)城市绿地资产变化原因分析。2017 年城市绿地实物资产为 39.29 亿元,比 2016 年的 33.13 亿元增加了 18.6%。变化的原因有两方面,一方面是由于大鹏半岛 2017 年通过建设 2 条花卉景观大道、4 个社区公园,以及 6 个街心花园和 7 个立体绿化等项目增加了城市绿地的面积;另一方面是由于统计口径的变化导致城市绿地面积增加。城市绿地面积由 2016 年的 1922.68km^2 增加至 2280.3km^2,导致绿地实物资产的增加。2017 年城市绿地生态系统服务价值为 21.97 亿元,比 2016 年的 15.22 亿元增加了 67 470.28 万元,变化的主要原因为气象部门采集的 2017 年林地蒸散量数据与 2016 年相比降幅较大。2016 年的林地蒸散量为 1875.37mm,2017 年的林地蒸散量为 788.4mm。林地蒸散量的降低导致城市绿地水源涵养价值的升高,最终导致城市绿地生态系统服务价值升高。

4)饮用水生态服务资产变化原因。2017 年饮用水生态系统服务价值比 2016 年减少了 30.93%,主要原因为受人工防洪调度的影响,5 个主要水库水资源总量从 2016 年的 1856.95 万 m^3 下降至 2017 年的 1368.24 万 m^3,其中罗屋田水库、打马坜水库水资源量下降幅度超过 30%,水资源量的降低导致饮用水生态系统服务功能的降低。

5)景观水生态服务资产变化原因。2017 年景观水生态系统服务价值较 2016 年的增长了 17.79%,主要原因为大鹏半岛 2017 年实施南澳河、三溪河、西边洋河、鹏城河、杨梅坑河、新大河、大碓涌、王母河、乌泥河、水磨坑河等 10 条河流治水提质工程,整体提高了半岛河流的水生态环境,进而提高了河流的水生态服务价值,使得在水域周边休闲游憩人数增加,从而增加了景观水休闲娱乐价值,最终导致景观水生态服务价值的增加。

6)大气生态服务资产变化原因。2017 年度大气生态系统服务价值为 36.01 亿元,较 2016 年增加了 10.81%。主要原因为 2017 年大鹏半岛大力推动机动车尾气超标排查、施工扬尘治理、道路扬尘污染防控、企业 VOC 排放管理等大气治理工程,提高了公众对大气环境质量的满意程度,使得更多的人愿意为提升空气质量买单,最终提高了大气生态服务价值。

7)珍稀濒危物种实物量资产变化原因。2017 年度珍稀濒危物种实物量价值为 1.12 亿元,比 2016 年的 1.47 亿元减少 19.22%,主要原因是由于数据采集工作中未考虑费用的年度分摊,导致 2017 年珍稀濒危动植物保护管理投入波动较大,较上年度减少 363.88 万

7.2 大鹏半岛自然资源开发使用成本评估示例

参考大鹏半岛自然资源分类指标和开发使用方式,根据《深圳市大鹏新区国民经济和社会发展第十三个五年规划纲要》《大鹏新区保护与发展综合规划》等政策文件,梳理大鹏半岛不同自然资源规划方向,具体如表 7-6 所示。

表 7-4　大鹏半岛不同自然资源规划方向

自然资源类别	规划内容	2020 年计划达成量化目标
林地 湿地	加强自然保护区、湿地公园、生态公益林等建设,优化生态系统结构。加强对红树林、海草等典型海洋生态系统的调查监测和研究,定期监测红树林群落,保障红树林原生态的自然环境	到 2020 年,建成坝光银叶树湿地公园,争创 1 ~ 2 个省级以上湿地公园,湿地保有量达到 2600hm^2 以上,生态公益林不低于 1.67 万 hm^2
城市绿地	加快推进南澳墟镇综合整治、溪涌片区综合整治、较场尾综合整治等重点项目建设,全面提升建成区绿化水平与景观档次。推动坪西路等主次干道沿线绿化改造和景观提升,加快推进重要支路改造提升,打造休闲人文、充满活力的道路"生态景观轴"。着力提升新区主要出入口绿化美化水平,塑造新区门户形象	到 2020 年,新区绿化覆盖率达到 80% 以上
洁净景观水	以"河流生态化修复"为准则,加快推进王母河、南澳河、新大河、三溪河等主要河流综合整治,提高河道防洪排涝功能,持续改善水生态环境。推行"一河一策"治理计划,全面推行"河长制",实现精细化治理	到 2020 年,地表水环境功能区水质达标率达到 100%,大鹏湾水系河道达地表水Ⅴ类
珍稀物种*	加强土沉香、罗汉松等本地珍稀植物保护,严厉打击砍伐天然次生林和违反猎期通告非法猎捕野生动物的行为。开展生物多样性调查与编目,建立生物多样性信息系统、珍稀濒危动植物标本库和信息库	—
沙滩 近岸海域 海岛	分类推动海岸线分级保护性开发,合理规划开发岸线、海湾、滩涂、近海海域和陆域资源。积极推动海洋功能区划调整,争取将现状的传统农渔业区调整为休闲娱乐区。继续实施红树林培育计划,恢复红树林生态系统功能。形成经济发展与海洋资源、海洋环境与海洋生态相协调的海洋空间开发新格局	—

*珍稀物种以保护为主,在开发使用成本核算中不单独计入。

资料来源:《深圳市大鹏新区国民经济和社会发展第十三个五年规划纲要》《大鹏新区保护与发展综合规划》等。

综合大鹏半岛自然资源分类、大鹏半岛自然资源开发使用规划方向,大鹏半岛不同自然资源的开发使用方式示例如表 7-5 所示。

表 7-5　大鹏半岛不同类型自然资源的开发使用方式示例

自然资源类型	开发使用类型示例	具体开发使用方式示例
林地	园地	果园、采摘园等
	商服用地	娱乐用地
	公共管理与公共服务	生态廊道,科教设施
	交通运输	修建公路
城市绿地	商服用地	商业度假村,娱乐用地
	住宅用地	居民住宅
	公共管理与公共服务	市政基础设施建设
	交通运输	修建公路(道路"生态景观轴")
湿地	公共管理与公共服务	生态廊道、科教(湿地公园)

续表

自然资源类型	开发使用类型示例	具体开发使用方式示例
洁净景观水	公共管理与公共服务	生态廊道、河岸公园等
	交通运输	修建桥梁
	水域及水利设施	河流整治、河堤修建
水库	特殊用地	水库管理、监测机构建设
沙滩	商服用地	商业、娱乐(旅游景点、游艇产业带、户外露营等)
	住宅用地	居民住宅
	公共管理与公共服务	市政基础设施建设
	交通运输	码头、口岸建设
	水域及水利设施	海岸生态防护和生态廊道、近海生态屏障
近岸海域	养殖区	海水养殖
	水产种质资源保护区	海洋生物资源保育
	航道区	海运航线区域
	城镇用海区	造地工程用海
	休闲娱乐区	海水浴场
海岛	风景旅游区	海岛观光旅游

7.2.1 评估案例区域概况

案例研究区域为大鹏半岛坝光片区的一子单元,位于大鹏半岛坝光片区的西北角,归属于规划控制单元DY01地块,中心点在北纬22°39'34.87",东经114°29'41.76",由盐坝高速、生物谷路、白沙湾路和生态路4线围合而成,面积约为33.7km²(图7-1~图7-3)。坝光片区位于大鹏半岛的东北部,东面直面坝光湾,与惠州海陆交界,同隶属于惠州市的刀石洲和园洲等岛屿隔海相望(图7-4,图7-5)。其规划面积约940.89hm²,由盐坝高速、排牙山和现状海岸线围合而成。其中,排牙山顶峰海拔707m,为大鹏半岛北岛的主要组成山脉,亦是深圳市第六高峰,其三面环海,山石嶙峋,由于岩石长年累月受海风侵蚀,从南面望去,酷似一排排错落不齐的牙齿。据统计,排牙山共有极危植物1种(香港马兜铃),濒危植物13种、易危植物35种;国家重点保护动物有41种,其中国家一级重点保护动物2种,二级保护动物25种,省级保护动物14种。片区内还有2座水库,分别是盐灶水库和龙子尾水库。坝光片区的生态环境优越且敏感,发展思路曾经多次调整。深圳市规划土地委员会以《深圳市坝光片区规划》、2015年12月的深圳市大鹏401-05号片区(坝光地区)法定图则(No. DP401—05/01)(下简称"坝光片区法定图则")为主干,以多层次、多学科的持续发展能力为引领,开展了一系列含同步专题研究在内的规划研究,为坝光片区的发展前景和发展路径达成了共识,经过多年的前期准备,目前片区的土地整备工作已经阶段性完成,正处于开发建设阶段。

(a) 研究区位置

(b) 研究区局部

图 7-1　案例研究区域位置示意图

图 7-2　案例研究区(2018 年 8 月 8 日卫星影像)

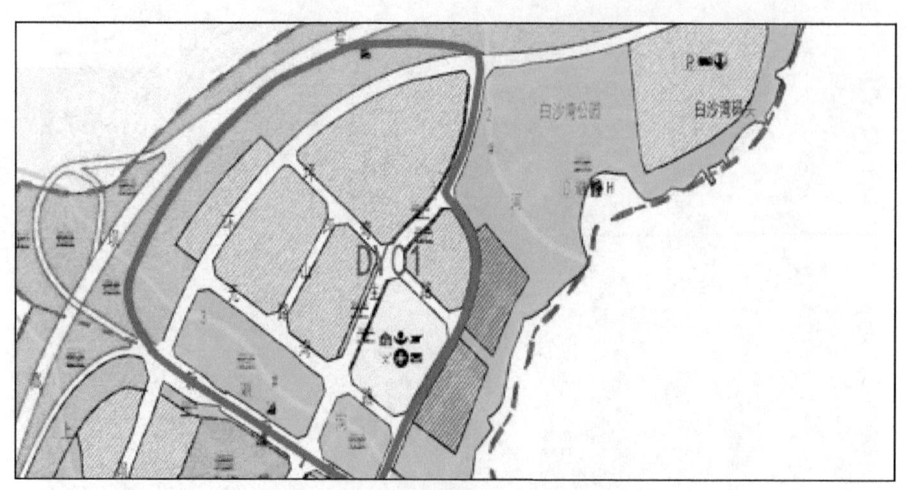

图 7-3　案例研究区法定图则示意图

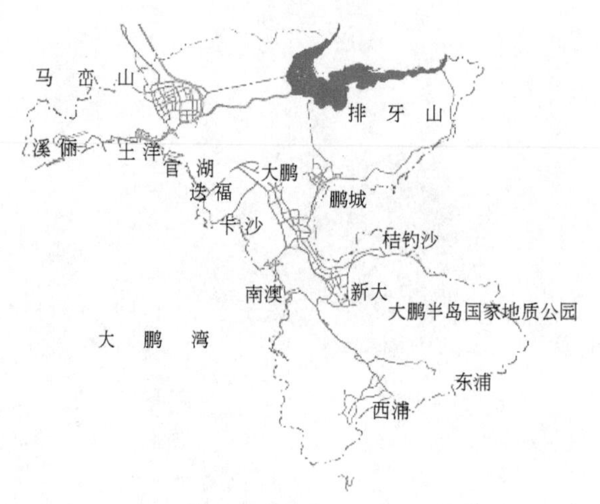

图 7-4　坝光片区区域位置示意图

图 7-5　坝光片区规划示意图

根据坝光片区法定图则,研究区内有入海河流,在图则中暂命名为3#河,同时与另一入海河流2#河毗邻。

DY01控制单元主导功能为新型产业和公园绿地,总用地面积为96.78hm^2,总建筑面积为45.4万m^2,其中新型产业园面积达36.5万m^2,其他建筑面积为8.9万m^2,新型产业用地平均容积率为2.0。

案例研究区范围内在2010年之前大部分为林地覆盖,另有部分用地被开发成鱼塘用于人工养殖,后来被填平,为后续片区总体规划发展进行准备。截至2015年10月17日,该区域大部分土地利用状态为林地(图7-6)。按照《坝光片区法定图则》,今后该区域的主导功能为新型产业,另配有居住功能用地。目前该片区居住用地已开展人才公寓建设;区域内南面则规划为公园绿地。

图7-6　案例研究域(2015年10月17日的卫星图像)

研究区外围东南侧部分将用于新兴产业的工业用地,还有部分公共管理与服务用地,目前已规划为展厅,正在修建中;而研究区域的东南方向规划所规划的公园绿地即白沙湾公园正处于修建中,已形成初步规模(图7-7)。另外,研究区外围,还规划建设有直升机停机坪、客运码头、公交首末站等交通设施。

图7-7　建设中的白沙湾公园(2018年9月12日摄)

7.2.2 案例研究基准

(1)空间基准

陆域自然资源的空间连通性往往较高,物质流、能量流的传导较为复杂,不同自然资源的服务功能往往具有空间辐射性。因此,研究区域的划定过程中,需要提高自然资源的空间辨识度、明确既定研究单元内自然资源生态系统服务特征,并且以具有明确的自然资源开发使用可判定类别作为案例研究的基本条件。

以自然资源开发使用活动发生地确定该案例研究空间范围。所筛选案例研究区域是由盐坝高速、生物谷路、白沙湾路和新态路形成的围合空间,总面积 33.7hm^2,地理条件及区域内结构特征较为明确,土地利用状况可辨识度高,开发使用情景较为明确,案例选择的适用性较高。

(2)时间基准

自然资源开发使用成本评估数据的应用,应以研究中所选择的自然资源初始状态和区域内自然资源变动后状态作为研究数据采集起止时间。初始状态为施行开发使用活动前的自然资源状态,变动状态为开发使用活动完成后的状态。研究针对初始和变动状态的自然资源价值存量和流量开展经济核算,但开发使用活动进行过程中的经济影响不纳入考量。

通过研究区域近十年历史影像资料分析、民众咨询与实地调研结果,将 2015 年界定为案例研究的初始年,自然资源主要为林地,另有河流和鱼塘。

坝光片区法定图则(2015)对所选择案例研究区域的用地类型进行了明确界定,通过实地调研,区域内正依照法定图则等规划开展建设。案例研究中,区域开发使用活动为依照法定图则开展建设相对应的土地利用变化过程,将变动后状态界定为按照法定图则等规划建成后的状态。

(3)量化基准

1)实物因子基准。案例研究中,研究内容中所涉及的供给产品量等实物量,参考大鹏新区统计结果,通过围合区域实地及文献资料调研等,确定具体实物因子基准,并针对项目特征进行筛选。

2)生态系统服务因子基准。生态系统服务价值的量化核算过程中,所选用因子往往具有较大时间、空间差异性,需要结合区域特征进行修正。案例研究中,根据该片区植被类型等条件,进行固碳、释氧等调节服务因子筛选。文化服务具有强社会、经济发展特异性,需要根据案例进行适应性选择。

3)货币化基准。货币化过程中,不同核算因子在大鹏半岛、深圳市、广东省甚至全国层面的"单位货币值"存在差异。研究中,选用大鹏货币化基准可提高研究结果在大鹏半岛的实际应用指导性,在案例研究区或大鹏半岛区域货币化取值不存在时,选取深圳市或广东省乃至全国的货币化基准则,后续可开展大鹏半岛与其他地区类似研究结果的横向对比。

7.2.3 研究情景设定

7.2.3.1 案例自然资源初始状态

对案例研究区域进行 2008 ~ 2018 年的历史影像调查,并开展实地调研和周边民众访谈。

距离研究区域最近的村落为坝光村，但为了配合坝光区域整体规划建设，坝光村居民已经于2010年开始搬迁，目前已全部迁出。但原坝光村居民、餐饮工作人员等对案例区域的历史变化十分清楚，故选定坝光新村、东升岛度假区、盐灶、高源社区开展定点民众访谈，寻找熟悉研究区域历史变化民众，配合影像图片展开调研，明确研究区域内自然资源变化特征。综合分析后，确定2015年为本案例研究中的自然资源状态基线年。

对案例研究区域影像进行解析，通过实地调研结果进行修正、复核后，研究区域内土地利用类型主要为天然林、养殖鱼塘、居住建设用地、无植被荒地，另在案例研究区域东南侧有一条河流即上新屋水支流（图7-8）。

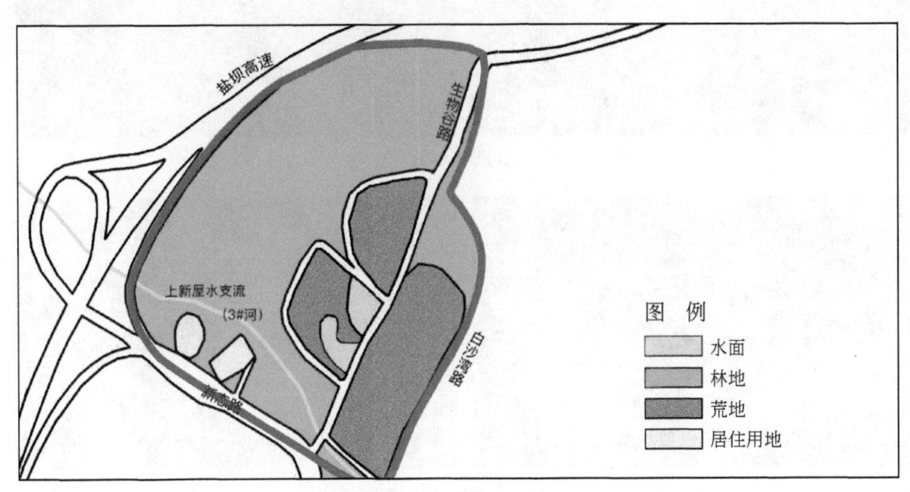

图7-8 自然资源状态基线

对案例研究区域2015年自然资源进行细分统计，具体结果如表7-6所示。

表7-6 案例区域2015年自然资源统计

一级指标	二级指标	三级指标	统计量
案例区域自然资源	林地/m^2	A11 天然林	242 808.42
		A12 人工林	0
	城市绿地/m^2	A21 公园绿地 A22 防护绿地 A23 社区绿地	0
	湿地/m^2	A31 湿地保护区	0
		A32 其他湿地	7 359.71
	水库/m^2	A41 主要供水水库 A42 其他水库	0
	洁净景观水/m	A51 河流	657.19
		A52 溪流	0

案例研究区总面积33.7hm^2，2015年建设用地面积为6240.45m^2，荒地面积为80 591.42m^2，天然林面积为242 808.42m^2；养殖鱼塘计入其他湿地类型，面积为7359.71m^2。案例研究区内

上新屋水支流长度657. 19m。

通过实地调研、关联区域调查等手段,选择样线及样方法开展植物种类构成调查。研究区域内常见的植物包括浙江润楠、鸭公树、鸭脚木、亮叶冬青、鬼针草、乌桕、龙眼、葛、南洋楹、台湾相思、海杧果、五爪金龙、构树等(图7-9)。

(a) 浙江润楠

(b) 鸭公树

(c) 鸭脚木

(d) 亮叶冬青

(e) 鬼针草

(f) 南洋楹

(g) 台湾相思

(h) 乌桕

(i) 龙眼

(j) 构树

(k) 海杧果

(l) 五爪金龙

(m) 葛

图 7-9　案例区域内林地植物种类构成

通过实地调查和历史资料分析,案例研究区域内林地主要为天然林,同火烧天、笔架山的林分结构相同,为南亚热带常绿阔叶林,主要优势树种为浙江润楠、鸭公树、鸭脚木等。

7.2.3.2 开发使用情景

参照大鹏半岛自然资源开发使用类型指标表中列述内容,结合案例区域开发建设现状条件(图7-10),以坝光片区法定图则规划内容作为研究基础前提,确定案例研究区域开发使用情景。

(a) 人才公寓

(b) 3#河(原上新屋水支流河道)

图7-10 开发建设现状(2018年8月摄)

根据法定图则规划,案例研究区域开发建设内容为公园绿地、居住功能主导用地(含公共管理与公共服务)、新型产业用地(工业功能主导用地),并保留有部分原生林地区域,在3#河(原上新屋水支流河道)周边新建公共绿地,公共绿地内设置应急避难所和人行地下通道(图7-11)。

2015年荒地区域被充分利用,分别被开发建设为以居住功能为主导的用地和以工业功能

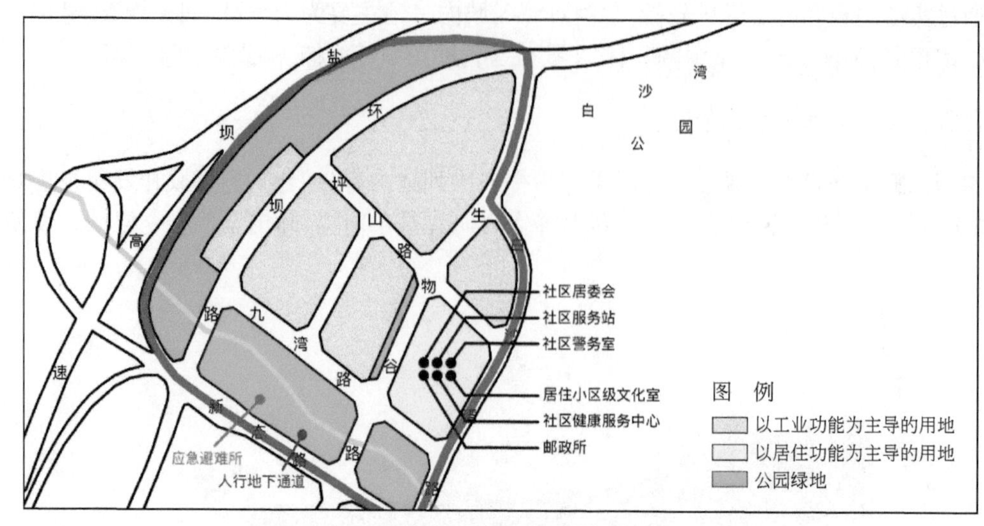

图 7-11　案例区域规定图则规划内容

为主导的用地;2015 年居住用地区域被开发为公园绿地,大部分林地被开发为以工业功能为主导的用地,原靠近盐坝高速的林地均被开垦,但根据法定图则将重新人工构建生态廊道。同时研究区域内配置多条道路,承担区域内、外交通运输功能,其用地效用与产业功能密切相关,不做单独讨论。

对案例区域各类开发使用途径进行量化统计,具体如表 7-7 所示。

表 7-7　案例区域自然资源开发使用后状态

序号	产业类别	类型	统计量	备注
1	林业	林地	9 041.09m²	保留原生林
2	林业	林地	67 482.91m²	人工林(生态廊道)
3	公共管理、社会保障和社会组织	公共管理与公共服务用地(公园与绿地、公用设施用地等)	35 243.05m²	新建 3#河周边公园绿地等
4	房地产业	住宅用地	25 769.47m²	人才公寓
5	制造业、信息技术服务业等	工业功能主导用地	184 502.95m²	—
6	水利、环境和公共设施管理业	水域及水利设施用地(河流水面)	606.421m	原上新屋水支流改造扩建

7.2.4　开发使用成本指标核算

明确自然资源的变化量,采用大鹏半岛自然资源开发使用成本评估指标及指标对应方法进行综合计算,核定案例区域自然资源开发使用成本。

案例区域自然资源开发使用前后统计评估结果如表 7-8 和图 7-12 所示。

表 7-8　案例区域自然资源开发使用前后评估结果统计表

指标类别		功能量		价值量	
		初始状态	变动状态	初始状态/万元	变动状态/万元
供给服务		19.25 t	0	74.8	0
调节服务	土壤保持	325.83 t	21 t	1.49	0.98
	水源涵养	619 375.3 m^3	290 271.8 m^3	1 312.46	615.09
	洪水调蓄	11 003.6 m^3	0	23.32	0
	固碳	230.67 t	60.85 t	0.23	0.06
	释氧	227.27 t	69.74 t	49.69	15.25
	大气净化	257.6 t	59.29 t	143.48	33.02
	气候调节	22.5×10^{12} J	5.65×10^{12} J	54.73	13.76
文化服务	景观休憩	0	0	0	0
社会公共服务/人		0	5000	0	16.35
经济生产活动		0	—	0	20 696
合计				1 660.2	21 390.51

注：以上结论数据均以 2017 年现价值为核算基础。

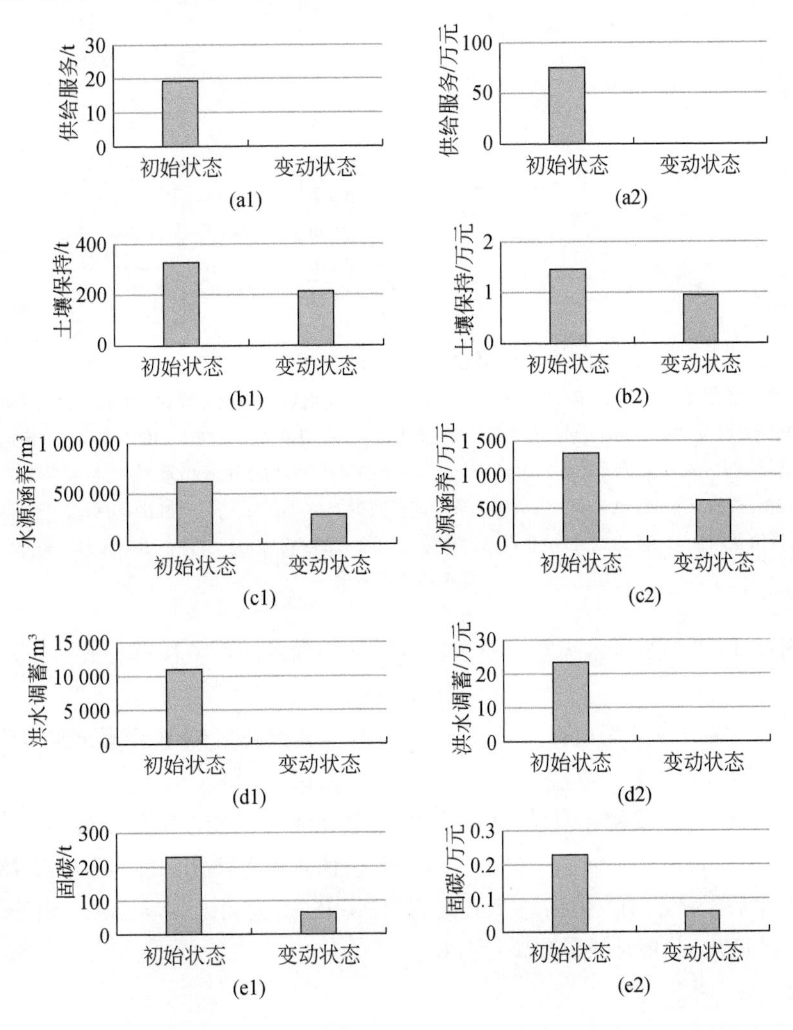

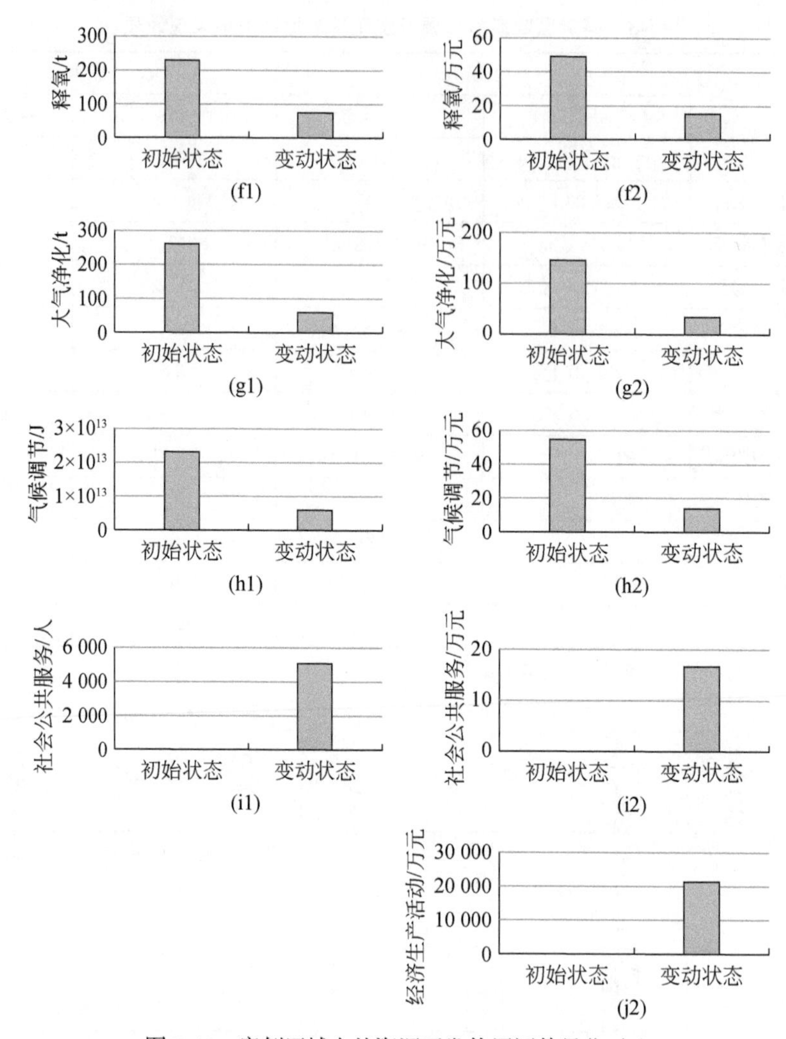

图 7-12 案例区域自然资源开发使用评估量化对比

①(每年)供给服务功能量减少 19.25 吨,价值量减少 74.80 万元;土壤保持功能量减少 111.83t,价值量减少 0.51 万元;水源涵养功能量减少 329103.5m^3,价值量减少 697.37 万元;洪水调蓄功能量减少 11003.60m^3,价值量减少 23.32 万元;固碳功能量减少 169.82t,价值量减少 0.17 万元;释氧功能量减少 157.53t,价值量减少 34.44 万元;大气净化功能量减少 198.35t,价值量减少 110.46 万元;气候调节功能量减少 1.69×10^{13}J,价值量减少 40.97 万元;社会公共服务增加 5000 人,价值量增加 16.35 万元;经济生产活动价值量增加了 20696 万元。②各小图标号为 1 的为功能量,标号为 2 的为价值量

根据单指标研究结果,参考大鹏自然资源开发使用项目净价值核算公式:

$$TC = C+B$$

式中,TC 为自然资源开发使用项目净价值;C 为项目区域因开发使用活动导致的价值减损量;B 为开发使用后项目所产生的效益。

1)综合来看,案例区域初始状态每年价值量为 1660.2 万元,开发建设后每年价值量为 21 390.51万元;案例拟定开发使用情景下实现综合价值正效益产出,每年约为 19 730 万元。

2)开发使用后经济活动产值占总产值比例为 96.75%,为关键影响因素。由于区域内尚未实现实际的经济产出,此项结果需要辩证分析。

3)若不计入经济生产活动价值,案例区域初始状态每年价值量为1660.2万元,开发建设后每年价值量为694.51万元,区域内每年价值量约减少966万元。

4)若仅计入自然资源调节服务,案例区域初始状态每年价值量为1585.4万元,开发建设后每年价值量为678.16万元,区域内每年价值量约减少907万元。

7.3 资源环境承载力评估与预警应用实例

7.3.1 数据采集

根据大鹏半岛资源环境承载力研究指标体系及技术方法,进行数据采集,其中数据需求清单如表7-9所示。

表7-9 数据需求清单

序号	数据内容
1	大鹏半岛建设用地总面积;大鹏半岛各街道建设用地面积;大鹏半岛最近土地变更调查数据
2	大鹏半岛/深圳市土地调查成果图
3	大鹏半岛内各供水水库蓄水量;大鹏半岛用水总量;大鹏半岛用水总量的控制指标值
4	大鹏半岛地下水供水量;大鹏半岛地下水供水量的控制指标值
5	地下水超采情况
6	【大气】大鹏半岛各监测站点SO_2、NO_2、PM_{10}、CO、O_3、$PM_{2.5}$的年均浓度监测值
7	【水】大鹏半岛各河道DO、COD_{Mn}、BOD_5、COD_{Cr}、NH_3-N、TN、TP等的年均浓度监测值
8	当年大鹏半岛常住人口的数量,游客等流动人口数量
9	大鹏半岛生态用地总面积(包括林地、城市绿地、湖库坑塘、湿地、农用地等生态资源用地)
10	【大气】大鹏半岛$PM_{2.5}$年均浓度和超标天数
11	【水】59条城市河流(或纳入常规检测的主要河流)的水污染浓度监测值:透明度、溶解氧、氧化还原电位、氨氮(用于判别黑臭水体);大鹏半岛河流中黑臭水体的长度、重度黑臭水体长度
12	【水源涵养生态功能区】【各水库区】森林(扣除人工林,包括常绿阔叶林、真阔混交林)、灌丛、草地、湿地的蒸散发量以及降水量
13	【已划定饮用水源保护区的四座水库】【生物多样性维护生态功能区】【已划定的生态控制线】森林(扣除人工林,包括常绿阔叶林、真阔混交林)、灌丛、湿地的面积
14	海岸线总长度;各类海岸线长度:围塘坝岸线(围海养殖、渔港等)、防护堤坝岸线、工业与城镇岸线、港口码头岸线。 各海洋功能区毗邻海岸线长度:港口航运区、工业与城镇区、矿产与能源区、农渔业区、旅游休闲娱乐区、特殊利用区、海洋保护区、保留区
15	区域自然岸线保有率;大鹏半岛海洋保护红线管控要求
16	海洋功能区用海面积:渔业、交通运输、工业、旅游娱乐、海底工程、排污倾倒、造地工程用海、省级海洋功能区划的海域总面积 各类型海洋功能区面积:港口航运区、工业与城镇区、矿产与能源区、农渔业区、旅游休闲娱乐区、特殊利用区、海洋保护区、保留区的面积

序号	数据内容
17	大鹏半岛海洋渔获物中经济渔业种类比例
18	大鹏半岛各海洋鱼类渔获量
19	大鹏半岛海洋鱼卵密度;仔稚鱼密度
20	大鹏半岛各类海水水质区域面积:农渔业区不劣于二类、港口航运区不劣于四类、工业与城镇用海区不劣于三类、旅游休闲娱乐区不劣于二类、海洋保护区不劣于一类、特殊利用区不劣于现状、保留区不劣于现状的海水面积
21	大鹏半岛海洋浮游动物密度、生物量 大鹏半岛海洋大型底栖动物密度、生物量
22	大鹏半岛海水产品产量[kg/(hm^2·a)]; 大鹏半岛万元 GDP 能耗; 大鹏半岛当年 GDP; 大鹏半岛 COD_{Cr} 年入海污染负荷; 大鹏半岛近海海域不同生态系统面积
23	大鹏半岛无居民海岛人工岸线长度、海岛总岸线长度; 大鹏半岛无居民海岛已开发利用面积
24	大鹏半岛无居民海岛植被覆盖度现状
25	大鹏半岛不同海洋功能区的面积、不同海洋功能区内围填海项目的围填海域面积
26	大鹏半岛海洋主捕海洋渔业种类以及海洋水产种质资源保护区保护对象的资源量值
27	大鹏半岛海域植被覆盖度(全裸/无植被、纯植被、影像中)NDVI 值;珊瑚礁、海草床的盖度;珍稀濒危海洋生物物种的种群规模
28	大鹏半岛内 COD 排放量;NH_3-N 排放量;SO_2 排放量;NO_x 排放量;林草覆盖率
29	大鹏半岛符合一类海水水质标准的海域面积;符合二类海水水质标准的海域面积;赤潮发生状况
30	大鹏半岛生态红线(若已定)划定图及数据结果
31	大鹏半岛土地利用 GIS 底图及数据

注:需采集的数据均为大鹏半岛 2017 年数据。

7.3.2 大鹏半岛2017年度资源环境承载力评价

根据大鹏半岛 2017 年度资源环境承载力评价对预警数据进行研究,过载评价结果如表7-10所示。在集成评价之前,需进行超载类型校验。在海域评价的基础上,将海岸线开发强度、海洋环境承载状况和海洋生态承载状况三个指标的评价结果,分别与对应的陆域基础评价中的土地资源、环境和生态评价的结果进行复合,调整对应指标的评价值,统筹陆域和海域超载类型。在陆域基础评价中,土地资源压力指数、污染物浓度综合超标指数和生态系统健康度的评价结果分别为压力中等、临界超载和生态系统健康度高;海域基础评价中,岸线开发强度、海洋环境承载状况和海洋生态承载状况的评价结果分别为强度适宜、未超载和临界超载;经过复合,土地资源压力指数为压力中等,环境要素评价结果不变,生态要素评价结果由未超载上调至临界超载。

表 7-10　大鹏半岛 2017 年资源环境承载力过载评价结果及等级校验

<table>
<tr><th colspan="2">要素层</th><th>指标层</th><th colspan="2">评价结果</th><th>结论</th><th>等级校验</th></tr>
<tr><td rowspan="6">陆域过程评价</td><td rowspan="2">资源利用效率变化</td><td>土地资源利用效率变化</td><td rowspan="2" colspan="2">高效率类,变化趋良</td><td rowspan="7">资源环境耗损趋缓型</td><td rowspan="11">资源环境耗损趋缓型</td></tr>
<tr><td>水资源利用效率变化</td></tr>
<tr><td rowspan="4">污染物排放强度变化</td><td>水污染物(化学需氧量)排放强度变化</td><td rowspan="4" colspan="2">高强度类,变化趋差</td></tr>
<tr><td>水污染物(氨氮)排放强度变化</td></tr>
<tr><td>大气污染物(二氧化硫)排放强度变化</td></tr>
<tr><td>大气污染物(氮氧化物)排放强度变化</td></tr>
<tr><td rowspan="5">海域过程评价</td><td>生态质量变化</td><td>林草覆盖度变化</td><td colspan="2">高质量类,变化趋良</td></tr>
<tr><td rowspan="2">海域/海岛开发效率变化</td><td>海域开发资源效应指数</td><td>变化不大或趋良</td><td rowspan="2">变化不大或趋良</td><td rowspan="4">资源环境耗损趋缓型</td></tr>
<tr><td>无居民海岛开发强度变化</td><td>变化不大或趋低</td></tr>
<tr><td>环境污染程度变化</td><td>优良水质比例变化</td><td colspan="2">变化不大</td></tr>
<tr><td>生态灾害风险变化</td><td>海域赤潮发生频次</td><td colspan="2">变化不大</td></tr>
</table>

按照陆域、海域资源环境耗损过程评价结果,对超载类型进行预警等级划分,指标评价预警结果如表 7-11 所示。大鹏半岛资源环境承载力评价中包括陆域和海域过程评价,需要将这两个过程评价结果进行复合,从而对陆域和海域的预警等级进行校验。由于陆域和海域过程评价结果均为资源环境耗损趋缓型,校验后的资源环境耗损等级取值为资源环境耗损趋缓型,故不同资源环境评价指标的预警等级未发生变化。

核算结果分析如下。

(1)土地资源压力指数

土地资源压力指数为蓝色预警,主要是因为大鹏半岛市级自然保护区面积为 146.22km^2,占地面积接近大鹏半岛总面积一半,且尚未进行核心区、缓冲区、试验区划分,导致保护区范围内均为限制性区域。因此,可尽快组织开展保护区功能划分,严格开发建设控制边界;增强对土地的集约化利用,在保护自然生态格局的前提下,合理控制建设用地规模。坚持生态保护与产业发展相协调的原则,完善城市功能,提升城市生活环境。以空间结构为基础,综合考虑区位关系、资源条件、发展基础、生态环境等因素,实现半岛用地平衡。

(2)水资源压力指数

水资源压力指数为蓝色预警,虽然大鹏半岛人均水资源量约为深圳市的 17.5 倍,但是用水总量与用水总量控制指标的比值约为 0.902,用水总量接近其控制指标,处于临界超载状态。严格实行用水总量控制,是加强水资源开发利用控制红线管理的重要举措,是广东省、深圳市用水管理的具体要求。因此,可强化国民经济和社会发展规划、城市总体规划,重大建设项目布局(工业聚集区、产业园区)及用水大户水资源论证工作,未通过论证,建设项目不予批准取水。实施总量控制下的取水许可管理制度,保证取水许可总量不突破用水总量

表 7-11　大鹏半岛 2017 年资源环境承载力指标评价预警

目标层		要素层指标	指标层	结论	等级校验	预警等级
陆域基础评价	土地资源	土地资源压力指数	土地资源压力指数	压力中等	压力中等	蓝色预警区(轻警)
	水资源	水资源压力指数	水资源压力指数	临界超载	临界超载	蓝色预警区(轻警)
	环境	污染物浓度综合超标指数	大气污染物浓度超标指数	临界超载	临界超载	蓝色预警区(轻警)
			水污染物浓度超标指数			
	生态	生态系统健康度	水土保持指数	生态系统健康度高	临界超载	蓝色预警区(轻警)
			水源涵养指数			
			自然栖息地质量指数			
陆域专项评价	城市化地区	水气环境灰黑指数	城市水环境质量	未超载	未超载	绿色无警区(无警)
			城市环境空气质量			
海域基础评价	海洋空间资源	岸线开发强度	岸线开发强度	强度适宜	强度适宜	绿色无警区(无警)
		海岸带开发强度	海岸带开发强度	强度较高	强度较高	橙色预警区(重警)
	海洋渔业资源	渔业资源综合承载指数	游泳动物指数	临界超载	临界超载	蓝色预警区(轻警)
		海洋环境承载状况	鱼卵仔稚鱼指数			
	海洋生态环境	海洋生态承载状况	海洋环境承载状况	临界超载	临界超载	蓝色预警区(轻警)
		无居民海岛开发强度	海洋生态综合承载指数	临界超载	临界超载	蓝色预警区(轻警)
	海岛资源环境	无居民海岛生态状况	无居民海岛人工岸线比例	强度适宜	强度适宜	绿色无警区(无警)
			无居民海岛开发用岛规模指数			
			无居民海岛植被覆盖度变化率	基本稳定	基本稳定	绿色无警区(无警)
海域专项评价	重点开发用海区	围填海强度指数	围填海强度指数	强度较小	强度较小	绿色无警区(无警)
	海洋渔业保障区	渔业资源密度指数	渔业资源密度指数	较为稳定	较为稳定	绿色无警区(无警)
	重要海洋生态功能区	生态系统变化指数	典型生境植被覆盖度变化率	基本稳定	基本稳定	绿色无警区(无警)
			海洋生态保护对象变化率			

控制指标,建立取水许可证管理登记信息台账;健全取用水监控计量体系,加强水资源调度审批、监督和评估管理。

(3)污染物浓度超标指数

污染物浓度综合超标指数为蓝色预警,主要原因为南澳河与葵涌河氨氮浓度超标。因此,可进一步完善污水收集管网,特别是支管网及管网接驳工程,并实现生活污水和工业废水的全量净化处理;整治南澳河、葵涌河等周边片区社区、市场、晒渔场、面源垃圾污染等,减少降水形成的水体面源污染。全面整治河流排污口,并修复河流生态系统,提高河流水体自净能力。

(4)陆域生态系统健康度

陆域生态系统健康度较高,蓝色预警主要因为与海洋生态承载指数进行统筹校验,导致预警上调一级。

(5)海岸带开发强度

海岸带开发强度指标为橙色预警,主要原因是大鹏半岛海洋功能区的规划开发利用贡献较大。因此,可严格实行海洋功能区用途管制,完善围填海总量管控,从严论证围填海需求,原则上可除国家重大战略项目或重要民生需求项目外,停止新增围填海审批;最大限度控制围填海面积并进行必要的生态修复;严格海域功能区日常监管,严格实行海域功能区集约利用,禁止功能区超出既有规划强度进行开发。

(6)渔业资源承载指数

渔业资源综合承载指数为蓝色预警,主要原因为鱼卵仔稚鱼密度降低,大鹏半岛海洋渔业资源衰退。因此,可在近海捕捞业在保持现有规模的基础上,加快渔船及捕捞设备的更新改造,确保近海捕捞量的零增长,实现渔业的可持续发展;此外,进一步加强渔政执法队伍建设,严格执法,对未取得相关部门的生产、养殖、捕捞等许可证而擅自从事相关渔业活动的,依据有关法规严肃查处。

(7)海洋环境承载状况

海洋环境承载状况为蓝色预警,主要原因为大鹏湾局部海域无机氮、活性磷酸盐或石油类浓度劣于第二类海水水质标准,受降雨和气温等气象条件影响,不达标月份主要发生在3月和5月。因此,可强化相关海域沿岸面源污染物处置治理,加强海域污染综合防治,重点对入海河口、排污口、码头及周边海域进行环境监测,多管齐下降低入海水污染强度。严厉查处非法养殖、非法排污倾废等破坏海域环境的违法行为。

(8)海洋生态承载状况

海洋生态综合承载状况为蓝色预警,主要原因为近年来海洋浮游动物、大型底栖动物的密度或生物量存在波动,反映了海洋生态承载能力的下降。因此,可组织开展新区海域浮游动物及大型底栖动物普查,根据动物密度、生物量对不同海域进行等级划分,并有针对性地制订相关海域利用限制性措施。严控海洋航运与陆源污染物排放,缓解海洋生态环境压力,为海洋生物提供良好栖息环境;严厉查处非法渔业活动,不断提高海洋生态恢复功能。

7.3.3 大鹏半岛资源环境承载力年际变化

采用大鹏半岛资源环境承载力评价预警模式方法、指标阈值、校验方案、组合策略,对2016年和2017年评价预警结果进行对比分析(表7-12),汇总结果如下。

表 7-12 大鹏半岛资源环境承载力年际评价预警对比

目标层		要素层指标	2016 年结论	2017 年结论	2016 年等级校验	2017 年等级校验	2016 年预警等级	2017 年预警等级
陆域基础评价	土地资源	土地资源压力指数	压力中等	压力中等	压力中等	压力中等	蓝色预警区(轻重警)	蓝色预警区(轻重警)
	水资源	水资源压力指数	临界超载	临界超载	临界超载	临界超载	蓝色预警区(轻重警)	蓝色预警区(轻重警)
	环境	污染物浓度综合超标指数	临界超载	临界超载	临界超载	临界超载	蓝色预警区(轻重警)	蓝色预警区(轻重警)
	生态	生态系统健康度	生态系统健康度高	生态系统健康度高	临界超载	临界超载	蓝色预警区(轻重警)	蓝色预警区(轻重警)
陆域专项评价	城市化地区	水气环境灰黑指数	未超载	未超载	未超载	未超载	绿色无警区(无警)	绿色无警区(无警)
海域基础评价	海洋空间资源	岸线开发强度	强度适宜	强度适宜	强度适宜	强度适宜	绿色无警区(无警)	绿色无警区(无警)
		海域开发强度	强度较高	强度较高	强度较高	强度较高	橙色预警区(重警)	橙色预警区(重警)
	海洋渔业资源	渔业资源综合承载指数	临界超载	临界超载	临界超载	临界超载	蓝色预警区(轻重警)	蓝色预警区(轻重警)
	海洋生态环境	海洋环境承载状况	临界超载	临界超载	临界超载	临界超载	蓝色预警区(轻重警)	蓝色预警区(轻重警)
		海洋生态承载状况	未超载	临界超载	未超载	临界超载	绿色无警区(无警)	蓝色预警区(轻重警)
	海岛资源环境	无居民海岛开发强度	强度适宜	强度适宜	强度适宜	强度适宜	绿色无警区(无警)	绿色无警区(无警)
		无居民海岛生态状况	基本稳定	基本稳定	基本稳定	基本稳定	绿色无警区(无警)	绿色无警区(无警)
海域专项评价	重点开发用海区	围填海强度指数	强度较小	强度较小	强度较小	强度较小	绿色无警区(无警)	绿色无警区(无警)
	海洋渔业保障区	渔业资源密度指数	存在衰退	较为稳定	存在衰退	较为稳定	蓝色预警区(轻重警)	绿色无警区(无警)
	重要海洋生态功能区	生态系统变化指数	基本稳定	基本稳定	基本稳定	基本稳定	绿色无警区(无警)	绿色无警区(无警)

1）城市化地区水气环境灰黑指数、岸线开发强度、无居民海岛开发强度、无居民海岛生态状况、围填海强度、重要海洋生态功能区6项均为绿色无警状态。

2）土地资源、水资源、陆域环境、陆域生态、海洋渔业资源、海洋环境承载状况6项均为蓝色预警状态。

3）海域开发强度均为橙色预警状态。

4）海洋生态承载状况2016年为绿色无警状态，2017年为蓝色预警状态。

5）海洋渔业保障区2016年为蓝色预警状态，2017年为绿色无警状态。

大鹏半岛资源环境承载力15项研究要素中，土地资源、水资源、陆域环境、陆域生态、城市化地区水气环境、岸线开发强度、海域开发强度、渔业资源综合承载指数、海洋环境、无居民海岛开发强度、无居民海岛生态状况、围填海强度和重要海洋生态功能区状况等共13项预警结果无变化，海洋渔业保障区状态趋好，海洋生态承载状况趋差。

海洋生态承载状况的变化，主要是采用了大型底栖动物的更新数据，并且采取了以短年度代替长年限的处理方法。综合而言，海洋生物如浮游动物指数和大型底栖动物指数的连续年度数据均需要增强提升监测力度。

海洋渔业保障区状况的变化，主要是由于评估年限的数据处理方式发生变化，在多年数据的归类分析上采用了拟合方式，导致数据平均值的变化。可在后续年度，进一步提高数据获得性，开展多维度监测，提供全量数据。

因此，对于海洋生态承载状况和渔业资源密度指数，为规避评价方法、时间尺度效应的影响，需要增强对基础资料数据的年度监测，以更加有效反映区域资源环境状况的实际变化。

7.3.4 大鹏半岛资源环境承载力管理提升策略

（1）大气资源环境承载力提升策略

尽管大鹏新区综合空气质量较优，但对比国际先进都市，仍有较大差距，并存在$PM_{2.5}$年均浓度持续改善难度大，臭氧逐渐成为主要大气污染物等问题。

大气环境保护事关人民群众根本利益，事关经济持续健康发展。为进一步提升大气环境质量，推动产业结构优化、科技创新能力增强、经济增长质量提高，实现环境效益、经济效益与社会效益多赢，应进一步强化电厂污染减排、挥发性有机物治理和新能源车辆推广力度，提高在用柴油车和机械的治理标准，增加柴油车总量控制和强制岸电使用率等新要求，全面治理减排机动车、船舶、工业生产及城市建设排放的大气污染物。

（2）土地资源环境承载力提升策略

尽快组织开展大鹏半岛市级自然保护区保护区功能划分，严格开发建设控制边界。大鹏半岛应在保护自然生态格局的前提下，合理控制建设用地规模；坚持生态保护与产业发展相协调的原则，完善城市功能，提升城市生活环境；以空间结构为基础，综合考虑区位关系、资源条件、发展基础、生态环境等因素，实现半岛用地平衡。

通过新增用地、城市更新等手段，调整和优化半岛的建设用地结构，协调和平衡城市用地功能。在用地结构中提高公共服务和商业服务用地比例，突出半岛的旅游服务职能特色。合理控制工业用地规模，严格保护非建设用地。

(3) 生态环境承载力提升策略

保护并恢复大鹏半岛现有的大型自然斑块，形成稳定区域生态安全格局的结构性生态控制区；维护大鹏半岛的连绵山脉与河流干道，形成连接生态控制区的生态通道，并完善与周边通道的衔接度。坚持节约优先、保护优先、自然恢复为主的方针，推进实施重大生态修复工程，加强水土流失综合管理，遏制森林、湖泊、湿地空间被侵蚀。

修复人为活动对大鹏半岛生态景观资源造成的机械性破损，包括城市开发和道路修建造成的边坡、开山采石及挖方取土造成的山体破损，施工导致的土地大面积和长时间裸露等。对植被退化、水土流失、土壤退化等区域进行生态覆绿。对盐坝高速公路高架部分地面以及部分路面下涵洞进行生态修复，形成连通高速公路两侧生态系统的生物通道。

(4) 发展生态经济和打造宜居生态空间格局

围绕"三岛一区"定位，以绿色产业准入制度为导向，探索陆海统筹发展新模式，发展高端文化旅游产业、生物科技与生命健康产业和高端海洋产业，提升能源产业的绿色化水平，构建绿色产业发展格局。继续发挥"山、海、田、城"旅游区特色，重点发展以户外运动、休闲度假、健康养生为特色的滨海旅游业，培育发展历史文化游、现代农业观光体验游、工业旅游等多元化旅游业态，加快推动大鹏半岛旅游产品从观光向休闲、度假转变。发展高端农业科技展示、生物育种、航天育种等生态农业项目。重点推进深圳基因转化示范培育基地和大鹏创意农业园区的建设，着力打造生物育种"硅谷"。围绕海洋生物研发、海洋资源开发、海水利用、海洋空间开发技术试验和应用等重点领域，发展海洋科研、海洋生物和海洋医药等产业。

(5) 提升海陆自然资本存量，完善自然资源安全防范体系，构建"一岛一片林"绿色基础设施

以陆域碳源控制为主，同时开发海域碳汇功能；将陆域生态控制线与无人岛屿的实施联动管理，开发无人岛屿的生态服务功能，利用无人岛建设人工海岛，集微藻养殖、生活垃圾再利用与一体的人工智能岛。通过发挥大鹏半岛的文化底蕴优势形成深港互补，共同开发大鹏湾旅游资源，建立协作机制，构筑区域旅游线路，建立区域旅游品牌，联手打造具有国际竞争力的海滨海岛旅游度假胜地。大鹏半岛范围的东涌红树林和坝光古银叶树等滨海湿地恢复和保护可以有效抵消每年向大气排放的 CO_2。加大力度保护大鹏新区海岸带湿地、红树林和近海海域的面积，为将来提升蓝碳经济价值储备资源。

（本章编写人员：葛萍、翟生强、张原）

参考文献

曹晓丽. 2007. 重庆市主城区林地景观生态评价[D]. 重庆:西南大学硕士学位论文.

陈桂珠,王勇军,黄乔兰. 1995. 深圳福田红树林鸟类自然保护区陆鸟生物多样性[J]. 生态科学,14 (2):105-108.

陈琳,欧阳志云,王效科,等. 2006. 条件价值评估法在非市场价值评估中的应用 [J]. 生态学报,26(2):610-619.

陈善波,曹雯,杨文渊,等. 2012. 四川省眉山市城市绿地植物多样性研究[J]. 安徽农业科学, 40 (5):2815-2817.

陈艳利,弓锐,赵红云. 2015. 自然资源资产负债表编制:理论基础、关键概念、框架设计[J]. 会计研究,(9):18-24.

陈勇,孙冰,廖绍波,等. 2013. 深圳市主要植被群落类型划分及物种多样性研究[J]. 林业科学研究,26(5):636-642.

陈玥,杨艳昭,闫慧敏,等. 2015. 自然资源核算进展及其对自然资源资产负债表编制的启示[J]. 资源科学,37(9):1716-1724.

陈征. 2005. 土地价值论[J]. 福建论坛(人文社会科学版),(2):4-6.

陈自新,苏雪痕,刘少宗,等. 1998a. 北京城市园林绿化生态效益的研究(1)[J]. 中国园林,(1):57.

陈自新,苏雪痕,刘少宗,等. 1998b. 北京城市园林绿化生态效益的研究(2)[J]. 中国园林,(2):51-54.

陈自新,苏雪痕,刘少宗,等. 1998c. 北京城市园林绿化生态效益的研究(3)[J]. 中国园林,(3):53-56.

陈自新,苏雪痕,刘少宗,等. 1998d. 北京城市园林绿化生态效益的研究(4)[J]. 中国园林,(4):46-49.

陈自新,苏雪痕,刘少宗,等. 1998e. 北京城市园林绿化生态效益的研究(5)[J]. 中国园林,(5):57-60.

陈自新,苏雪痕,刘少宗,等. 1998f. 北京城市园林绿化生态效益的研究(6)[J]. 中国园林,(6):53-56.

党普兴,侯晓巍,惠刚盈,等. 2008. 区域森林资源质量综合评价指标体系和评价方法[J]. 林业科学研究,21 (1):84 -90.

段舜山,徐景亮. 2004. 红树林湿地在海岸生态系统维护中的功能[J]. 生态科学,23(4):351-355.

樊杰,周侃,王亚飞. 2017. 全国资源环境承载能力预警(2016 版)的基点和技术方法进展[J]. 地理科学进展,36(3):266-276.

范世香,裴铁番,蒋德明,等. 2000. 两种不同林分及物流能力的比较研究[J]. 应用生态学报,11(5):671-674.

方嘉禾. 2010. 世界生物资源概况[J]. 植物遗传资源学报,11(2):121-126.

方精云,刘国华,徐嵩龄. 1996. 我国森林植被的生物量和净生产量[J]. 生态学报,16(5):497-508.

方秀琴,张万昌,刘三超. 2004. 黑河流域叶面积指数的遥感估算[J]. 国土资源遥感,59(1):31-37.

封志明,杨艳昭,李鹏. 2014. 从自然资源核算到自然资源资产负债表编制[J]. 中国科学院院刊,29(4):447-455.

冯剑丰, 王洪礼, 朱琳. 2009. 生态系统多稳态研究进展[J]. 生态环境学报,18(4):1553-1559.

冯静,李兴荣,杨琳. 2011. 深圳冬季小气候区温湿及舒适度特征[J]. 科学技术与工程,11(3):567-573.

高金晖,王冬梅,赵亮,等. 2007. 植物叶片滞尘规律研究——以北京市为例[J]. 北京林业大学学报,29(2):94-99.

高敏雪. 2016. 扩展的自然资源核算[J]. 统计研究,33(1):4-12.

高敏雪, 刘茜, 黎煜坤. 2018. 在 SNA-SEEA-SEEA/EEA 链条上认识生态系统核算——《实验性生态系统核算》文本解析与延伸讨论[J]. 统计研究,35(7):5-17.

耿建新,胡天雨,刘祝君. 2015. 我国国家资产负债表与自然资源资产负债表的编制与运用初探[J]. 会计研究,(1):15-24.

谷树忠. 2016. 自然资源资产及其负债表编制与审计[J]. 中国环境管理,(1):30-33.
郭菊兰,朱耀军,武高洁,等. 2013. 红树林湿地健康评价指标体系[J]. 湿地科学与管理,9(1):18-22.
郭宁,邢韶华,姬文元,等. 2010. 森林资源质量状况评价方法及其在川西米亚罗林区的应用[J]. 生态学报,30(14):3784-3791.
郭燕妮. 2009. 武汉市人工绿地三维绿量的测算[D]. 武汉:华中农业大学硕士学位论文.
何静. 2014. 环境经济核算最新的国际规范——SEEA-2012 中心框架简介[J]. 中国统计,(6):24-25.
何培民,刘媛媛,张建伟,等. 2015. 大型海藻碳汇效应研究进展[J]. 中国水产科学,22(3):588-595.
洪滔,张艳艳,李宝银,等. 2008. 福建省阔叶林林分年龄与平均胸径、蓄积量的关系[J]. 北华大学学报(自然科学版),9(1):69-74.
胡婕. 2007. 沿岸海域生态环境质量综合评价方法研究[D]. 大连:大连理工大学硕士学位论文.
胡文龙,史丹. 2015. 中国自然资源资产负债表框架体系研究[J]. 中国人口·资源与环境,25(8):1-9.
黄初龙,郑伟民. 2004. 我国红树林湿地研究进展[J]. 湿地科学,2(4):303-308.
黄志宏,桑晓磊,田化. 2018. 河流廊道对海岛型城市的气候环境及空气质量改善效应[C]. 杭州:中国城市规划年会会议论文集.
惠刚盈,Von Gadow K. 2003. 森林空间结构量化分析方法[M] 北京:中国科学技术出版社.
江胜利,金荷仙,许小连. 2011. 园林植物滞尘功能研究概述[J]. 林业科技开发,25(6):5-8.
江天远,沈莉颖,姚朋. 2008. 生物多样性保护与城市绿地建设[J]. 西北林学院学报,23(2):217-219.
姜文来. 2000. 关于自然资源资产化管理的几个问题[J]. 资源科学,22(1):5-8.
李晨,杨正勇,杨怀宇,等. 2010. 养殖池塘小气候调节生态服务价值的实证研究[J]. 长江流域资源与环境,19(4):432-437.
李纯厚,贾晓平. 2005. 中国海洋生物多样性保护研究进展与几个热点问题[J]. 南方水产,1(1):66-70.
李金昌. 1992. 关于自然资源的几个问题[J]. 自然资源学报,7(3):193-207.
李竞. 2013. 基于居民生计的生态补偿研究——以西岛珊瑚礁自然保护区为例[D]. 厦门:厦门大学硕士学位论文.
李露,周刚,姚崇怀. 2015. 不同类型城市绿地的绿量研究[J]. 中国园林,(9):17-21.
李少宁,王兵,郭浩,等. 2007. 大岗山森林生态系统服务功能及其价值评估[J]. 中国水土保持科学,5(6):58-64.
李万义. 2000. 适用于全国范围的水面蒸发量计算模型的研究[J]. 水文,20(4):13-17.
李巍,李文军. 2003. 用改进的旅行费用法评估九寨沟的游憩价值[J]. 北京大学学报(自然科学版),39(4):548-555.
李伟莉,金昌杰,王志安,等. 2007. 土壤大孔隙流研究进展[J]. 应用生态学报,18(4):888-894.
李兴荣,胡非,舒文军. 2008. 北京春季城市热岛特征及强热岛影响因子[J]. 南京气象学院学报,31(1):129-134.
李阳. 2017. 太原汾河西岸湿地公园景观游憩功能优化策略研究[D]. 成都:四川师范大学硕士学位论文.
李印颖. 2007. 植物与空气负离子关系的研究[D]. 杨凌:西北农林科技大学硕士学位论文.
李瑜,茹正忠,程华荣,等. 2013. 深圳红树林湿地管理模式研究[J]. 广东林业科技,29(6):31-37.
李玉志,刘剑锋. 2011. 论我国矿业经济可持续发展[J]. 企业导报,(7):133,205.
李占海,柯贤坤,周旅复,等. 2000. 海滩旅游资源质量评比体系[J]. 自然资源学报,15(3):229-235.
李贞,王丽荣,管东生. 2000. 广州城市绿地系统景观异质性分析[J]. 应用生态学报,11(1):127-130.
李志勇,徐颂军,徐红宇,等. 2011. 广东近海海洋生态系统服务功能价值评估[J]. 广东农业科学,(23):136-140.
林鹏. 2001. 中国红树林研究进展[J]. 厦门大学学报(自然科学版),40(2):592-603.
林鹏. 2003. 中国红树林湿地与生态工程的几个问题[J]. 中国工程科学,5(6):33-38.

刘飞. 2009. 淮北市南湖湿地生态系统服务及价值评估[J]. 自然资源学报,24(10):1818-1828.

刘光立. 2002. 垂直绿化及其生态效益研究[D]. 成都:四川农业大学硕士学位论文.

刘佳妮. 2007. 园林植物降噪功能研究[D]. 杭州:浙江大学硕士学位论文.

刘康. 2009. 沙滩休闲旅游价值影响因素分析——以青岛海水浴场为例[J]. 海岸工程,28(1):72-80.

刘向东,吴钦孝,苏宁虎. 1989. 六盘山林区森林树冠截留、枯枝落叶层和土壤水文性质的研究[J]. 林业科学,35(3):220-227.

刘晓,孙吉慧,丁访军,等. 2013. 贵州省森林生态系统净化大气功能价值评估[J]. 林业调查规划,38(4):50-54.

刘秀珍. 2006. 农业自然资源[M]. 北京:中国农业科学技术出版社.

刘旭. 2003. 中国生物种质资源科学报告[M]. 北京:科学出版社.

刘学全,唐万鹏,石鹏皋,等. 2001. 宜昌市不同城市森林类型生态效益研究[J]. 湖北林业科技,(2):1-5.

龙娟,宫兆宁,赵文吉,等. 2011. 北京市湿地珍稀鸟类特征与价值评估[J]. 资源科学,33(7):1278-1283.

鲁春霞,刘铭、冯跃,等. 2011. 羌塘地区草食性野生动物的生态服务价值评估——以藏羚羊为例[J]. 生态学报,31(24):7370-7378.

鲁春霞,谢高地,成升魁. 2001. 河流生态系统的休闲娱乐功能及其价值评估[J]. 资源科学,23(5):77-81.

罗丽艳. 2003. 自然资源价值的理论思考——论劳动价值论中自然资源价值的缺失[J]. 中国人口·资源与环境,13(6):19-22.

马传栋. 1995. 论市场经济条件下自然资源和生态环境的价值及其实现问题[J]. 生态经济,(1):1-9.

梅燕. 2009. 城市森林游憩的开发研究——以成都市为例[J]. 安徽农业科学, 37(28): 13827-13828,13833.

蒙晋佳,张燕. 2005. 地面上的空气负离子主要来源于植物的尖端放电[J]. 环境科学与技术,28(1):112-113.

孟祥江. 2015. 中国森林生态系统价值核算框架体系与标准化研究[D]. 北京:中国林业科学研究院博士学位论文.

穆泉,张世秋. 2009. 2013 年 1 月中国大面积雾霾事件直接社会经济损失评估[J]. 中国环境科学,33(11):2087-2094.

欧阳志云,王如松,赵景柱. 1999. 生态系统服务功能及其生态经济价值评价[J]. 应用生态学报,10(5):635-640.

欧阳志云,赵同谦,王效科,等. 2004. 水生态服务功能分析及其间接价值评价[J]. 生态学报,24(10):2091-2099.

彭建,王仰麟,陈燕飞,等. 2005. 城市生态系统服务功能价值评估初探——以深圳市为例[J]. 北京大学学报(自然科学版),41(4):594-604.

彭镇华,王成. 2003. 论城市森林的评价指标[J]. 中国城市林业,1(3):4-9.

钱阔,陈绍志. 1996. 自然资源资产化管理可持续发展的理想选择[M]. 北京:经济管理出版社.

乔晓楠,崔琳,何一清. 2015. 自然资源资产负债表研究:理论基础与编制思路[J]. 中共杭州市委党校学报,(2):73-83.

沈芝琴,陈秋华,陈贵松,等. 2011. 城市森林游憩功能评价研究——以福州国家森林公园和金牛山公园为例[J]. 林业经济问题,31(1):228-233.

石洪华,郑伟,陈尚,等. 2007. 海洋生态系统服务功能及其价值评估研究[J]. 生态经济,(3):139-142.

石洪华,郑伟,丁德文,等. 2009. 典型海岛生态系统服务及价值评估[J]. 海洋环境科学,28(6):743-748.

宋洪军,张朝晖,刘萍,等. 2015. 莱州湾海洋浮游和底栖生物多样性分析[J]. 海洋环境科学,34(6):844-851.

孙毅,黄奕龙,刘雪朋. 2009. 深圳河河口红树林湿地生态系统健康评价[J]. 中国农村水利水电,(10):32-35.

孙永光,赵冬至,高阳,等.2013. 海岸带红树林生态系统质量评价指标诊断、内涵及构建[J]. 海洋环境科学,32(6):962-969.
孙志梅,李秀莲,高强.2016. 自然资源资产负债表理论基础与目标定位[J]. 新会计,85(1):26-27.
田逢军,刘春济,朱海森.2003. 上海大型公共绿地游憩功能开发初探[J]. 社会科学家,(102):95-98.
田雪,李俊梅,费宇,等.2010. 用改进的旅行费用法评估红嘴鸥对昆明滇池草海大堤游憩价值的影响[J]. 云南大学学报(自然科学版),32(S1):411-415.
王保栋,韩彬.2009. 近岸生态环境质量综合评价方法及其应用[J]. 海洋科学讲展,27(3):400-404.
王兵,郑秋红,郭浩.2008. 基于Shannon-Wiener指数的中国森林物种多样性保育价值评估方法[J]. 林业科学研究,21(2):268-274.
王臣立,牛铮,郭治兴,等.2005. Radarsat SAR的森林生物物理参数信号响应及其蓄积量估测[J]. 国土资源遥感,(2):24-28.
王栋.2012. 海洋生物多样性维持的经济价值研究[D]. 青岛:中国海洋大学博士学位论文.
王继国.2007. 艾比湖湿地调节气候生态服务价值评价[J]. 湿地科学与管理,3(2):38-41.
王丽,陈尚,任大川,等.2010. 基于条件价值法评估罗源湾海洋生物多样性维持服务价值[J]. 地球科学进展,25(8):886-892.
王丽荣,余克服,赵焕庭,等.2014. 南海珊瑚礁经济价值评估[J]. 热带地理,34 (1): 44-49.
王其翔,唐学玺.2009. 海洋生态系统服务的产生与实现[J]. 生态学报,29(5):2400-2406.
王顺利,刘贤德,王建宏,等.2011. 甘肃省森林生态系统保育土壤功能及其价值评估[J]. 水土保持学报,25(5):35-39.
王伟武,戴企成,朱敏莹.2011. 城市住区绿化生态效益及其可控影响因素的量化分析[J]. 应用生态学报,22(9):2383-2390.
王希群,马履一,贾忠奎,等.2005. 叶面积指数的研究和应用进展[J]. 生态学杂志,24(5):537-541.
王修信,胡玉梅,刘馨,等.2007. 城市草地的小气候调节作用初步研究[J]. 广西师范大学学报(自然科学版),25(3):23-27.
王雅林.2003. 城市休闲:上海、天津、哈尔滨城市居民时间分配的考察[M]. 北京:社会科学文献出版社.
王燕,王艳,李韶山,等.2010. 深圳福田红树林鸟类自然保护区生态服务功能价值评估[J]. 华南师范大学学报(自然科学版),(3):86-91.
王佑民.2000. 中国林地枯落物持水保土作用研究概况[J]. 水土保持学报,14(4):108-113.
王钰祺.2009. 扎龙自然保护区湿地资源评价与水环境质量分析[D]. 哈尔滨:东北林业大学硕士学位论文.
王忠诚,王淮永,华华,等.2013. 鹰嘴界自然保护区不同森林类型固碳释氧功能研究[J]. 中南林业科技大学学报,33(7):98-101.
吴桂萍.2007. 关于城市绿地生态评价不同指标的比较[J]. 农业科技与信息(现代园林),(7):34-38.
吴海涛、张晖明.2009. 资源性国有资产的资产化管理[J]. 上海经济研究,(6):28-35.
吴海燕.2012. 近岸海域生态质量状况综合评价方法及应用研究[D]. 南京:南京大学博士学位论文.
吴姗姗,刘容子.2008. 渤海海洋资源价值量核算的研究[J]. 中国人口·资源与环境,18(2):70-75.
吴云霄,王海洋.2006. 城市绿地生态效益的影响因素[J]. 林业调查规划,31(2):99-101.
肖国杰,肖天贵,赵清越.2009. 成都城市区域小气候时空变化特征分析[J]. 成都信息工程学院学报,24(4):379-382.
肖序,王玉,周志方.2015. 自然资源资产负债表编制框架研究[J]. 会计之友,(19):21-29.
徐丛春,韩增林.2003. 海洋生态系统服务价值的估算框架构筑[J]. 生态经济,(10):199-202.
许家林.2005. 论资源性资产管理的几个问题[J]. 宏观经济研究,(1):34-37.
晏智杰.2004. 自然资源价值刍议[J]. 北京大学学报(哲学社会科学版),41(6):70-77.

杨海龙,杨艳昭,封志明.2015. 自然资源资产产权制度与自然资源资产负债表编制[J]. 资源科学,37(9):1732-1739.
杨骏.2014. 南京城市绿地木本植物群落多样性研究[D]. 南京:南京农业大学硕士学位论文.
杨凯,唐敏,周丽英.2004. 上海近30年来蒸发变化及其城郊差异分析[J]. 地理科学,24(5):557-561.
杨丽,李龙梅,刘俊芬,等.2006. 森林资源综合评价体系的探讨[J]. 内蒙古林业调查设计,29(1):59-60.
由佳,张怀清,陈永富.2017. 黄河三角洲国家级自然保护区湿地资源评估[J]. 湿地科学与管理,13(1):9-13.
于帆,蔡锋,李文君,等.2011. 建立我国海滩质量标准分级体系的探讨[J]. 自然资源学报,26(4):541-551.
于光远.1986. 资源·资源经济学资源战略[J]. 自然资源学报,1(1):1-2.
于晓玲,李春强,王树昌,等.2009. 红树林生态适应性及其在净化水质中的作用[J]. 热带农业工程,33(2):19-23.
余超,王斌,刘华,等.2014. 中国森林植被净生产量及平均生产力动态变化分析[J]. 林业科学研究,27(4):542-550.
余新晓,吴岚,饶良懿,等.2007. 水土保持生态服务功能评价方法[J]. 中国水土保持科学,5(2):110-113.
张浩,王祥荣.2001. 城市绿地的三维生态特征及其生态功能[J]. 中国环境科学,21(2):101-104.
张和钰,陈传明,郑行洋,等.2013. 漳江口红树林国家级自然保护区湿地生态系统服务价值评估[J]. 湿地科学,11(1):108-113.
张建华.2002. 环境经济综合核算问题研究[D]. 厦门:厦门大学博士论文.
张连翔、黄丽华、李杰.2001. 林木胸径与材积的关系——Logistic 衍生模型[J]. 东北林业大学学报,29(2):99-101.
张一平,刘玉洪,马友鑫,等.2002. 热带森林不同生长时期的小气候特征[J]. 南京林业大学学报(自然科学版),26(1):83-87.
张英杰,乔海涛,胡艳芳,等.2004. 城市绿地的生态价值[J]. 青岛建筑工程学院学报,25(2):66-70.
张颖,倪婧婕.2014. 森林生物多样性支付意愿影响因素及价值评估——以甘肃省迭部县为例[J]. 湖南农业大学学报(社会科学版),(5):89-94.
张友棠,刘帅,卢楠.2014. 自然资源资产负债表创建研究[J]. 财会通讯(综合),4(上):6-9.
张岳恒,黄瑞建,陈波.2010. 城市绿地生态效益评价研究综述[J]. 杭州师范大学学报(自然科学版),9(4):268-271.
张朝晖,周骏,吕吉斌,等.2007. 海洋生态系统服务的内涵与特点[J]. 海洋环境科学,26(3):259-263.
张峥,朱琳,张建文,等.2000. 我国湿地生态质量评价方法的研究[J]. 中国环境科学,20(S1):55-58.
赵秉栋.1999. 论自然资源的价值问题[J]. 河南大学学报(自然科学版),29(2):77-82.
赵建成,吴跃峰.2008. 生物资源学(第2版)[M]. 北京:科学出版社.
赵玉杰.2007. 海洋生态系统服务价值评估综述[J]. 海洋开发与管理,(3):114-118.
郑耀辉,王树功,陈桂珠.2010. 滨海红树林湿地生态系统健康的诊断方法和评价指标[J]. 生态学杂志,(1):111-116.
周学红,马建章,张伟.2007. 我国东北虎保护的经济价值评估——以哈尔滨市居民的支付意愿研究为例[J]. 东北林业大学学报,35(5):81-86.
周志翔,邵天一,唐万鹏,等.2004. 城市绿地空间格局及其环境效应——以宜昌市中心城区为例[J]. 生态学报,24(2):186-192.
邹晓东.2017. 城市绿地系统的空气净化效应研究[D]. 上海:上海交通大学博士学位论文.
Ashton E C, Macintosh D J. 2002. Preliminary assessment of the plant diversity and community ecology of the Sematan mangrove forest,5arawak,Malaysia[J]. Forest Ecology and Management, 166(1-3):111-129.

Bosetti V, Pearce D. 2003. A study of environmental conflict: the economic value of Grey Seals in southwest England[J]. Biodiversity and Conservation,12 (12):2361-2392.

Costanza R,Arge R,de Groot R,et al. 1997. The value of the world's ecosystem services and natural capital[J]. NATURE,387:253-260.

Douvere F. 2008. The importance of marine spatial planning in advancing ecosystem-based sea use management[J]. Marine Policy,32(5):762-771.

Gee J M, Somerfield P J. 1997. Do mangrove diversity and leaf litter decay promote meiofaunal diversity [J]. Journal of Experimental Marine Biology and Ecology, 218(1):13-33.

Ikejima K, Tongnunuic P, Medejc T, et al. 2003. Juvenile and small fishes in a mangrove stuary in Trang province, Thailand: Seasonal and habitat differences[J]. Estuarine Coastal and Shelf Science, 56(3-4): 447-457.

Macintosh D J, Ashton E C, Havanon S. 2002. Mangrove rehabilitation and intertidal biodiversity: a study in the ranong mangrove ecosystem,Thailand[J]. Estuarine Coastal and Shelf Science. 55(3):331-345.

Monte-Luna P D , Brook B W , Zetina-Rejón M J, et al. 2010. The carrying capacity of ecosystems Global Ecol Biogeogr[J]. Global Ecology & Biogeography,13(6):485-495.

Pearce D, Markandya A. 1987. Marginal opportunity cost as a planning concept in natural resource management [J]. Annals of Regional Science,21(3):18-32.

Pushpam K. 2010. The Economics of Ecosystems and Biodiversity: Ecological and Economic Foundations[M]. New York:Wiley & Sons.

Ressurreicao A, Gibbons J, Dentinho T P,et al. 2010. Economic valuation of species loss in the open sea[J]. Ecological Economics,(70): 729-739.

Russ G R,Alcala A C. 1999. Management histories of Sumilon and Apo Marine Reserves,Philippines, and their influence on national marine resource policy[J]. Coral Reefs,18 (4):307-319.

Seetanah B. 2011. Assessing the dynamic economic impact of tourism for island economies[J]. Annals of Tourism Research, 38(1):291-308.

Skilleter G A, Warren S. 2000. Effects of habitat modification in mangroves on the structure of mollusc and crab assemblages[J]. Journal of E-rperimental Marine Biology and Ecoloy, 244(1): 107-129.

Wilson C,Tisdell C. 2003. Conservation and economic benefits of wildlife-based marine tourism: sea turtles and whales as case studies[J]. Human Dimensions of Wildlife,8(1):49-58.

附　　录

附录1　大鹏半岛自然资源资产负债表体例

附1.1　大鹏半岛自然资源资产负债表分表

根据大鹏半岛自然资源资产负债表指标划分,深圳市自然资源资产负债表共有10类分表体系,分别为林地资源资产负债表、城市绿地资源资产负债表、湿地资源资产负债表、饮用水资源资产负债表、景观水资源资产负债表、沙滩资源资产负债表、近岸海域资源资产负债表、大气资源资产负债表、珍稀濒危物种资源资产负债表和古树名木资源资产负债表各分表具体如附表1-1～附表1-10所示。

附表1-1　大鹏半岛林地资源资产负债表

编制单位：　　报表编号：　　货币名称：　　货币单位：　　年　月　日

资产	行次	资产价值		负债和所有者权益	行次	负债项	
		期末	期初			期末	期初
林地实物资产：	1			负债项：	1		
天然林实物资产	2			林相改造资金	2		
人工林实物资产	3			其他资金	3		
林产品销售收入	4			负债合计	4		
林地生态服务资产：	5			所有者权益：	5		
林地递延资产：	6			评价初期价值	6		
	7			自然资源资产价值增量	7		
	8			所有者权益合计	8		
林地资产总计	9			负债和所有者权益总计	9		

附表 1-2 大鹏半岛城市绿地资源资产负债表

编制单位： 报表编号： 货币名称： 货币单位： 年 月 日

资产	行次	资产价值		负债和所有者权益	行次	负债项	
		期末	期初			期末	期初
城市绿地实物资产：	1			负债项：	1		
公园绿地	2			公园改造资金	2		
防护绿地	3			其他资金	3		
社区绿地	4			负债合计	4		
附属绿地	5			所有者权益：	5		
城市绿地产品销售收入	6			评价初期价值	6		
城市绿地资产生态服务资产：	7			自然资源资产价值增量	7		
城市绿地递延资产：	8			所有者权益合计	8		
城市绿地资产总计	9			负债和所有者权益总计	9		

附表 1-3 大鹏半岛湿地资源资产负债表

编制单位： 报表编号： 货币名称： 货币单位： 年 月 日

资产	行次	资产价值		负债和所有者权益	行次	负债项	
		期末	期初			期末	期初
湿地实物资产：	1			负债项：	1		
自然湿地资产	2			湿地修复资金	2		
人工湿地资产	3			其他资金	3		
湿地生态服务资产：	4			负债合计	4		
湿地递延资产：	5			所有者权益：	5		
	6			评价初期价值	6		
	7			自然资源资产价值增量	7		
	8			所有者权益合计	8		
湿地资产总计	9			负债和所有者权益总计	9		

附表 1-4 大鹏半岛饮用水资源资产负债表

编制单位： 报表编号： 货币名称： 货币单位： 年 月 日

资产	行次	资产价值		负债和所有者权益	行次	负债项	
		期末	期初			期末	期初
饮用水实物资产：	1			负债项：	1		
水库水资源资产	2			饮用水源保护资金	2		
水库售水收入	3			其他资金	3		
饮用水生态服务资产：	4			负债合计	4		
饮用水递延资产：	5			所有者权益：	5		
	6			评价初期价值	6		
	7			自然资源资产价值增量	7		
	8			所有者权益合计	8		
饮用水资产总计	9			负债和所有者权益总计	9		

附表 1-5　大鹏半岛景观水资源资产负债表

编制单位：　　报表编号：　　货币名称：　　货币单位：　　年　月　日

资产	行次	资产价值		负债和所有者权益	行次	负债项	
		期末	期初			期末	期初
景观水实物资产：	1			负债项：	1		
河流水资源	2			河流治理资金	2		
坑塘水资源	3			其他资金	3		
景观水生态服务资产：	4			负债合计	4		
景观水递延资产：	5			所有者权益：	5		
	6			评价初期价值	6		
	7			自然资源资产价值增量	7		
	8			所有者权益合计	8		
景观水资产总计	9			负债和所有者权益总计	9		

附表 1-6　大鹏半岛沙滩资源资产负债表

编制单位：　　报表编号：　　货币名称：　　货币单位：　　年　月　日

资产	行次	资产价值		负债和所有者权益	行次	负债项	
		期末	期初			期末	期初
沙滩实物资产：	1			负债项：	1		
浴场沙滩实物资产	2			沙滩治理资金	2		
观光沙滩实物资产	3			其他资金	3		
休憩实沙滩物资产	4			负债合计	4		
沙滩生态服务资产：	5			所有者权益：	5		
沙滩递延资产：	6			评价初期价值	6		
	7			自然资源资产价值增量	7		
	8			所有者权益合计	8		
沙滩资产总计	9			负债和所有者权益总计	9		

附表 1-7　大鹏半岛近岸海域资源资产负债表

编制单位：　　报表编号：　　货币名称：　　货币单位：　　年　月　日

资产	行次	资产价值		负债和所有者权益	行次	负债项	
		期末	期初			期末	期初
近岸海域实物资产：	1			负债项：	1		
海产品销售收入	2			近岸污染治理资金	2		
近岸海域生态服务资产：	3			其他资金	3		
递延资产：	4			负债合计	4		
	5			所有者权益：	5		
	6			评价初期价值	6		
	7			自然资源资产价值增量	7		
	8			所有者权益合计	8		
近岸海域资产总计	9			负债和所有者权益总计	9		

附表 1-8　大鹏半岛大气资源资产负债表

编制单位：　　报表编号：　　货币名称：　　货币单位：　　年　月　日

资产	行次	资产价值		负债和所有者权益	行次	负债项	
		期末	期初			期末	期初
大气资源资产：	1			负债项：	1		
大气生态服务资产：	2			大气治理资金	2		
	3			其他资金	3		
	4			负债合计	4		
	5			所有者权益：	5		
	6			评价初期价值	6		
	7			自然资源资产价值增量	7		
	8			所有者权益合计	8		
大气资产总计	9			负债和所有者权益总计	9		

附表 1-9　大鹏半岛珍稀濒危物种资源资产负债表

编制单位：　　报表编号：　　货币名称：　　货币单位：　　年　月　日

资产	行次	资产价值		负债和所有者权益	行次	负债项	
		期末	期初			期末	期初
珍稀濒危物种实物资产：	1			负债项：	1		
珍稀濒危动物实物资产	2			珍稀濒危物种保护资金	2		
珍稀濒危植物资产	3			其他资金	3		
珍稀濒危物种生态服务资产：	4			负债合计	4		
珍稀濒危物种递延资产：	5			所有者权益：	5		
	6			评价初期价值	6		
	7			自然资源资产价值增量	7		
	8			所有者权益合计	8		
珍稀濒危物种资源资产总计	9			负债和所有者权益总计	9		

附表 1-10　大鹏半岛古树名木资源资产负债表

编制单位：　　报表编号：　　货币名称：　　货币单位：　　年　月　日

资产	行次	资产价值		负债和所有者权益	行次	负债项	
		期末	期初			期末	期初
古树名木生态服务资产：	1			负债项：	1		
	2			古树名木保护资金	2		
	3			其他资金	3		
	4			负债合计	4		
可利用地递延资产：	5			所有者权益：	5		
	6			评价初期价值	6		
	7			自然资源资产价值增量	7		
	8			所有者权益合计	8		
可利用地资产总计	9			负债和所有者权益总计	9		

附 1.2 大鹏半岛自然资源实物量表分表

大鹏半岛自然资源资产实物量表分表包括林地资源资产实物量表、城市绿地资源资产实物量表、湿地资源资产实物量表、饮用水资源资产实物量表、景观水实物量表、沙滩资源资产实物量表、近岸海域资源资产实物量表、珍稀濒危物种资源资产实物量表、古树名木资源资产实物量表等九类。大气实物量无法统计且难以确定其实际价值,不列入实物量表体系之中(附表 1-11 ~ 附表 1-19)。

附表 1-11 大鹏半岛林地资源资产实物量表

编制单位: 报表编号: 计量单位: 年 月 日

自然资源指标		有林地												疏林地		活立木蓄积	散生木蓄积	四旁木蓄积
		合计		护林		特用林		用材林		薪炭林		经济林						
		面积	蓄积	面积	蓄积	面积	蓄积	面积	蓄积	面积	蓄积	面积	蓄积	面积	蓄积			
存量	年初量																	
	年末量																	
变化量																		
变化率																		

附表 1-12 大鹏半岛城市绿地资源资产实物量表

编制单位: 报表编号: 计量单位: 年 月 日

自然资源指标		城市绿地面积					
		总面积	公园绿地	生产绿地	防护绿地	附属绿地	其他绿地
存量	年初量						
	年末量						
变化量							
变化率							

附表 1-13 大鹏半岛湿地资源资产实物量表

编制单位: 报表编号: 计量单位: 年 月 日

自然资源指标		湿地面积			
		总面积	河流湿地	滨海湿地	人工湿地
存量	年初量				
	年末量				
变化量					
变化率					

附表 1-14　大鹏半岛饮用水资源资产实物量表

编制单位：　　　　报表编号：　　　　计量单位：　　　　年　月　日

自然资源指标	存量		变化量	变化率
	年初量	年末量		
饮用水库容量				

附表 1-15　大鹏半岛景观水资源资产实物量表

编制单位：　　　　报表编号：　　　　计量单位：　　　　年　月　日

自然资源指标		景观水总容量		
		总容量	河流水容量	湖泊坑塘水容量
存量	年初量			
	年末量			
变化量				
变化率				

附表 1-16　大鹏半岛沙滩资源资产实物量表

编制单位：　　　　报表编号：　　　　计量单位：　　　　年　月　日

自然资源指标		沙滩面积			
		总面积	浴场沙滩	观光沙滩	特色休憩沙滩
存量	年初量				
	年末量				
变化量					
变化率					

附表 1-17　大鹏半岛近岸海域资源资产实物量表

编制单位：　　　　报表编号：　　　　计量单位：　　　　年　月　日

自然资源指标		近岸海域资源实物量	
		各类海产品数量	近岸海域面积(海岸线长度)
存量	年初量		
	年末量		
变化量			
变化率			

附表 1-18　大鹏半岛珍稀濒危物种资源资产实物量表

编制单位：　　　　报表编号：　　　　计量单位：　　　　年　月　日

自然资源指标		存量		变化量	变化率
		年初量	年末量		
珍稀濒危动物	种类数				
	数量				
珍稀濒危植物	种类数				
	数量				

附表 1-19　大鹏半岛古树名木资源资产实物量表

编制单位：　　　　报表编号：　　　　　　计量单位：　　　　　　　　　年　月　日

自然资源指标	

附 1.3　大鹏半岛自然资源质量表分表

大鹏半岛自然资源质量表由各项指标的质量分表格构成，包括林地资源资产质量表、城市绿地资源资产质量表、湿地资源资产质量表、饮用水与景观水资源资产质量表、沙滩资源资产质量表、近岸海域资源资产质量表、大气资源资产质量表、古树名木资源资产质量表等八类（附表 1-20 ~ 附表 1-27）。

附表 1-20　大鹏半岛林地资源质量表

	一级指标	二级指标	填报内容
林地资源质量指标体系	林分自然属性	林分起源	人工林、次生林、天然林
		优势树种	优势树种名称
		胸径	林分平均胸径/cm
	生态功能属性	树高	林分平均树高/m
		林龄	林分平均林龄
		郁闭度	林分郁闭度/%
		调节水量	林地保水量/mm
		固土	土壤保持量/(t/hm^2)
		保肥	林分土壤平均 N、P、K、有机质含量/%
		固碳	林分单位面积固碳量/(t/hm^2)
		释氧	林分净生产力/(t/hm^2)
		降温效果	单位面积林地降温效果折合能耗/[($kW \cdot h$)/hm^2]
		生产负离子	林分负离子浓度/(个/cm^2)
		污染物吸收	林分单位面积 SO_2、NO_x、F 吸收量/(kg/hm^2)
			林分单位面积重金属吸收量/(kg/hm^2)
		休闲游憩	人均森林休闲时间/[h/(周·人)]
		生物多样性保护	生物多样性指数

附表 1-21　大鹏半岛城市绿地资源质量表

一级指标	二级指标	填报内容
二维特征指标（4 项）	绿地大小	绿地面积/hm^2
	绿地形态	绿地破碎度指数，斑块数与平均斑块面积比值
	绿地结构	绿化覆盖面积中乔灌木占比/%
	绿地绿量	叶面积指数与绿地面积比值

续表

一级指标	二级指标	填报内容
生态功能指标(11 项)	固土	绿化带土壤侵蚀模数/(t/hm^2)
	固碳	单位面积绿地固碳量/(t/hm^2)
	释氧	单位面积绿地释氧量/(t/hm^2)
	降温效果	绿地降温效果折合能耗/(kW·h)
	生产负离子	绿地负离子浓度/(个/cm^2)
	吸收污染物	单位面积绿地污染物吸收量/(kg/hm^2)
	抑菌	年抑菌效果折合电能耗/(kW·h)
	滞尘	单位面积滞尘量/(kg/hm^2)
	降噪	绿地面积折合为隔音墙的长度/km
	生物保护	生物多样性指数
	游憩	森林游憩收入占旅游总收入的比/%

附表 1-22　大鹏半岛湿地资源质量表

一级指标	二级指标	填报内容	
生物状况	植被群落	植物群落物种多样性指数	
		植被覆盖率/%	
		林木蓄积量/(m^3/hm^2)	
		成熟林类型及面积	
		苗木类型及数量	
		湿地植被群落净生产力/[$t/(hm^2 \cdot a)$]	
		湿地植被平均高度/m	
		湿地海岸线长度/km	
	鸟类群落	鸟类种类及数量	
		鸟类多样性指数	
非生物状况	水质	滨海湿地	溶解氧/(mg/L)
			化学需氧量/(mg/L)
			无机氮/(mg/L)
			活性磷酸盐/(mg/L)
			盐度/‰
		河流及人工湿地	溶解氧/(mg/L)
			氨氮/(mg/L)
			总磷/(mg/L)
			化学需氧量/(mg/L)
	土壤	土壤容重/(t/m^3)	
		土壤含氮量/%	
		土壤含磷量/%	
		土壤含钾量/%	
		湿地年保护土壤厚度/mm	

续表

一级指标	二级指标	填报内容
服务功能	单位面积红树林系统服务功能	单位面积湿地平均固碳量/[kg/(hm^2·a)]
		单位面积湿地年平均释氧量/[kg/(hm^2·a)]
		单位面积湿地年平均吸收污染物量/[kg/(hm^2·a)]
		单位面积湿地鸟类保育价值/(万元/hm^2)

附表 1-23　大鹏半岛饮用水与景观水资源质量表

一级指标	二级指标	指标年均值
地表水环境质量标准	化学耗氧量 COD/(mg/L)	
	生物耗氧量 BOD/(mg/L)	
	固体悬浮物 SS/(mg/L)	
	总氮 TN/(mg/L)	
	总磷 TP/(mg/L)	
	氨氮 NH_3-N/(mg/L)	

附表 1-24　深圳沙滩资源质量表

一级指标	二级指标	专家打分值值
地貌	沙色,沙质,平均平潮(高潮)时滩面宽度(m),沙滩长度,沙滩侵蚀状况,海滩弯曲度,沙滩坡度	
水体	海水透明度,水色	
景观	后滨植被覆盖度	
基础设施	附近公共交通便利性,交通终点到沙滩距离	
安全	安全标志,急救设施与救生设备,垃圾箱数量	

附表 1-25　深圳近岸海域资源质量表

一级指标	二级指标	填报内容
非生物环境质量(5 项)	透明度	透明度/m
	污染因子	主要污染因子标准指数
	水蒸发量	年水面水汽蒸发量/(kg/m^2)
	海水盐度	盐度年际变化/‰
	海水酸碱度	pH 值
生物环境质量(7 项)	初级生产力	初级生产力/[mg/(m^2·d)]
	游泳生物质量	鱼类丰度
	底栖动物质量	底栖动物生物多样性指数
	珊瑚礁	珊瑚礁面积占水域面积的比值
	赤潮	赤潮发生频率
	固碳量	单位面积海域固碳量/(t/km^2)
	释氧量	单位面积海域释氧量/(t/km^2)

附表 1-26　大鹏半岛大气资源质量表

一级指标	二级指标	指标年均值
大气环境质量标准	$PM_{2.5}$/(mg/L)	
	PM_{10}/(mg/L)	
	SO_2/(mg/L)	
	NO_x/(mg/L)	
	SS/(mg/L)	
	O_3/(mg/L)	

附表 1-27　大鹏半岛古树名木资源质量表

一级指标	二级指标	填报内容
生态系统服务	景观游憩	所处地段
		景观价值
		生长环境
		生长势
	历史文化	树龄
		保护级别

附录 2　国家统计局自然资源资产实物量的账户体系

附表 2-1　土地资源存量及变动表

(20　年)

表号:Ⅱ501 表
制定机关:国家统计局
文号:
有效期至:
计量单位:公顷

填报单位:

指标名称	代码	合计	湿地	耕地	园地	林地	草地	城镇村及工矿用地	交通运输用地	水域及水利设施用地	其他土地
甲	乙	1	2	3	4	5	6	7	8	9	10
年初存量	01										
存量增加	02										
存量减少	03										
年末存量	04										

补充资料:
耕地增减变动细分指标:
土地综合整治增加________公顷,农业结构调整增加________公顷;
建设占用________公顷,灾害损毁________公顷,
生态退耕________公顷,农业结构调整减少________公顷。

单位负责人:填表人:联系电话:报出日期:20　年月日

说明:1. 表中数据一般来源于国土部门,湿地数据来源于林业部门。

2. 表中数据取整数。

3. 审核关系:

年末存量(04)=年初存量(01)+存量增加(02)-存量减少(03);合计(1)=耕地(3)+园地(4)+林地(5)+草地(6)+城镇村及工矿用地(7)+交通运输用地(8)+水域及水利设施用地(9)+其他土地(10)。

附表 2-2　耕地质量等别及变动表

（20　年）

表号：Ⅱ502 表
制定机关：国家统计局
文号：
有效期至：
计量单位：公顷、等

填报单位：

耕地质量等别 / 指标名称	代码	1 等	2 等	3 等	4 等	5 等	6 等	7 等	8 等	9 等	10 等	11 等	12 等	13 等	14 等	15 等	平均质量等别
甲	乙	1	2	3	4	5	6	7	8	9	10	11	12	13	14	15	16
年初存量	01																
本年增加	02																
本年减少	03																
年末存量	04																

单位负责人：填表人：联系电话：报出日期：20　年月日

说明：1. 表中所填等别为按照《农用地质量分等规程》（GB/T28407—2012）评定的耕地利用等别，数据来源于国土部门。

2. 表中各耕地质量等别面积数据取整数，平均质量等别保留 2 位小数。

3. 审核关系：

年末存量（04）= 年初存量（01）+本年增加（02）-本年减少（03）。

附表 2-3　耕地质量等级及变动表

（20　年）

表号：Ⅱ503 表
制定机关：国家统计局
文号：
有效期至：
计量单位：公顷、等级

填报单位：

耕地质量等级 / 指标名称	代码	1 等	2 等	3 等	4 等	5 等	6 等	7 等	8 等	9 等	10 等	平均质量等级
甲	乙	1	2	3	4	5	6	7	8	9	10	11
年初存量	01											
本年增加	02											
本年减少	03											
年末存量	04											

单位负责人：填表人：联系电话：报出日期：20　年月日

说明：1. 表中所填等级为按照《耕地质量等级》（GB/T33469—2016）和《耕地质量划分规范》（NY/T2872—2015）计算的耕地质量等级，数据来源于农业部门。

2. 表中各耕地质量等级面积数据取整数，平均质量等级保留 2 位小数。

3. 审核关系：

年末存量（04）= 年初存量（01）+本年增加（02）-本年减少（03）。

附表 2-4　草地质量等级及变动表

（20　年）

表号：Ⅱ504 表
制定机关：国家统计局
文号：
有效期至：
计量单位：公顷、等级

填报单位：

指标名称 \ 草地质量等级	代码	1 级	2 级	3 级	4 级	5 级	6 级	7 级	8 级	合计
甲	乙	1	2	3	4	5	6	7	8	9
年初存量	01									
本年增加	02									
本年减少	03									
年末存量	04									

单位负责人：填表人：联系电话：报出日期：20　年月日

说明：1. 表中所填等级为按照《天然草原等级评定技术规范》（NY/T 1579－2007）计算的草地质量等级，数据来源于农（牧）业部门。

2. 表中数据取整数。

3. 审核关系：

年末存量（04）＝年初存量（01）+本年增加（02）－本年减少（03）；

合计（9）＝1 级（1）+2 级（2）+……+8 级（8）。

附表 2-5　林木资源期末（期初）存量及变动表

（20　年）

表号：Ⅱ505-A 表
制定机关：国家统计局
文号：
有效期至：
计量单位：公顷、立方米

填报单位：

项目	代码	森林											其他林木
		合计	乔木林						竹林		特殊灌木林		
			合计		天然		人工		天然	人工	天然	人工	
		面积	面积	蓄积	面积	蓄积	面积	蓄积	面积		面积		蓄积
甲	乙	1	2	3	4	5	6	7	8	9	10	11	12
期初存量	01												
存量增加	02												
存量减少	03												
期末存量	04												

补充资料：林地总面积________公顷。

单位负责人：填表人：联系电话：报出日期：20　年月日

说明：

1. 本表反映定期国家森林资源清查或地方森林资源监测期末（期初）存量及变化情况。
2. 本表指标一律取整数。
3. 表中数据来源于林业部门。
4. 审核关系：

森林面积（1）＝乔木林面积（2）+竹林面积（8、9）+特殊灌木林面积（10、11）；

乔木林面积（2）＝天然林面积（4）+人工林面积（6）；

乔木林蓄积（3）＝天然林蓄积（5）+人工林蓄积（7）；

期末存量（04）＝期初存量（01）+存量增加（02）－存量减少（03）。

附表 2-6　林木资源年度变动表

（20　年）

表号：Ⅱ505−B 表
制定机关：国家统计局
文号：
有效期至：
计量单位：公顷、立方米

填报单位：

项目		代码	面积	蓄积
甲		乙	1	2
存量增加	人工造林	01		—
	人工更新	02		—
	飞播造林	03		—
	封山育林	04		—
存量减少	合法采伐	05	—	
	非法采伐	06	—	
	灾害损失	07	—	

单位负责人：填表人：联系电话：报出日期：20　年月日

说明：1. 本表反映定期国家森林资源清查或地方森林资源监测期间各年度林木和未来能够形成林木资源的变化情况。

2. 本表指标一律取整数。

3. “—”代表不需要填报。

4. 表中数据来源于林业部门。

附表 2-7　森林资源期末（期初）质量及变动表

（20　年）

表号：Ⅱ506 表
制定机关：国家统计局
文号：
有效期至：
计量单位：立方米/公顷

填报单位：

指标名称	代码	天然乔木林单位面积蓄积量	人工乔木林单位面积蓄积量	乔木林单位面积蓄积量
甲	乙	1	2	3
期初水平	01			
期内变动	02			
期末水平	03			

单位负责人：填表人：联系电话：报出日期：20　年月日

说明：1. 表中数据来源于林业部门。

2. 表中数据保留 1 位小数。

3. 审核关系：

期末水平（03）= 期初水平（01）+期内变动（02）。

附录

附表 2-8　水资源存量及变动表

（20　年）

表号：Ⅱ507 表
制定机关：国家统计局
文号：
有效期至：

填报单位：　　　　　　　　　　　　　　　　　　　　　　　　　　计量单位：万立方米

指标名称	代码	合计	地表水	地下水
甲	乙	1	2	3
年初存量	01			
存量增加	02			
降水形成的水资源	03			
流入与调入量	04			
从区域外流入量	05			
从区域外调入量	06			—
从区域内其他水体流入	07			
其他水源水量	08			
经济社会用水回归量	09			
灌溉水回归量	10			
非灌溉水回归量	11			
存量减少	12			
取水量	13			
生活	14			
工业	15			
农业	16			
人工生态环境补水	17			
流出与调出量	18			
流向区域外水量	19			
流向海洋水量	20			
调出区域外水量	21			
流向区域内其他水体	22			
非用水消耗量	23			
年末存量	24			

单位负责人：填表人：联系电话：报出日期：20　年月日

说明：1. “—”代表不需要填报；[行，列]表示指标位置，如[01，1]表示第01行、第1列。

2. 表中数据来源于水利部门。

3. 表中数据市县级保留1位小数，省级取整数。

4. 审核关系：

年末存量(24)= 年初存量(01)+存量增加(02)−存量减少(12)；

存量增加(02)= 降水形成的水资源(03)+流入(04)+其他水源水量(08)+经济社会用水回归量(09)；

流入与调入量(04)= 从区域外流入量(05)+从区域外调入量(06)+从区域内其他水体流入(07)；

经济社会用水回归量(09)= 灌溉水回归量(10)+ 非灌溉水回归量(11)；

存量减少(12)= 取水量(13)+流出与调出量(18)+非用水消耗量(23)；

流出与调出量(18)= 流向区域外水量(19)+流向海洋水量(20)+调出区域外水量(21)+流向区域内其他水体(22)。

附表 2-9 水环境质量及变动表

（20 年）

表号：Ⅱ508 表
制定机关：国家统计局
文号：
有效期至：
计量单位： 个

填报单位：

指标名称			代码	合计	Ⅰ类	Ⅱ类	Ⅲ类	Ⅳ类	Ⅴ类	劣Ⅴ类
甲			乙	1	2	3	4	5	6	7
水库	一	年初数量	01							
		年内变化	02							
		年末数量	03							
	二	年平均	04							
		同比变化	05							
湖泊	一	年初数量	06							
		年内变化	07							
		年末数量	08							
	二	年平均	09							
		同比变化	10							
河流	一	年初数量	11							
		年内变化	12							
		年末数量	13							
	二	年平均	14							
		同比变化	15							
地下水	一	年初数量	16							
		年内变化	17							
		年末数量	18							
	二	年平均	19							
		同比变化	20							

补充资料：1. 集中式生活饮用水地表水源地水量达标率________，水源达标率________；
集中式生活饮用水地下水源地水量达标率________，水源达标率________。
2. 年末湖泊数量为________个，按营养状态分级：贫营养________个，中营养________个，
轻度富营养________个，中度富营养________个，重度富营养________个。
3. 年末水库数量为________个，按营养状态分级：贫营养________个，中营养________个，轻度富营养________个，中度富营养________个，重度富营养________个。

单位负责人：填表人：联系电话：报出日期：20 年月日

说明：1. 表中数据是指监测断面个数或监测点位个数，数据来源于环境保护部门、国土部门。

2. 年平均指按各个评价指标年内月度浓度的算术平均值。

3. 审核关系：

合计（1）=Ⅰ类（2）+Ⅱ类（3）+Ⅲ类（4）+Ⅳ类（5）+Ⅴ类（6）+劣Ⅴ类（7）。

附表 2-10　固体矿产资源储量存量及变动表

（20　年月日）

表号：Ⅱ509 表
制定机关：国家统计局
文号：
有效期至：
计量单位：

填报单位：

	代码	基础储量		资源量	查明资源储量
			储量		
甲	乙	1	2	3	4
年初保有量	01				
本年增加量	02				
勘查新增	03				
重算增加	04				
其他	05				
本年减少量	06				
采出量	07				
勘查减少	08				
重算减少	09				
损失	10				
其他	11				
年末保有量	12				

单位负责人：填表人：联系电话：报出日期：20　年月日

说明：1. 表中数据来源于国土部门。

2. 表中数据保留 2 位小数。

3. 审核关系：

年末保有量（12）= 年初保有量（01）+本年增加量（02）-本年减少量（06）；

本年增加量（02）= 勘查新增（03）+重算增加（04）+其他（05）；

本年减少量（06）= 采出量（07）+勘查减少（08）+重算减少（09）+损失（10）+其他（11）；

查明资源储量 = 基础储量+资源量（不包括预测的资源量（334））；所统计的查明资源储量为保有查明资源储量。

附表 2-11　石油、天然气资源储量存量及变动表

（20　年月日）

表号：Ⅱ510 表

制定机关：国家统计局

文号：

有效期至：

填报单位：　　　　　　　　　　　　　　　　计量单位：

	代码	石油			天然气		
		探明地质储量	探明技术可采储量	探明经济可采储量	探明地质储量	探明技术可采储量	探明经济可采储量
甲	乙	1	2	3	4	5	6
年初剩余储量	01						
本年增加量	02						
勘查新增	03						
调整增加	04						
其他	05						
本年减少量	06						
采出量	07						
调整减少	08						
其他	09						
年末剩余储量	10						

单位负责人：填表人：联系电话：报出日期：20　年月日

说明：1. 表中数据来源于国土部门。

2. 表中数据保留 2 位小数。

3. 审核关系：

年末剩余储量（10）= 年初剩余储量（01）+本年增加量（02）-本年减少量（06）；

本年增加量（02）= 勘查新增（03）+调整增加（04）+其他（05）

= 勘查新增（03）+复算净增+核算净增+标定净增+其他（05）；

本年减少量（06）= 采出量（07）+调整减少（08）+其他（09）；

采出量（07）= 产量÷采收率；

探明地质储量≥探明技术可采储量≥探明经济可采储量。

附录

附录3 旅行费用调查法问卷的设计与问卷调查

1. 问卷设计

问卷的设计主要包括以下6项：

➢您现居地在以下哪个地区：

大鹏半岛□ 龙岗区□ 盐田区□ 罗湖区□ 福田区□

宝安区□ 南山区□ 广东其他市□ 其他省市□ 中国香港□

➢您的年薪收入最接近以下哪种：

10万□ 20万□ 30万□ 40万□ 50万□ 50万以上□

➢您今年来过大鹏沙滩(任意已开发沙滩)几次？________次

➢从出发地到本沙滩：

交通方式：飞机□ 火车□ 汽车□ 自驾□ 其他

➢单程交通费用元/人；路上耗时小时

➢在沙滩游玩期间：

您一般停留时间小时；预计花费金额元/人

➢您是否愿意支付一定的费用保护本沙滩与近岸海域的旅游资源吗？

是□ 否□

(1)如您愿意请选择您每年愿意支付的保护费用(元)

20□ 40□ 60□ 80□ 100□ 150□

200□ 400□其他________

(2)您的支付动机是(可以多选)：

A. 为了将来能够选择利用

B. 把这份资源及其含有文化价值留给子孙后代

C. 让优美自然风光和文化遗产等永续存在

(3)如果不愿意，您主要出于下列何种原因：

A. 收入有限，无能力支付

B. 所支付费用可能不会用到保护上

C. 保护费用应该由政府或旅游公司支付

D. 各项费用中应该包括保护费用

E. 本人远离金沙滩，对此地保护不感兴趣

其他

2. 问卷调查

(1)分区

通过问卷调查，在有效问卷中统计问卷对象客源地，按照6个区域(大鹏半岛、深圳市其他区，省内其他市、其他省市、中国香港和国外)分类。

(2)区域游客量计算

设 V_i 为区域 i 到大鹏半岛沙滩的年旅游人次。2015年大鹏半岛接待游客达980万人次，按6成游客前往过沙滩来估测，大鹏半岛沙滩旅游接待总人数为588万人。

所以某出发区域到大鹏沙滩的游客量 $V_i = \frac{N_i}{\sum N_i} \times 588$

其中，N_i 为区域 i 到过大鹏半岛沙滩游客样本数。

(3)旅游支出计算

旅游支出包括游客路上往返的交通费、在景区游玩期间的花费(如餐饮、住宿等)、以及交通用与停留期间所带来的时间成本。其中，根据国内外文献，旅游时间价值可以由机会工资成本代替，一般为实际工资的30% ~50%。可按照游客每小时工资的40%来折算时间机会成本。即旅游支出(C_i)：

$$旅游支出=往返交通费+游玩花费+0.4\times小时工资\times耗时$$